AF535801

NORBERT KLUPS
ROLAND ZEITLER

Das Kosmos Buch Jagdwaffen

GEWEHRE, MUNITION
UND OPTIK

KOSMOS

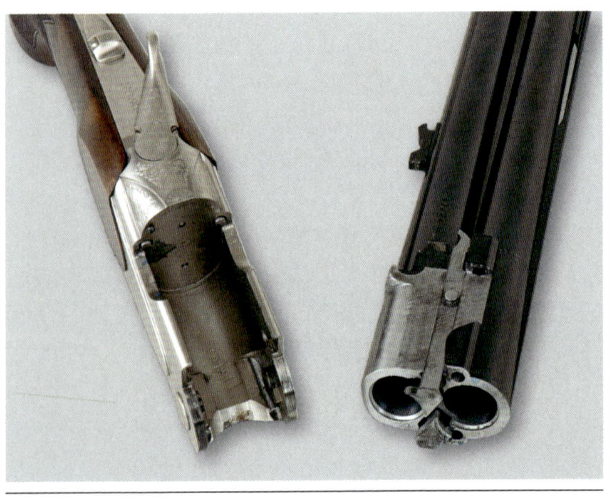

☞ Inhalt

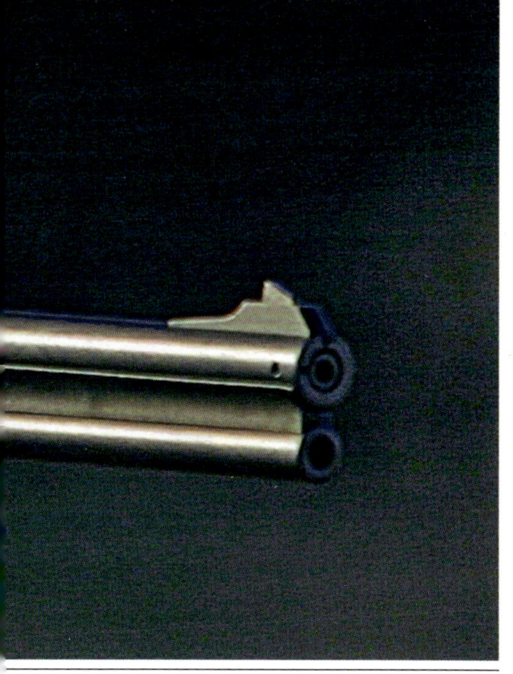

KENNEN, VERSTEHEN, FEHLER VERMEIDEN

Für den sicheren Umgang mit Schusswaffen und jagdlicher Optik ist ein gewisses Grundwissen über die Technik Voraussetzung.
Nur wer seine Büchse oder Flinte sicher beherrscht, kann waidgerecht und erfolgreich jagen, ohne sich oder Mitjäger zu gefährden. Bevor ein Jäger aber seine Waffe in freier Wildbahn führen kann, ist noch die Hürde der Jägerprüfung zu überwinden, und die ist in Deutschland recht hoch. Jagdwaffenkunde ist zudem ein Sperrfach – wer hier durchfällt, kann keinen Jagdschein bekommen. Ohne Kenntnisse der Waffentechnik ist es kaum möglich, das Prüfungsfach Waffenkunde zu bestehen.
Die Jagd hat die Entwicklung des Menschen entscheidend geprägt und war maßgeblich für den Fortbestand des Homo sapiens. Die Entwicklungsgeschichte der Jagdwaffen vom Faustkeil bis zur modernen Jagdbüchse mit Hochleistungszieloptik ist von einem rasanten technischen Fortschritt gekennzeichnet. War die Bedienung von Faustkeil, Keule oder Speer noch einfach zu lernen, und geschah sie rein intuitiv, so verlangen heutige Jagdwaffen vom Benutzer deutlich mehr Kenntnisse. Die Bedienungsanleitung einer modernen Repetierbüchse ist fast so dick wie die eines Videorekorders oder einer Kamera. Moderne Waffen gestatten uns, auf größere Distanz Beute zu machen – vorausgesetzt, wir sind in der Lage, die Vorteile dieser Technik richtig einzusetzen.
Dieses Buch soll den angehenden Jungjäger auf die Jägerprüfung im Fach Jagdwaffenkunde vorbereiten, ihm nach bestandener Jägerprüfung bei der Auswahl der Jagdausrüstung Hilfestellung leisten und sowohl ihm als auch „gestandenen Waidmännern" später als Nachschlagwerk dienen, wenn Fragen über Waffen und Jagdoptik aufkommen.
Die verschiedenen Jagdwaffenkonstruktionen von der Flinte über die unterschiedlichen Büchsenbauarten bis zum Drilling werden mit ihren Besonderheiten und technischen Ausstattungsmerkmalen vorgestellt und behandelt. Auch Faustfeuerwaffen spielen bei der Jagd eine Rolle: Sie werden als Fangschusswaffen oder bei der Bau- und Fallenjagd eingesetzt. Auch auf die jagdlichen Blankwaffen wird dieses Buch eingehen, denn auch sie sind heute noch von praktischer Bedeutung.
Einen großen Bereich nimmt in diesem Buch die Jagdoptik ein, die eine immer größere Rolle spielt. Waren früher nur Fernglas und Zielfernrohr ein Thema – und vielleicht noch das Spektiv –, so setzt der moderne Jäger auch Entfernungsmesser und Nachtsichtgeräte ein. Das beste Zielfernrohr nützt wenig, wenn es nicht optimal mit der Waffe verbunden ist. Auch das Thema Zielfernrohrmontagen wird daher im Buch behandelt.
Der Umgang mit Waffen ist nicht sehr schwierig, aber Fehler können eben schwerwiegende Folgen haben. Nur wer die Technik seiner Waffe versteht, kann auch sicher damit umgehen und weiß, wie er im Falle einer Fehlfunktion zu reagieren hat. Dieses Buch vermittelt alles Wissenswerte rund um Jagdwaffen und Jagdoptik in kompakter Form.

FLINTEN

KIPPLAUFFLINTEN

Die doppelläufige Flinte, sei es mit übereinander oder nebeneinander liegenden Läufen, ist die weltweit meistgebrauchte Jagdwaffe. Sie findet sich wohl im Waffenschrank jedes Jägers und ist meist die erste Waffe, die nach bestandener Jägerprüfung erworben wird.

Das Angebot ist heute fast unüberschaubar geworden und es drängen immer neue Anbieter mit einer Vielzahl von Modellen auf den heiß umkämpften Markt. Die Preisspanne ist entsprechend groß und bereits für unter 500 € ist eine robuste Flinte zu haben. Nach oben ist natürlich alles offen. Für eine Luxusflinte aus englischer oder belgischer Produktion lässt sich leicht der Kaufpreis eines Mittelklassewagens ausgeben. Die Wahl wird also nicht nur durch die jagdlichen Möglichkeiten und den Geschmack, sondern vor allem durch den eigenen Geldbeutel bestimmt. Bei kaum einer anderen Jagdwaffe hat der Käufer so viele Optionen wie bei der Flinte.
Allein von der Bauart her stehen neben den Kipplaufwaffen auch noch Selbstladeflinten und Repetierflinten zur Verfügung – auch wenn diese Spielarten der Schrotwaffen bei deutschen Jägern lange nicht eine so große Rolle spielen wie im Ausland. Schaut man z. B. über den großen Teich in die USA, so ist dort die Selbstladeflinte dominierend und Kipplaufwaffen eher die Ausnahme.
Wenden wir uns jedoch zunächst den Kipplaufflinten zu, den Selbstladeflinten ist ein eigenes Kapitel gewidmet.

DER FLINTENSCHAFT

Beim Flintenschießen gilt vollkommen zu Recht: „Der Lauf schießt, der Schaft trifft“. Ohne maßgerechten Schaft wird man bald erkennen, dass sich ab einem gewissen Punkt die Trefferleistung nicht mehr steigern lässt. Wer sich eine Flinte kauft, sollte sich vor dem Erwerb Gedanken machen um Schaftform, Schaftlänge, Senkung, Schränkung und Pitch. Sicherlich kann sich der Flintenschütze auch auf seinen Schaft einstellen. Oft muss er dann Verrenkungen anstellen, um mit der Flinte zu

Browning B 725. Bock(doppel)flinten werden auf der Jagd heute häufiger geführt als Querflinten.

Die individuellen Schaftmaße werden mit einem sogenannten Gelenkschaft ermittelt.

Der Gelenkschaft wird eingestellt.

Abnahme der Schaftmaße

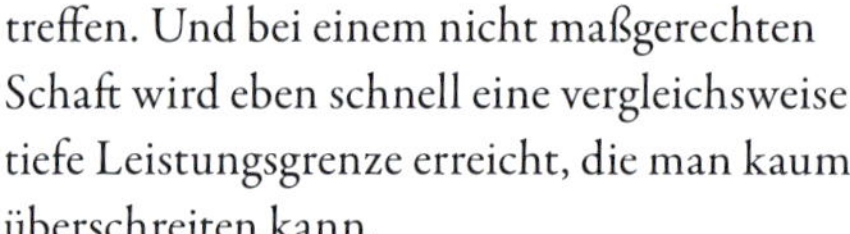

treffen. Und bei einem nicht maßgerechten Schaft wird eben schnell eine vergleichsweise tiefe Leistungsgrenze erreicht, die man kaum überschreiten kann.

Richtigerweise sollte also der Schaft zum Schützen passen. Bei keiner anderen Schießart ist der Schaft so wichtig für das Treffen wie bei der Flinte. Beim Flintenschießen wird ja eher instinktiv als wirklich gezielt geschossen. Wichtig dabei ist die „Deuteigenschaft" der Flinte: Ein schnelles In-Anschlag-Gehen muss genauso möglich sein wie der korrekte Blick über die Laufschiene nach diesem schnellen Anschlag. Zudem muss der Anschlag von Schuss zu Schuss stets gleich sein. So wie die Maße individueller Schützen in Größe, Armlänge, Schulterbreite, Hals- oder Kopfform unterschiedlich sind, so müssen auch die Schäfte unterschiedlich sein – damit sie eben passen.

Ein Maßschaft kann sicher nicht aus dem Nichts heraus angepasst werden. Man sollte schon etliche Wurfscheiben mit einer einigermaßen – zumindest in der Schaftlänge – passenden Flinte beschossen haben. Und mit dieser Flinte muss man auch täglich Anschlagsübungen gemacht haben. Erst wenn man einen einigermaßen gleichen Ablauf beim In-die-Schulter-Gehen mit der Flinte verinnerlicht hat, kann man sich um einen passenden Schaft bemühen.

Am besten geschieht dies mithilfe eines Gelenkgewehres, an dessen Hinterschaft sich alle Maße individuell einstellen lassen. Ideal ist es,

Ein professioneller Schießlehrer sieht schnell, ob alles passt.

wenn die Schaftanpassung auf dem Schießstand erfolgt. Ein versierter Schießlehrer erkennt schnell, mit welchen Maßen der Schütze am besten beraten ist. Weitere Hilfsmittel sind Lasergeräte in den Läufen, die beim Abziehen einen Strahl aussenden. Auch damit lässt sich feststellen, ob Schaft und Anschlag passen. Einen Maßschaft anzupassen oder zu ermitteln, welcher Serienschaft sich eignet – die renommierten Hersteller halten zahlreiche Schäfte mit unterschiedlichen Maßen bereit –, ist zeitaufwendig und erfordert einen Könner.

Wichtig für einen passenden Hinterschaft ist neben dem Pistolengriff oder Schafthals und dem Abstand zum Abzug vor allem die Stelle, an der der Kopf am Schaft anliegt. Diese Stelle ist das ein und alles für einen perfekten Anschlag und sicheres Treffen. Niemand bestimmt sie aber mithilfe von Maßeinheiten. Vielmehr zieht man dazu Hilfsmaße heran. Durch eine korrekte Schäftung mit den ermittelten Maßen wird aber genau die Stelle bestimmt, an der der Kopf am Schaft anliegt.

SCHAFTLÄNGE

Die Länge ist sicherlich mit das wichtigste Maß des Flintenschafts. Sie variiert je nach Körpergröße, Schulter-, Hals- und Kopfform des Schützen, hängt aber auch von der Art der Schießdisziplin bzw. den Jagdbedingungen ab. Genau genommen braucht ein Fasanenjäger, der hoch fliegende Fasane über Kopf schießt, eine andere Schaftlänge und andere Schaftmaße als ein Hasen- oder Hühnerjäger.

Der Punkt, an dem die Wange am Schaft anliegt, ist entscheidend für einen guten Anschlag und sicheres Treffen.

Diese Methode ist Unfug! Je nach Beugewinkel des Arms passt in der Länge jeder Schaft oder eben nicht.

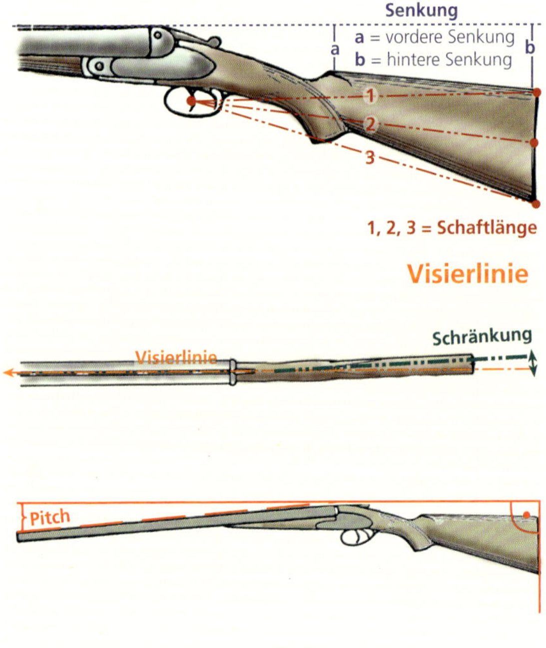

Senkung, Schränkung und Pitch des Flintenschafts

☞ **TIPP**

Den Schaft in die Armbeuge stellen und schauen, ob der Abzugsfinger an den Abzug reicht – immer wieder wird dies als Verfahren dargestellt, die passende Schaftlänge zu prüfen. Diese Methode ist untauglich! Probiert man das mit mehreren Schäften von jeweils zehn Millimetern Längenunterschied – „passen" die alle!

Die Schaftlänge wird vom Abzug bis zum oberen Schaftkappenende ermittelt. Als weitere Maße werden die Strecke vom Abzug bis zur Schaftkappenmitte und zum unteren Schaftkappenende bestimmt.
Wichtig ist bei einem Flintenschaft mit Pistolengriff auch das Maß vom Abzug bis zum vorderen Punkt der Pistolengriffkappe. Aus ihm resultieren die Lage des Pistolengriffs sowie der Fingerabstand zum Abzug. Da es unterschiedliche Fingerlängen gibt, ist es vor allem bei Verwendung von Serienschäften ideal, wenn das Abzugszüngel noch vorn und hinten justierbar ist. Vor allem Frauen haben meist deutlich kleinere Hände und kürzere Finger und benötigen hier spezielle Maße. Weiterhin wichtig ist der Abstand vom Abzug bis zur Schaftnase. Auch davon hängt der Abzugsabstand ab, da über dieses Maß die Pistolengriffgröße mitbestimmt wird. Die richtige Größe des Pistolengriffs – bei englischer Schäftung die Länge des Schafthalses – sorgt nicht nur für einen satten Griff und einen optimalen Fingerabstand zum Abzug, sondern verhindert auch, dass die Abzugshand im Schuss am Abzugsbügel anschlägt. Auch der Handballen darf nicht durch die Schaftnase geprellt werden.

SENKUNG

Ein weiteres, außerordentlich wichtiges Maß stellt die Senkung des Schafts dar. Sie gibt vor, wie der Kopf, und damit das Zielauge, zur Visierschiene in der Höhe ausgerichtet wird, und entscheidet letztlich über die Treffpunktlage der Schrotgarbe in der Höhe. Bestimmt wird die Senkung vorn an der Schaftnase und hinten an der Schaftkappe der Flinte. Der Schaftrücken läuft zwischen diesen beiden Punkten gerade. Die Senkungsmaße drücken den Abstand der Schaftnase bzw. der Schaftkappe zur imaginären verlängerten Laufschiene (Oberkante Visierschiene) aus.

SCHRÄNKUNG UND PITCH

Damit das Auge gerade über die Visierschiene blicken kann, muss der Schaft aus dem Gesicht heraus geschäftet werden. Man nennt dies Schränkung. Die Schränkung beeinflusst die seitliche Treffpunktlage. Beim Rechtsschützen wird der Schaft nach in Zielrichtung rechts aus der verlängerten Mittelachse des Laufbündels geschränkt. Die Schränkungsmaße sind ebenfalls an Schaftnase und Schaftkappe zu ermitteln. Sie bezeichnen also den Abstand der verlängerten Mittelachse des Laufbündels – der tatsächlichen Mitte der Waffe – zur Schaftnase sowie zur Schaftkappenober- und -unterseite.

Der Pitch ist eigentlich der Winkel, in dem der Schaftabschluss, also die Schaftkappe zur Laufschiene gestellt ist. Ermittelt wird sein Maß üblicherweise, indem die Flinte auf die Schaftkappe gestellt und mit dem Verschluss an eine Wand gelehnt wird. Der Pitch ist dann Entfernung der Laufschienenoberseite an der Mündung bis zur Wand.

HINTERSCHÄFTE

Die klassische Hinterschaftform für Bockflinten (und Selbstladeflinten) ist ein Hinterschaft mit Pistolengriff und geradem Rücken. Diesen Schaft findet man immer öfter auch an Doppelflinten bzw. Querflinten. Für Flinten mit Doppelabzügen wird gerne auch die englische Schäftung verwendet. Sie besitzt keinen Pistolengriff und ihr Schafthals ist gerade. Die englische Schäftung hat den Vorteil, dass die Abzugshand schnell und bequem am Schaft vor- und zurückgleiten kann. So wird der optimale Abstand der

Bockflintenschaft mit Pistolengriff, geradem Rücken und gleitender Gummischaftkappe

Hahndoppelflinte mit unten abgerundetem Pfeifenkopfpistolengriff und Kunststoffschaftkappe

Flintenschaft mit einer Holzabschlusskappe

Der englische Schaft hat keinen Pistolengriff.

Fischbauchschaft an Bockdoppelflinte

Die Vorderschäfte einer Bockflinte (o.) und einer Doppelflinte

Hand zu den versetzten Abzügen hergestellt. Neben den schlanken Flintenschäften findet man seltener auch Schäfte in Fischbauchform. Schaftbacken (Deutsche Backe) sind an Flinten überflüssig und eher hinderlich als nützlich.

SCHAFTKAPPEN

Die den Hinterschaft abschließenden Schaftkappen müssen gleiten können. Sie sind entweder aus Kunststoff, Gummi oder mit einem Lederüberzug versehen. Sinnvoll bei Gummikappen ist ein glatter Kunststoffeinsatz auf der Kappenoberseite. Die stumpfe Gummikappe bremst dann den Anschlag nicht. Bei vielen Flinten ist das heute Standard.
Durch eine passend abgestimmte Innenstruktur können Kappen dämpfend wirken.

☞ **TIPP**

Ist nur die Hinterseite einer Gummischaftkappe beledert, wirken deren seitliche Flächen immer noch bremsend, wenn die Oberbekleidung des Schützen nicht glatt ist. Optimal für eine Flinte ist daher nur eine rundherum belederte Schaftkappe.

VORDERSCHÄFTE

Vorderschäfte, meist mit Schnäpper befestigt, sollten griffig sein und lang genug, um auch Schützen mit längeren Armen einen bequemen Anschlag zu ermöglichen. Ihr Abschluss (z. B. Tropfnase) spielt keine Rolle. Volumige Biberschwanzvorderschäfte sind bei Jagdwaffen aus optischen Gründen unbeliebt und nur für Trapflinten sinnvoll. Besonders an eleganten Doppelfinten finden sich eher schlanke Vorderschäfte. Bei heißen Läufen schießt man mit Lederhandschuhen oder benutzt einen aufsteckbaren Lederschuh, der die Laufseiten abdeckt.
Bockflinten mit Wechsellaufpaaren anderer Kaliber haben geteilte Vorderschäfte. Der obere Teil des Vorderschaftes ist dann fest mit dem jeweiligen Laufbündel verschraubt. An Pistolengriff und Vorderschaft wird üblicherweise eine Fischhaut geschnitten (s. S. 50 f.). Im Vorderschaft befindet sich der Eisenvorderschaft. Er ist die Verbindung zum Systemkasten, trägt den Holzvorderschaft und nimmt die Ejektorschlosse auf, wenn ein Holland & Holland Ejektor verwendet wird. Üblicherweise bestehen Flintenschäfte aus Nussbaumholz. Nach dem Schliff werden die Schäfte geölt oder lackiert, um sie wetterfest zu machen.

DIE FLINTENSCHLOSSE

Die ersten Kipplaufflinten nach dem Ende der Vorderladerzeit waren mit Hahnschlossen ausgestattet, wie sie auch bei den Vorderladern verwendet worden waren. Aus diesen entwickelten sich die hahnlosen Seitenschlosse, die an sich ja nichts anderes waren als Hahnschlosse mit nach innen verlegtem Schlaghahn.

Seitenschloss: Alle Schlossteile sind innen auf den Schlossplatten montiert. Moderne Seitenschlosse haben Schraubenfedern.

HOLLAND & HOLLAND-SEITENSCHLOSS

Legendär ist das Seitenschloss von Holland & Holland, das auch heute noch unverändert gebaut wird. Viele Hersteller haben es übernommen.

Dieses relativ lang bauende Schloss mit vorliegender Feder hat eigentlich sehr ungünstige Hebelverhältnisse und erfordert eine sehr präzise Einstellung, wenn niedrige Abzugswiderstände erreicht werden sollen. Aufgrund dieser ungünstigen physikalischen Verhältnisse wird dazu noch eine Krücke in Form einer zusätzlichen Fangstange benötigt, damit das Holland & Holland-Seitenschloss auch die nötige Sicherheit besitzt.

Die zweite Stange fängt bei nicht durchgezogenem Abzug das ungewollt abschlagende Schlagstück ab und blockiert das Schloss. Genau betrachtet ist diese Schlosskonstruktion nicht sehr gelungen, denn sie ist technisch nicht ausgereift, verursacht hohe Kosten bei der Fertigung und einen erheblichen Aufwand beim Justieren der Abzüge. Es wird hierzu auch auf die Ausführungen im Kapitel Doppelbüchsen verwiesen.

KASTENSCHLOSS

Preiswerter in der Herstellung ist das Kastenschloss, bei dem alle Teile im Verschlussgehäuse untergebracht sind. Dazu müssen die Kastenbanden innen ausgeräumt werden, um Spannhebel und Schlaghahn unterzubringen.

Kastenschloss: Die Schlossteile liegen innen im Kasten und sind nur schwer zugänglich.

Über dem Spannende des Hahnes sitzt eine geschmiedete Schenkelfeder und auch die Abzugsstangen sind im Kasten gelagert. Dieses nach den Entwicklern Anson & Deeley benannte Kastenschloss avancierte schnell zum Standardschloss bei Flinten. Das originale Anson-Schloss hat unten liegende Stangen und etwas bessere Hebelverhältnisse als das Blitzschloss.

Die Schlossmechanik ist aber unzugänglich und auch die Pflege und Wartung eines Anson-Schlosses ist nicht einfach. Ein von Hand herausnehmbares Seitenschloss ist da wesentlich komfortabler.

Das originale Anson & Deeley Schloss ist damit zwar besser als ein Blitzschloss, aber durchaus noch verbesserungsfähig.

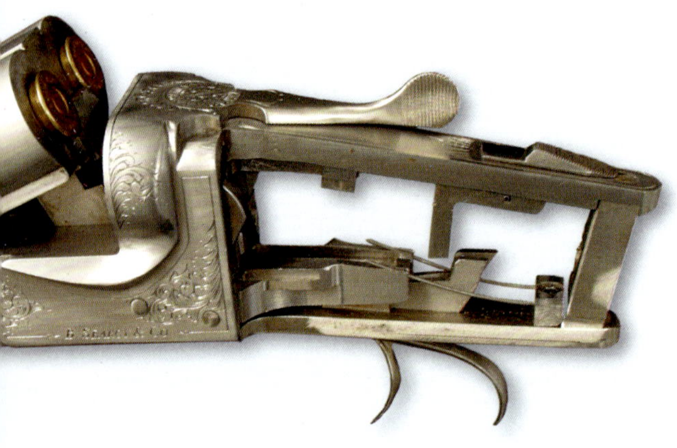

Blitzschloss, hier an einer Doppelbüchse: Alle Teile liegen auf dem Abzugsblech.

ANSON-SYSTEM VON KERNER

Das tat der Suhler Büchsenmacher Ernst Kerner, der die Schlagstückraste so weit wie möglich vom Drehpunkt des Schlagstückes weg verlegte und zwar bis an seine Außenkante. Dazu war es notwendig, die Abzugsstange mit ihrem Drehpunkt nach oben zu verlegen. Aus dem ursprünglich doppelseitigen Hebel wurde jetzt ein einseitiger Hebel. Bei optimaler Konzeption beträgt der Winkel an der Rast genau 90 Grad und die Stangennase steht neutral in der Rast. Es wirken dann weder hereinziehende, noch herausdrückende Kräfte. Ein guter Büchsenmacher kann die Abzüge eines solchen Anson-Systems auf etwa zwei Kilogramm justieren, ohne dass hierbei die Gefahr des Doppelns besteht. Dieses Kernersche Anson-System, auch verbessertes Anson-System oder Anson-System mit oben liegenden Stangen genannt, war eine echte Verbesserung und wird heute noch so gefertigt.

TIPP

In Blasers F3 und F16 sind auch Blitzschlosse verbaut. Das spezielle Inertial Block System (IBS) von Blaser verhindert aber zuverlässig ein Doppeln. Aus diesem Grund sind bei diesen Waffen auch deutlich leichtere Abzugswiderstände möglich.

BLITZSCHLOSS

Kurze Zeit nach Einführung des Kastenschlosses erfand im Jahre 1880 John Dickson aus Edinburgh das Abzugsblechschloss oder Blitzschloss. Bei diesem Schloss ist die gesamte Schlossmechanik der beiden Schlosse – Schlagstücke, Schlagfedern und Abzugsstangen – auf dem Abzugsblech montiert. Der Spannhebel arbeitet wie beim Anson & Deeley System, nur muss er hier länger sein, da die Schlagstücke hinter dem Verschlusskasten sitzen.

Der eigentliche Schwachpunkt des Blitzschlosses ist der ungünstig kurze Abstand zwischen Raste und Schlagstückdrehpunkt auf der einen Seite und Raste und Stangendrehpunkt auf der anderen Seite. Dadurch wirken unverhältnismäßig hohe Kräfte auf den Rasteneintritt. Die Schraubenfedern und Abzugsstangen können oben oder unten angeordnet sein.

Die Gefahr des Doppelns ist bei diesem Schlosssystem sehr hoch. Um dem zu entgegnen, sind sehr hohe Abzugswiderstände erforderlich. Für die Jagdpraxis sind hart stehende Abzüge natürlich von Nachteil. Der einzige Grund, warum auch heute noch relativ viele Flinten mit Blitzschlossen gebaut werden, liegt in der einfachen und damit preiswerten Herstellung dieses Schlosssystems. Technisch ist das Blitzschloss die schlechteste Schlosskonstruktion für eine Flinte.

Neben diesen drei großen Schlosskonstruktionen gibt es noch eine ganze Reihe von Schlossen, die aber keine weite Verbreitung fanden. Je nach Hersteller gibt es bei den Seiten-, Kasten- und Blitzschlossen auch konstruktive Veränderungen, die meist auf eine günstigere Fertigung oder Anpassung an die heutigen technischen Möglichkeiten hinarbeiteten. So haben viele Seitenschlosse heute moderne Schraubenfedern und keine Blattfedern mehr.

VERSCHLUSSSYSTEME

Die Verschlusssysteme an Flinten sind nach Bock- und Querflinten zu unterscheiden. Bei den Bockflinten bedingen verschiedene Verschlussarten die Bauhöhe der Waffen. Der Verschluss dient zur Abdichtung des Patronenlagers nach hinten und zur Aufnahme der Kräfte beim Schuss. Seine Belast- und Haltbarkeit entscheiden letztlich über die Lebensdauer der Flinte. Abhängig ist die Robustheit des Verschlusses in erster Linie von der Materialgüte, der Ausführung (z. B. Stärke des Verschlussteils oder Breite der Laufhaken) und der Verarbeitungsqualität.
Dank der heute zur Verfügung stehenden modernen Stähle können Verschlüsse günstiger dimensioniert werden und die früher übliche drei- oder vierfache Verriegelung ist nicht mehr notwendig. Der Verschluss dient zur Abdichtung des Patronenlagers nach hinten und zur Aufnahme der Kräfte beim Schuss.

BOCKFLINTE

Bei Bockflinten kennt man den Laufhaken- oder doppelten Laufhakenverschluss, den Laufhaken- kombiniert mit Kerstenverschluss, den Flankenverschluss und den BOSS-Verschluss.

Ferner noch den von Krieghoff bei der K80 verwendeten Verschluss über eine beweglich in Schienen laufende Stahlplatte auf der Systemoberseite. Die bei diesem Verschluss fehlenden Laufhaken ermöglichen eine sehr flache Basküle. Durch den hoch liegenden Drehpunkt treten im Schuss nur sehr geringe Hebelkräfte auf und die Rückstoßkräfte werden linear auf die Verriegelungselemente geleitet. Zudem ist die Verschlussplatte selbstnachstellend konstruiert. Dieser innovative Verschluss gilt als „unkaputtbar“: Sportschützen berichten von Flinten, die eine Million Schuss aushielten.

Laufhakenverschluss Diese Verschlüsse verriegeln mittels eines konischen Verschlusskeils im Laufhaken. Häufigste Verschlussart ist der einfache oder doppelte Laufhakenver-

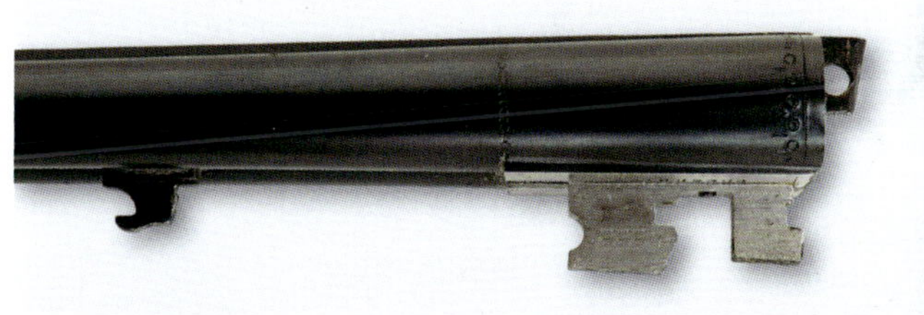

Doppelter Laufhakenverschluss kombiniert mit Greener-Verschluss

Flankenverschluss: Die Verriegelung in etwa Laufbündelmitte ist für die Kräfteaufnahme ideal. Der Verschluss erlaubt eine niedrige Bauweise.

Eine Art Boss-Verschluss mit Verriegelung in etwa Laufbündelmitte. Er ist sehr stabil und ermöglicht eine niedrige Bauweise.

schluss. Es gibt sehr hoch bauende Laufhaken oder flache Laufhaken wie an der Blaser F3.

Kerstenverschluss Der Kerstenverschluss wird meist mit dem Laufhakenverschluss kombiniert. Beim Kersten befinden sich seitlich am Laufbündel zwei lappenförmige Verlängerungen, durch die im geschlossenen Zustand ein Querriegel greift.

Flankenverschluss Bei diesem System befinden sich Flanken mit einer mittigen Bohrung in etwa der Mitte des Laufbündels bzw. Monoblocks. In die Bohrungen der Flanken greifen beim Schließen Verriegelungsbolzen ein. Seine Lage etwa in Laufmitte gewährleistet eine nicht zu hohe Belastung des Verschlusses. Flankenverschlüsse lassen eine niedrige Bauhöhe zu.

Flankenverschluss von Krieghoff Eine besondere Art des Flankenverschlusses wendet Krieghoff an. Auf Patronenlagerlänge befinden sich am Monoblock seitliche, etwa fünf Millimeter breite Schienen. Eine Verschlussplatte über dem Basküленkopf schiebt sich auf das Schienenende auf und übernimmt die Verriegelung.

BOSS-Verschluss Bei dieser Verschlussart befindet sich am unteren Lauf oder am Monoblock ein Block mit vorspringender Kante. Dieses massive Stück greift in eine Aussparung am Stoßboden ein und wird dort mit einer Platte verriegelt. Beim Öffnen bewegen sich die Verriegelungsstücke zur Kastenmitte. Der BOSS-Verschluss ist sehr stark und gestattet eine niedrige Bauweise.

DOPPELFLINTEN

Häufigste Verschlussart an Doppel- oder Querflinten ist der einfache oder doppelte Laufhakenverschluss. Der Laufhakenverschluss wird oft mit einem Greener-Verschluss kombiniert.

Greener-Verschluss Kennzeichen ist eine lappenförmige Schienenverlängerung mit mittiger Bohrung, in die ein durch den Verschlusshebel gesteuerter Querriegel eingreift. Je nach Art der lappenförmigen Schienenverlängerung (z. B. mit Rechteckausnehmung oder Winkelform) kennt man auch den Greener-Webley-Verschluss, den Westley-Richards-Verschluss oder den Webley-und Scott-Verschluss. Hinsichtlich Aufbau und Wirkung sind diese Bauarten identisch.

Purdey-Verschluss Ähnlich aufgebaut wie der Greener-Verschluss, aber wesentlich eleganter, ist der Purdeyverschluss. Eine „Purdey-Nase“ genannte Anfräsung am Verschlussstück ist etwas tiefer zwischen den Läufen angebracht. Sie greift in eine Ausnehmung des Stoßbodens und verriegelt dort, von außen unsichtbar. Der Zugriff auf die Patronenlager ist hier wesentlich einfacher als bei einem Greener-Verschluss, da keine Verriegelungselemente oben zwischen den Läufen stören.

SPEZIALVERSCHLÜSSE

Eine besondere, an Flinten sehr seltene Verschlussart ist der *Dolls Head*: eine Schienenverlängerung, deren Ende verdickt ist und in einer Kastenausnehmung liegt. Dasselbe gilt für den von Rigby wieder gebauten *Risingbite*, bei dem eine Schienenverlängerung (nebeneinander liegende Läufe) in eine Aussparung im Stoßbodenbereich greift und verriegelt wird – von außen unsichtbar und daher sehr elegant.

DIE CHOKEBOHRUNG

Die übliche Lauflänge liegt bei Jagdflinten zwischen 68 und 73 cm. Skeet- oder Trappflinten haben entsprechend kürzere oder längere Läufe. Für die Reichweite der Schrotgarbe ist die Lauflänge aber nicht ausschlaggebend. Die Vorlage erreicht ihre höchste Geschwindigkeit auch bei kurzen Läufen bereits vor der Mündung. 55 cm Lauflänge reichen völlig aus, um das offensive Treibladungspulver einer Schrotpatrone vollständig zu verbrennen.
Die Reichweite wird allein durch die Mündungsverengung und die Schrotgröße bestimmt. Je mehr sich der Lauf zur Mündung hin verengt, umso stärker wird die Garbe zusammengehalten. Diese Mündungsverengung wird Choke genannt.
Ist der Lauf einer Flinte nicht verengt, spricht man von einer Zylinderbohrung. Bei Skeetflinten kann die Mündung sogar aufgeweitet sein, dann spricht man von einem Glockenchoke. Zylinderbohrungen werden besonders für das Verschießen von Flintenlaufgeschossen benutzt. Das weiche Bleigeschoss wird in einer Zylinderbohrung, die ja keine Verengung hat, nicht zusammengedrückt und hat dadurch meist eine bessere Präzision. Es gibt aber auch Flinten mit Chokebohrung, die sehr gute Ergebnisse mit FLGs erzielen.

WECHSELCHOKES

Moderne Flinten haben austauschbare Chokes, die den Vorteil haben, dass der Jäger seine Flinte der jeweiligen Jagdsituation anpassen kann. Diese Flinten haben an der Mündung ein innen liegendes Gewinde, in das sich kurze Röhrchen mit der jeweiligen Verengung, die Wechselchokes, einschrauben lassen. Vom Glockenchoke für den Skeetstand oder für das Frettieren von Kaninchen über universell einsetzbare Viertel- und Halbchokes bis hin zu Vollchokes für die Gänsejagd oder sogar speziellen Chokes für die Verwendung von Weicheisenschroten ist alles zu haben.

☞ TIPP
Die Gewinde von Wechselchokes dürfen keinesfalls mit normalem Waffenöl, sondern müssen vor dem Einschrauben unbedingt mit einem speziellen, hitzebeständigen Schmiermittel bestrichen werden. Sonst brennen sie sich im heiß geschossenen Lauf unweigerlich fest und lassen sich nicht mehr herausschrauben.

Dieses System hat nur Vorteile, denn gerade in der Mündungsverengung lagert sich viel Blei oder Kunststoffabrieb von den Schrotkörben ab – die herausgeschraubten kurzen Wechselchokes lassen sich bequem reinigen und sogar bei starker Verschmutzung ganz in ein Reinigungsbad oder einen Ultraschallreiniger legen.

Die Mündung einer Querflinte: Der vordere Teil der Läufe verengt sich zur Mündung hin. Bock- und Doppelflinten haben zwei verschieden starke Mündungsverengungen.

Moderne Flinten haben auswechselbare Chokes. Hier können spezielle Chokeeinsätze für die Verwendung von Stahlschrot eigesetzt werden.

POLYCHOKE UND CHOKE MIT KOMPENSATOR

Noch universeller als Wechselchokes ist eine von Hand verstellbare Chokebohrung, die als sogenannter Polychoke angeboten wird und die Möglichkeit bietet, je nach Situation das Streuverhalten der Flinte durch eine Drehung am Chokeeinsatz in einer Sekunde verändern zu können. Der Polychoke ist im Kapitel Selbstladeflinten (S. 29) näher beschrieben, denn er ist nur bei einläufigen Flinten einsetzbar und daher nicht sehr verbreitet. Er vergrößert auch die Lauflänge um einige Zentimeter.
Für einläufige Flinten gibt es auch Chokeeinsätze, die mit einem Kompensator ausgestattet sind, der den Rückschlag der Flinte verringert. Besonders der Cutts-Kompensator war bei amerikanischen Selbstladeflinten sehr verbreitet.

DIE ABZÜGE

Bei der Flinte gilt zwar „Die Läufe schießen, der Schaft trifft", aber auch die Flintenabzüge haben einen erheblichen Einfluss auf die Trefferleistung. Ein guter Flintenabzug trägt erheblich zum Erfolg mit den glatten Läufen bei. Besonders stecherverwöhnte Jäger wissen hervorragende Flintenabzüge zu schätzen. Hohe Abzugswiderstände führen schnell zum Verreißen oder Verdrücken der Flintenläufe beim Abziehen. Oft wird der Schuss verzögert ausgelöst, weil der Widerstand des Abzugs zu hoch ist. Selbst bei einfachen Zielen ist ein „schlechter" Abzug oft ein Hindernis für gute Trefferleistung.

DER ABZUG – EIN QUALITÄTSMERKMAL

Am Abzug lässt sich schnell die Qualität einer Flinte erkennen. Selbst an guten Flinten findet man sehr oft nur mäßige Abzüge. Oft verhindert die Schlosstechnik niedrige Abzugswiderstände, da es dann zum „Doppeln" kommen würde. Selbst Seitenschlosse mit Fangstangen lassen nur Widerstände von etwa zwei Kilogramm oder sehr knapp darunter zu. Wobei für das Auslösen des zweiten Schlosses meist ein viel höherer Widerstand (rund 2,0 bis 2,5 kg) zu überwinden ist. Anson & Deeley-Schlosse erfordern ebenfalls recht hohe Abzugswiderstände. Sie sind zumindest im Bereich der Seitenschlosse anzusiedeln, meist aber geringfügig höher. Man kann von Widerständen zwischen 1,8 und 2,5 kg bei sorgfältiger sowie hochwertiger Arbeit ausgehen.

HOHE WIDERSTÄNDE BEI BLITZSCHLOSSEN

Bei Blitzschlossen vermindert oft schlampige Arbeit eine gute Abzugscharakteristik. Die Widerstände sind oft extrem hoch. An einfachen Flinten habe ich Widerstände von vier bis fünf Kilogramm, in Extremfällen sogar von über fünf Kilogramm gemessen. Da kann nicht mehr von sauberem, treffsicherem Schuss gesprochen werden. Ein weiteres Problem sind stark auseinanderdriftende Abzugswiderstände für den ersten und zweiten Schuss, denn große Unterschiede führen oft zum Verreißen der Flinte beim zweiten Schuss. Die Widerstände für beide Läufe einer Bockdoppel- oder Doppelflinte sollten also möglichst eng beisammen liegen. Im Idealfall löst das zweite Schloss mit maximal 100 g höherem Abzugswiderstand als das erste aus.

KRIECHEN UNERWÜNSCHT

Ein Flintenabzug muss trocken stehen und darf keinesfalls vor dem Auslösen „kriechen". Ein sehr leichter, aber extrem kurzer Vorzug ist meist vorhanden, stört aber nicht. Idealerweise bricht der Abzug wie Glas, sodass beim Ziehen die Schlagstückauslösung unverhofft erfolgt.

Doppelabzug mit herausnehmbarem Schloss auf dem Abzugsblech. Jedes Schloss hat seinen eigenen Abzug.

UNTER 1800 g SOLLTE SEIN

Sehr gute Flinten haben Abzugswiderstände von weniger als 1800 g, meist liegen die Widerstände solcher Flinten zwischen 1600 und 1700 g. Alles was darunter ist, stellt die Ausnahme dar, ist aber der Idealfall. Es gibt aber durchaus Flinten mit Blitzschlossen, deren Abzugswiderstände um die 1500 g oder gar etwas darunter liegen. Dafür ist aber aufwendige Büchsenmacherarbeit notwendig. Exzellente Abzugswiderstände liegen bei 1400 bis 1500 g für den ersten Schuss und zwischen 1400 und 1600 g für den zweiten Schuss mit doppelläufigen Flinten.

DOPPELABZUG

Bleibt die Frage, ob es bei doppelläufigen Flinten Ein- oder Doppelabzug sein soll. Der Grundgedanke des Doppelabzugs war, für jedes Schloss einen Abzug zu haben. Das spricht für hohe Zuverlässigkeit. Man kann unabhängig vom anderen Schloss jedes Schloss über einen dazugehörigen Abzug auslösen. Also etwa zuerst den „zweiten" Lauf mit engerem Choke abfeuern, wenn vielleicht Wild von vorn auf den Schützen zu kommt und der zweite Schuss mit mehr Streuung dann günstiger ist. Zwei Abzüge machen allerdings ein Umgreifen notwendig: Das führt zu Unruhe in der Handhabung sowie einer Zeitverzögerung. Besonders Schützen, die Einabzüge gewöhnt sind, tun sich schwer mit der Umstellung auf zwei Abzüge. Besitzt man mehrere Flinten, sollten sie alle entweder Einabzüge- oder Doppelabzüge haben. Das gilt auch für eventuell vorhandene Doppelbüchsen.
Zwei Abzüge erfordern viel Übung und Gewohnheit, dann kann man sie auch blitzschnell bedienen. Bei Linksschützen sollte die seitliche Abzugsanordnung seitenverkehrt sein. Bei zwei Abzügen kann es ferner schnell zum Doppeln kommen, wenn der Finger am vorderen Züngel abrutscht und unbewusst auf den hinteren Abzug fällt und auslöst.
Um ein Fingerprellen am vorderen Abzugszüngel bei Bedienung des zweiten Abzugs zu vermeiden, setzt man in das vordere Züngel ein Rückgelenk ein. Bei rückseitigem Anstoßen bewegt sich das Züngel ohne starken Widerstand nach vorne, „knickt also ab". Züngelabstände und Abzugsbügel sollten so groß sein, dass ein Schießen mit Handschuhen problemlos möglich ist.

EINABZUG

Einabzüge kann man sowohl an Bockdoppel- als auch Doppelflinten finden. Die heutige Technik ist sehr zuverlässig. Trotzdem kann es je nach System ab und zu vorkommen, dass der zweite Schuss nicht ausgelöst wird.

Umschaltbarer Einabzug

Einabzug mit Laufwahlschalter im Sicherungsschieber

Einabzug mit Schlossen auf dem Abzugsblech

Beim Einabzug ist kein Umgreifen nötig, man muss nur ein zweites Mal abziehen. Ferner kann man das Abzugszüngel bei vielen Flinten in Längsrichtung verstellen und den idealen Abstand für den Abzugsfinger wählen. Bei etlichen Flinten sind die Züngel auch auswechselbar, sodass eine andere Züngelform gewählt werden kann.

Bei vielen Einabzügen kommt es zum sogenannten „manuellen" Doppeln. Zieht der Schütze das Gewehr nicht fest ein, federt das beim ersten Schuss durch den Rückstoß nach hinten bewegte Gewehr wieder nach vorne, wobei der Abzug gegen den Finger prallt und so unbeabsichtigt ein zweiter Schuss ausgelöst wird. Die Auslösung des zweiten Schusses ist möglich, weil der federbelastete Zwischenhebel nach Abgabe des ersten Schusses mit seiner zweiten Rast an der dem zweiten Schlagstück zugeordneten Abzugsstange ohne wesentliche Verzögerung einrastet. Um das manuelle Doppeln zu vermeiden, muss eine Verzögerung der Umschaltung in dem Einabzug eingebaut sein, die eine Umschaltung von der ersten Abzugsstange auf die zweite Abzugsstange erst dann zulässt, wenn das Rückfedern der Waffe beendet ist. Moderne Einabzüge haben heute so etwas. Auch das weiter oben erwähnte Blaser Inertial Block System (IBS) verhindern das manuelle Doppeln.

UMSCHALTUNG PER SCHWINGEWICHT

Bei vielen einfacheren Flinten erfolgt eine automatische Laufumschaltung mittels eines Schwinggewichtes im Schloss. Auf das zweite Schlagstück umgeschaltet wird der Abzug mittels des Schwinggewichts, das nach dem ersten Schuss infolge des Rückstoßes und der Waffenbewegung das zweite Schlagstück ansteuert. Das funktioniert auch mit unterschiedlich starken Laborierungen sehr zuverlässig.
Die höchste Zuverlässigkeit wird mit einer mechanischen Einabzugsfunktion erzielt. Dabei wird nach Auslösen des ersten Schusses rein mechanisch auf das zweite Schloss umgeschaltet. Ob die erste Patrone gezündet hat, spielt hier keine Rolle, da kein Rückstoß für die Umschaltung benötigt wird. Bei einem Patronenversager kann so sofort der zweite Lauf abgefeuert werden. Das bietet im Jagdbetrieb die höchste Zuverlässigkeit.

Natürlich sollte es sich bei Einabzügen um selektive Einabzüge handeln, bei denen mittels z. B. vor dem Abzugszüngel oder im Sicherungsschieber integriertem Laufwahlschalter der zuerst abzufeuernde Lauf gewählt werden kann.

DER EJEKTOR

Als Ejektor bezeichnet man einen automatischen Patronenauswerfer, der beim Abkippen des Laufbündels die leeren Hülsen ohne Zeitverzögerung aus den Patronenlagern katapultiert und so die Läufe sofort wieder zum Nachladen freimacht. Die Nachladezeit wird so erheblich verkürzt und die Waffe ist schneller wieder schussbereit.
Ein automatischer Hülsenauswerfer hat prinzipiell immer die gleiche Arbeitsweise. Der geteilte Patronenauszieher wird durch Federkraft ein Stück herauskatapultiert, wodurch die Patronenhülsen beschleunigt und beim Abstoppen der Auszieher mit Schwung aus den Patronenlagern befördert werden.
Bei der Bauweise des Ejektors gibt es zwei große Systeme, die heute fast ausschließlich verwendet werden. Grundsätzlich wird hier der Schlagfeder-Ejektor, hauptsächlich gebaut nach dem System Holland & Holland (Southgate), und der Schraubenfeder-Ejektor unterschieden.

AUSWERFEN UM JEDEN PREIS

An preiswerten Waffen fanden sich früher auch Auswerfervorrichtungen nach Iver Johnson. Diese Vorrichtung wirft bei jedem Öffnen der Waffe automatisch die Patrone aus, ganz gleich, ob sie abgeschossen ist oder nicht. Das System ist heute zum Glück völlig vom Markt verschwunden. Bei allen heute verwendeten Systemen werden nur die abgeschossenen Hülsen ausgeworfen.

Der Ejektor sorgt dafür, dass nach dem Schuss die leeren Hülsen automatisch ausgeworfen werden. Das beschleunigt das Nachladen erheblich.

EJEKTOR SYSTEM HOLLAND & HOLLAND

Der Ejektor nach dem Holland & Holland Prinzip (Southgate) ist im Grunde genommen ein kleines Gewehrschloss mit einem Schlaghahn, der bei Auslösen auf den Patronenauszieher schlägt und ihn samt der Hülse beschleunigt. Für jeden Lauf ist ein eigenes Ejektorschloss vorhanden. Diese Schlosse sind im Vorderschaft untergebracht und werden beim Schließen der Waffe automatisch gespannt und in der Endstellung arretiert. Die Patronenauszieher drücken die beiden Schlaghähne in Schlagstellung, gleichzeitig werden die Federn durch den Federspanner und den Spannzahn gespannt. Bei geschlossener Waffe sind die Ejektorfedern daher immer gespannt. Beim Abfeuern der Waffe wird entweder über ein mit dem Gewehrschloss verbundenes Gelenksystem, das sich die Bewegung des Schlag-

Der Ejektor nach Holland & Holland ist ein eigenes kleines Schloss mit Schlaghähnen und Federn.

Beim Schraubenfeder-Ejektor stehen die Auswerfer immer unter Federdruck.

stückes zunutze macht, der Schlaghahn des Ejektorschlosses freigegeben, oder an den Spannarmen sind besondere Ausformungen, die den Ewor beim Öffnen der Waffe auslösen.

EBS-AUSWERFERSYSTEM

Bei den Blaser Flinten F3 und F16 kommt das EBS-Auswerfersystem zum Einsatz. Im Gegensatz zu anderen Flinten werden hierbei die Ejektorfedern beim Öffnen der Flinte und nicht erst beim Schließen gespannt. Das bringt Ruhe vor dem Schuss durch stets gleichbleibend leichtes Schließen des Laufbündels. Außerdem entspannen sich die Federn mit dem Auswerfen der Hülsen wieder, was praktisch höchste Haltbarkeit und gleichbleibende Auswurfkraft garantiert.

Hat beim Öffnen der Waffe das Laufbündel eine bestimmte Stellung erreicht, löst das Ejektorschloss des abgefeuerten Laufes aus und katapultiert die leere Hülse aus dem Patronenlager. Ein narrensicheres System, bei dem es kaum zu Fehlfunktionen kommen kann.

SCHRAUBENFEDER-EJEKTOR

Der heute besonders bei Bockflinten sehr verbreitete Schraubenfeder-Ejektor ist wesentlich einfacher als ein Holland & Holland-Patronenauswerfer, funktioniert aber auch sehr zuverlässig. Hier löst kein komplettes Ejektorschloss im Vorderschaft aus und wirkt auf den Patronenauszieher, vielmehr stehen die Patronenauswerfer selbst bei gespannter Waffe ständig unter Federdruck.
Die Schraubenfedern sind hinter den Auswerfern links und rechts am Laufbündel angeordnet. Wird die Waffe abgefeuert, werden sie freigegeben, wenn das Laufbündel beim Abkippen einen bestimmten Punkt erreicht hat, und beschleunigen den jeweiligen Patronenauszieher nach hinten. Schraubenfeder-Ejektoren sind durch ihre einfachere Konstruktion wesentlich billiger als Holland & Holland-Ejektoren.

DAS LAUFBÜNDEL

Beim Flintenlauf spricht man gemeinhin vom „glatten Lauf", obwohl es auch gezogene Flintenläufe gibt. Solche Ausnahmen sind dazu gedacht, mit speziellen Flintenlaufgeschossen Schalenwild zu bejagen.

GEZOGENE UND GLATTE FLINTENLÄUFE

Spezielle Flintenlaufgeschosse wie Brenneke Gold oder Sabot-Slugs (Deformationsgeschosse in Treibspiegeln) sollen nur aus gezogenen Flintenläufen verschossen werden – dann schießen sie hochpräzise. Bis etwa 100 Meter können sie eingesetzt werden.

Sinnvollerweise verwendet man heute solche Läufe in einläufigen Selbstlade- oder Vorderschaftrepetierflinten, bei denen auch die Läufe leicht zu wechseln sind. Nur im Mündungs-/Chokebereich gezogene Läufe (Paradox) bringen in dieser Hinsicht nichts und sind heute auch nicht mehr gebräuchlich.
Für den rauen Schrotschuss werden glatte Läufe verwendet. Aus gezogenen Läufen verschossene Schrote weisen eine ungleichmäßige Deckung und infolge des Dralls mit zunehmender Distanz ein immer größerer werdendes Loch im Zentrum der Garbe auf.
Um Korrosion und übermäßigem Laufmaterialabrieb vorzubeugen, werden die Läufe moderner Flinten in der Regel innen hartverchromt. Außen schützt eine Brünierung oder besser Plasmanitrierung vor Korrosion.
Die Läufe haben eine Mündungsverengung (Choke) oder auswechselbare Wechselchokes. Um bei Wechselchokes eine Laufwandschwächung zu vermeiden, verdickt beispielsweise Blaser den Lauf im Bereich des Wechselchokes.

OVERBORE BRINGT VORTEILE

Heute üblich sind sogenannte Overbore-Läufe. Man hat festgestellt, dass Schrotgeschwindigkeit, Deckung und Gleichmäßigkeit bei der Schussleistung besser sind, wenn der Laufinnendurchmesser etwas weiter als das von der Ständigen Internationalen Kommission für die Prüfung von Handfeuerwaffen (C. I. P.) vorgegebene Mindestmaß gehalten wird. So beträgt das C. I. P.-Mindestmaß 18,2 Millimeter Laufinnendurchmesser bei Kaliber 12, während 12er-Overbore-Läufe einen Laufinnendurchmesser von, je nach Hersteller, etwa 18,6 bis 18,9 Millimetern aufweisen.
Das Laufmaterial ist für Haltbarkeit und Lebensdauer sehr entscheidend. Hier gibt es große Unterschiede.

GARNIERUNG

Bei der Garnierung des Laufbündels kennt man die Methoden Monoblock oder Demiblock.

Das Laufbündel dieser Bockflinte ist im Monoblock gefasst.

Mit Reifen bzw. Schiene verlötete Läufe. Die Schienen wurden ventiliert.

Laufbündel einer Doppelflinte mit ausgekehlter, guillochierter Schiene und Messingkorn

Monoblock Bei diesem Verfahren werden die beiden Läufe in einem sogenannten Brillenstück gefasst. Das Brillenstück (Monoblock) nimmt die Läufe auf und beinhaltet Verschlusselemente wie Laufhaken oder Flanken. Ferner sind darin Auszieher oder Federejektoren installiert.
Demiblock Beim Demiblock werden Läufe und Verschlusselemente aus einem Stück gefertigt. So enthält bei Doppelflinten, die im Demiblockverfahren garniert werden, jeder Lauf auch einen halben Laufhaken (er kann auch fest angeschmiedet sein). Beim Verlöten werden die beiden Laufhakenteile hart miteinander verlötet.

Selten sind bei Flinten freiliegende und nur mit Abstandshalter versehene Läufe (z. B. Krieghoff K80). In der Regel werden beide Läufe mit Schienen und Reifen miteinander fest verlötet.
Die Zwischenschienen bei Bockflinten können ventiliert sein, um eine schnellere Laufabkühlung zu erzielen.

VISIERSCHIENE UND KORN

An Bockdoppelflinten sitzt die Visierschiene auf dem oberen Lauf. Auch sie kann ventiliert sein, um größtmöglich Flimmern zu vermeiden. Bei hochwertigen Flinten vermag sich die Visierschiene bei Lauferwärmung frei nach vorne auszudehnen, da sie auf Haltern sitzt. Bei Doppelflinten liegt die Visierschiene zwischen beiden Läufen. Oft weist sie eine leicht halbrunde Auskehlung auf. Man spricht dann von einer Hohlschiene. Besonders häufig ist diese Schienenvariante bei englischen und belgischen Doppelflinten zu finden.
Visierschienen werden meist guillochiert oder längsgerillt, um Lichtreflexe zu vermeiden. Sie sollten sich zur Mündung hin leicht verjüngen. Optisch wirken sie dadurch vom Schützen her gesehen länger.

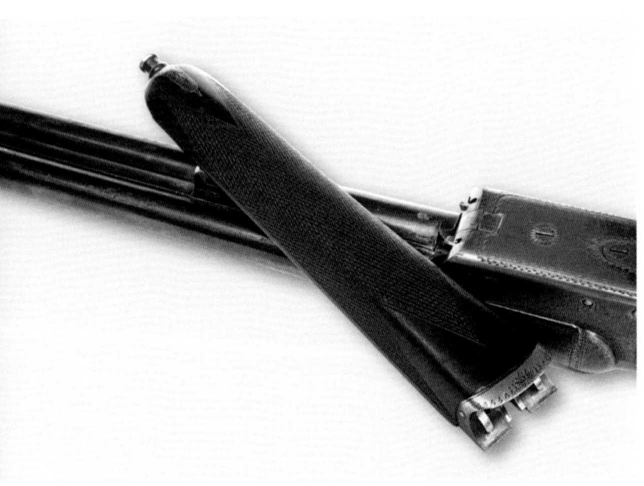

Der schmale, sogenannte Jagdvorderschaft ist bei Doppelflinten die häufigste Variante. Sieht elegant aus, bietet aber keinen Schutz vor heißen Läufen.

Auf der Visierschiene sitzt an der Mündung das Korn. Es kann ein goldfarbenes Messingkorn, ein weißes Perlkorn oder auch ein farbiges Perlkorn sein. Einige Schützen bevorzugen lichtbündelnde Fiberglasstäbe als Korn. Sehr sinnvoll ist das bei Jagdflinten, wenn bei schlechtem Licht gejagt wird, etwa beim Entenstrich.
Für eine Anschlagskontrolle ist ein schwächeres Hilfskorn in etwa Schienenmitte hilfreich. Sieht man beide Korne leicht übereinander, etwa wie eine 8, stimmt der Anschlag. Sonderformen von Visierschienen findet man an Sport-Bockdoppelflinten wie etwa hochgelegte Visierschienen an speziellen Trapflinten, insbesondere für die Disziplin American Trap. Bei modernen Sportflinten lassen sich die Visierschienen auch austauschen.
Flinten, die mit einem gezogenen Lauf ausgestattet sind, haben in der Regel eine vollständige Visierung wie eine Büchse, also auch eine Kimme.

DER VORDERSCHAFT

QUER- UND BOCKFLINTEN

Hinsichtlich Vorderschaft finden sich bei der Querflinte drei Ausführungen.
Jagdvorderschaft Die meisten Doppelflinten sind mit einem normalen, sehr schlank und kurz gehaltenen, sogenannten Jagdvorderschaft geschäftet. Er sieht elegant aus, ist aber in der Praxis nicht optimal, denn er bietet der Führhand relativ wenig Halt und lässt kaum Spielraum, den Anschlag zu variieren.
Biberschwanzvorderschaft Bei einigen Querflintenmodellen findet sich der sogenannte Biberschwanzvorderschaft, der wesentlich länger und breiter ist. Er ist seitlich auch höher um die Schrotläufe gezogen und schützt die Führhand vor heiß geschossenen Läufen. Mit dem Biberschwanzvorderschaft lässt sich eine Flinte wesentlich besser halten und handeln als mit dem kleinen Jagdvorderschaft. Dafür stört die Form die elegante

Viele Flintenvorderschäfte werden mittels eines Patentschnäppers am Laufbündel befestigt bzw. gelöst.

Die Vorderschäfte an Bockflinten sind von Haus aus sehr voluminös und bieten reichlich Platz für die Führhand.

Etwas breiter als der Jagdvorderschaft, ist der Halbbiberschwanzvorderschaft günstiger im Handling, aber nicht mehr so elegant.

Linie einer feinen Querflinte aber erheblich und die Waffe wirkt eher plump.

Halbbiberschwanzvorderschaft Dieser Vorderschaft ist ein durchaus gelungener Kompromiss. Nicht ganz so breit und seitlich hochgezogen wie der echte Biberschwanzvorderschaft, bietet er trotzdem einen wesentlich besseren Halt als der schmale Jagdvorderschaft. Hier muss der persönliche Geschmack entscheiden. Bei den Bockflinten gibt es die vorstehend genannten Probleme von Haus aus nicht, denn hier ist der Vorderschaft wesentlich kräftiger, länger und bietet der Führhand besten Halt. Kontakt mit heißen Läufen ist bei einer Bockflinte kaum zu befürchten.

FISCHHAUT

Vorderschaft und Pistolengriff werden stets mit einer Fischhaut verschnitten, um die Griffigkeit dieser Flächen zu erhöhen. Eine gute, scharfe Fischhaut ist sehr wichtig, um die Waffe auch mit regen- oder schweißnassen Händen sicher handhaben zu können. Bei Sportflinten findet sich auch gelegentlich anstelle der Fischhaut eine Punzierung.

BEFESTIGUNG

Der Vorderschaft ist an einem Haft befestigt, der sich am Laufbündel befindet. Er lässt sich mit einem Handgriff abnehmen, will man die Flinte zerlegen. Entweder wird ein Patentschnäpper verwendet, der über einen Riegel an der Unterseite des Vorderschaftes bedient wird oder aber der sogenannte Purdeydrücker, der sich an der Stirnseite des Vorderschaftes befindet. Der Effekt beider Systeme ist gleich. Das Riegelstück wird aus dem Haft gedrückt und der Vorderschaft lässt sich abnehmen.

SICHERUNGEN

Üblich bei Flinten ist die Abzugssicherung, selten dagegen Stangen- und Schlagstücksicherung. Der Sicherungsschieber (oft kombiniert mit Laufwahlschalter) befindet sich auf der Scheibe. Hinsichtlich der genauen Funktion und Wirkungsweise der Sicherungen wird auf das Kapitel zu Doppelbüchsen und dem Drilling verwiesen.

SELBSTLADEFLINTEN

Halbautomatische Schrotflinten werden in Deutschland immer noch mit gemischten Gefühlen betrachtet. Ihre Befürworter schätzen sie als preiswerte, zuverlässige Jagdwaffen mit dem Vorteil des dritten Schusses, ihre Gegner sehen in ihnen nicht waidgerechte „Vollernter".

Eine Waffe als nicht waidgerecht zu bezeichnen, ist allerdings ziemlich unsinnig, denn ausschlaggebend ist immer der Schütze.
Andere Länder haben solche Probleme nicht: Dort sind halbautomatische Schrotflinten oft weitaus häufiger als Kipplaufflinten. Von der technischen Seite aus betrachtet ist das auch ganz logisch, denn der Preisvorteil ist erheblich. Eine halbautomatische Schrotflinte hat immer einen Ejektor, immer einen Einabzug, und Wechselchokes sind auch kein Problem – alles Ausstattungsmerkmale, die bei Kipplaufflinten jede Menge Aufpreis kosten. Außerdem schießen sich Selbstladeflinten rückstoßärmer, denn bei ihnen wird ein Teil der Rückstoßenergie dazu benutzt, den Repetiervorgang durchzuführen. Empfindliche Schützen wissen dies zu schätzen. Dazu kommt der Vorteil des dritten Schusses. Ideal sind Selbstladeflinten für die Gänsejagd aus einer Liege, da die Waffe darin bequem nachgeladen werden kann.

DAS SYSTEM

RÜCKSTOSSLADER

Grundsätzlich unterscheiden wir an den Selbstladeflinten zwei verschiedene Systeme. Die ersten Waffen dieses Typs, etwa die legendäre Browning Auto 5, waren als Rückstoß-

Moderne Rückstoßlader haben einen feststehenden Lauf und brauchen keine Feder mehr im Vorderschaft (im Foto eine Cosmi-SLF).

lader konzipiert. Lauf und Verschluss laufen zusammen und fest verbunden etwas mehr als eine Patronenlänge zurück, bevor die Verriegelung des Verschlussblockes gelöst wird. Dann gleitet der Lauf, angetrieben durch Federkraft, wieder vorwärts, während der Auszieher am Verschlussblock die leere Hülse festhält und aus dem Lager zieht. Ist die Hülse vollständig ausgezogen, wird sie nach rechts ausgeworfen.
Anschließend gleitet auch der Verschlussblock vor, während gleichzeitig eine Patrone aus dem unter dem Lauf angeordneten Magazinrohr auf den Ladelöffel geschoben wird und dieser Löffel sich so weit anhebt, dass sich die neue Patrone hinter dem Lauf befindet. Der nach vorn gleitende Verschlussblock schiebt die Patrone ins Patronenlager und verriegelt wieder – die Waffe ist erneut schussbereit. Ein sicher funktionierendes System, das wenig störanfällig ist.
Wichtig für die sichere Funktion ist der am Magazinrohr angebrachte Bremsring aus Bronze, der das Vor- und Zurückgleiten des Laufes steuert. Der offene Ring hat auf beiden Seiten angefräste, schräge Flächen, die mit entsprechenden Phasen am Laufring zusammenarbeiten. Je nach Stärke des Rückstoßes soll sich der Laufring mehr oder weniger über den Bremsring schieben und so den Reibungswiderstand erhöhen. Das reduziert die Geschwindigkeit des Laufrücklaufes.
Diese Modelle waren sehr von der Munition abhängig und funktionierten nicht mit allen Patronen. Sie mussten jeweils auf die gerade verwendete Patrone eingestellt werden.

VERBESSERTER RÜCKSTOSSLADER VON BENELLI

Benelli baut auch heute noch Flinten nach dem Rückstoßladerprinzip, hat aber die Munitionsabhängigkeit der Funktion weitaus besser im Griff. Der Lauf ist nicht mehr beweglich, sondern fest. Der Verschluss verriegelt über einen vorn am Verschlussblock angebrachten Verschlusskopf mit Drehwarzen.

Selbstladeflinten (im Bild l. Browning 20/76, r. Winchester 12/89) werden von einigen Jägern noch immer als „Vollernter" beargwöhnt.

Bei den frühen Rückstoßladermodellen wie der Browning Auto 5 waren verstellbare Bremsringe erforderlich, um das System an die Patrone anzupassen.

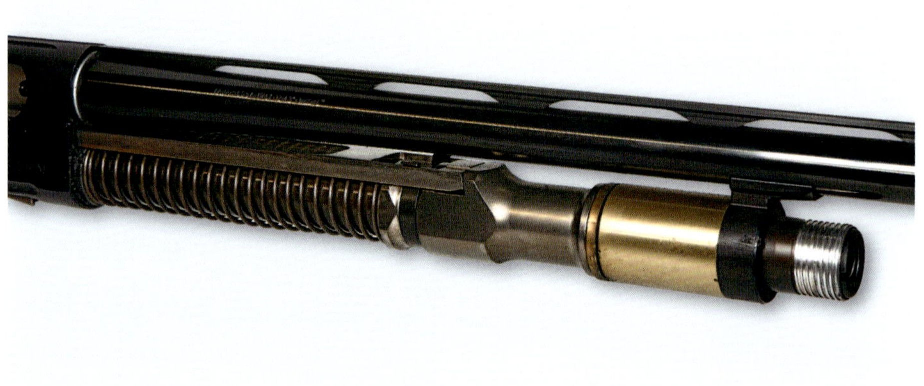

Bei Gasdrucklader-Flinten wird ein Teil der Pulvergase am Lauf abgezapft und für den Repetiervorgang genutzt.

Eine Torsionsfeder zwischen Block und Drehkopf hält die Verriegelung in Position. Der Rückstoß der abgefeuerten Patrone bewegt jetzt lediglich die Masse des Verschlussblockes nach hinten – nicht mehr den Lauf. Bereits nach einigen Millimetern Rücklauf wird die Verriegelung aufgehoben und der Verschluss fährt vollständig zurück. Der Drehkopf verriegelt zwangsgesteuert.
Dieses System hat einige Vorteile. Die schaukelnde Bewegung der Flinte durch den vor- und zurückgleitenden Lauf entfällt, das System ist sehr munitionsverträglich, eine manuelle Einstellung ist nicht mehr notwendig und die durch den Rückstoß zusammengepresste Torsionsfeder nimmt einen Teil der Rückstoßenergie auf.

FUNKTIONSSTÖRUNGEN SIND PASSÉ

Früher gab es bei Selbstladeflinten oft Funktionsprobleme und verklemmte Hülsen. An der Tagesordnung war auch ein Verkanten von Patronen bei deren Zuführung. Diese Zeiten sind aber lange vorbei – heute sind Selbstladeflinten sehr funktionssicher. Das liegt einerseits an der verbesserten Technik der Waffen und ist andererseits auch ein Verdienst der Munitionsindustrie, die heute sehr gleichmäßige und maßhaltige Schrotpatronen fertigt. Sie verursachen kaum noch Störungen.

GASDRUCKLADER

Die meisten Selbstladeflinten sind heute aber als Gasdrucklader aufgebaut. Der Lauf ist fest, und über Bohrungen im Lauf wird ein Teil der Verbrennungsgase abgezweigt, die dann über ein Gestänge den Repetiervorgang vornehmen. Ein Ventil leitet die für die Selbstladefunktion nicht benötigte Gasdruckmenge ab und öffnet sich zwangsgesteuert je nach verwendeter Laborierung mehr oder weniger. Bei schwachen Patronen bleibt es geschlossen, sodass der gesamte Gasdruck für die Verschlussbewegung genutzt werden kann. Bei Standard-Jagdpatronen macht das Ventil etwas auf und bei Magnum-Laborierungen öffnet es sich ganz. Solche modernen Gasregulierungssysteme vermeiden Druckspitzen und funktionieren so unabhängig vom Gewicht der Vorlage. Dieses Konstruktionsprinzip hat sich durchgesetzt und wird heute bei den meisten halbautomatischen Flinten eingesetzt.

DER LAUF

Bei Selbstladeflinten finden sich in der Regel nicht so lange Läufe wie bei Kipplaufflinten. Das System einer halbautomatischen Flinte baut wesentlich länger als der Kasten einer Kipplaufwaffe, sodass Selbstladeflinten bei „normaler" Lauflänge sehr lang, wenig führig und unhandlich ausfielen. Die gebräuchlichen Lauflängen sind hier 66 oder 71 cm. Bei speziellen Gänseflinten gibt es auch längere Läufe.

WECHSELCHOKES

Moderne Selbstladeflinten verfügen heute stets über eine ventilierte Visierschiene auf dem Lauf und bieten die Möglichkeit, Wechselchokes einzuschrauben. Konstruktiv haben Selbstladeflinten in der Jagdpraxis den Nachteil, dass alle Schüsse mit der gleichen Mündungsverengung abgegeben werden. Bei doppelläufigen Kipplaufflinten stehen dagegen zwei unterschiedlich streuende Läufe zur Auswahl, sodass der Jäger je nach Schussentfernung den passenden Lauf wählen kann. Hierauf muss beim Führen einer Selbstladeflinte verzichtet werden.

POLYCHOKE

Technisch gibt es auch bei Selbstladeflinten eine Möglichkeit, einen verstellbaren Choke, den im Kapitel Flinten (S. 17) bereits angesprochenen Polychoke, zu montieren. Dazu wird der Lauf mit einem Gewinde versehen und darauf eine Verlängerung mit konischer Bohrung geschraubt, die lamellenartig geschlitzt ist. Darüber kommt ein Überrohr

In Selbstladeflinten wird gern ein etwas kürzerer Lauf eingesetzt, weil das System schon sehr lang baut.

Moderne Selbstladeflinten verfügen meist über Wechselchokes, also auswechselbare Chokeeinsätze.

Mit einem Polychoke kann die Mündungsverengung beliebig verstellt werden.

> **HARTVERCHROMT HAT VORTEILE**
> Praktisch ist es, wenn die Läufe innen hartverchromt sind. Dadurch wird die Laufpflege sehr vereinfacht. An der glatten, harten Oberfläche setzen sich Verbrennungsrückstände und der Abrieb vom Schrotbecher nicht nur wesentlich schwerer fest als bei herkömmlichen Läufen, sondern lassen sich auch weitaus einfacher wieder entfernen. Dazu bietet die Hartchrom-Oberfläche auch einen sehr guten Korrosionsschutz.

mit Innengewinde. Je weiter man das Überrohr aufschraubt, desto stärker werden die Lamellen zusammengedrückt und umso enger wird der Choke. Beim Losschrauben des Überwurfes federn die Lamellen automatisch zurück und die Bohrung wird wieder offener. Damit kann von der Zylinderbohrung bis zum Vollchoke alles stufenlos eingestellt werden.

Diese sogenannten Polychokes waren eine Zeitlang in Mode, konnten sich aber nicht wirklich durchsetzen. Der Mündungsaufsatz verlängerte die Gesamtlänge der sowieso schon langen Waffen noch einmal und es war in der Praxis kaum möglich, den Choke noch schnell zu verstellen, wenn plötzlich Wild in Anblick kam. Dazu kam die nicht gerade elegante Optik eines solchen Mündungsaufsatzes.

DER LAUF – MEHR ALS EIN GLATTES ROHR

Bei modernen Selbstladeflinten wird heute ein erheblicher Aufwand bei der Lauffertigung betrieben. Die Läufe sind weitaus mehr als nur ein Stück glattes Rohr mit einem Choke vorn und einem Patronenlager hinten. Am Lauf lassen sich mehrere Abschnitte mit unterschiedlichen Durchmessern unterscheiden: Ein langer Übergangskonus soll den Reibungswiderstand der Schrote vermindern. Dann folgt ein im Innendurchmesser vergrößerter Laufteil, bevor die Schrote in einem konischen Bereich wieder sanft auf den oft üblichen Innendurchmesser von 18,4 mm (Kal. 12, Mindestdurchmesser 18,2 mm) bis zum Eintritt in dwn Choke zurückgeführt werden. Dieser Laufaufbau soll die Deckung der Schrotgarbe verbessern, Gasdruckspitzen vermeiden und eine höhere Schrotgeschwindigkeit bewirken. Je nach Hersteller heißen solche Laufprofile dann etwa „Tribore“ oder „Back Bored“.

DAS KORN

Das Korn einer Selbstlade- und Jagdflinte generell darf nicht zu klein und muss kontrast-

Schloss- und Abzugssysteme von Selbstladeflinten sind relativ einfach aufgebaut.

Schiebesicherungen auf dem Kolbenhals wie bei dieser Cosmi sind bei Selbstladeflinten selten.

Die meisten Selbstladeflinten haben eine einfache Druckknopfsicherung im Abzugsbügel. Sie sperrt nur den Abzug.

reich sein. Das früher übliche kleine Messingperlkorn ist nicht optimal. Ein dickeres, weißes Kunststoffperlkorn oder ein rotes Leuchtkorn ist wesentlich besser zu sehen, bei nachlassendem Licht allemal. Wenngleich an Jagdflinten und jagdlich eingesetzten Selbstladeflinten eher unüblich, kann ein zweites Korn in der Mitte der Laufschiene helfen, gerade über die Laufschiene zu blicken, wenn der Anschlag des Schützen noch nicht so gefestigt ist. Ein falscher Anschlag wird hier sofort sichtbar, denn dann stehen Hilfskorn und Hauptkorn nebeneinander.

DER ABZUG

Der Abzug einer Selbstladeflinte ist mit dem einer Pistole vergleichbar und etwas komplizierter als der Abzug einer Kipplaufwaffe. Es muss gewährleistet sein, dass der Abzug immer sicher einrastet, ganz gleich, ob er durchgezogen ist oder nicht, denn sonst würde die Waffe Dauerfeuer schießen. Feinabzüge sind hier also kaum machbar, weil gewisse Sicherheitsreserven nötig sind: Unter 1,8 Kilogramm lässt sich der Abzug einer Selbstladeflinte kaum einstellen, und die meisten Modelle haben Abzugsgewichte von mehr als zwei Kilogramm. Konstruktiv ist auch ein gewisser Abzugsvorweg kaum zu vermeiden – wirklich trocken stehende Abzüge ohne spürbaren Weg wird man bei einer Selbstladeflinte auch kaum finden.

Fast alle Selbstladeflinten haben eine reine Abzugssicherung, die lediglich den Abzug blockiert. An fast allen Modellen wird sie als Druckknopfsicherung im Abzugsbügel ausgeführt. Nicht gerade optimal, aber konstruktiv sehr vorteilhaft. Der Druckknopf wird dann meist von der linken Seite des Abzugsbügels eingedrückt, um die Waffe zu sichern. Zum Entsichern wird der dann auf der rechten Seite hervorstehende Druckknopf zurückgedrückt.

Eine Schiebesicherung auf dem Kolbenhals wie bei den Kipplaufflinten wäre wesentlich praktischer, findet sich aber nur vereinzelt, etwa bei der italienischen Cosmi.

☞ TIPP

Von dem Versuch, den Abzug einer halbautomatischen Flinte durch Bearbeitung der Abzugsteile leichter zu stellen, ist dringend abzuraten! Das ist mit einem hohen Sicherheitsrisiko verbunden und Arbeit für einen wirklichen Spezialisten.

Die Schäfte von Selbstladeflinten haben Pistolengriffe und sind fast nie geschränkt. Kunststoffschäfte sind sehr häufig anzutreffen.

Der abgerundete französische Pistolengriff findet sich an alten Selbstladeflinten häufig.

Bei vielen Modellen lässt sich nach Lösen der Schraube am Ende des Vorderschaftes der Lauf und der Vorderschaft einfach vom System trennen.

DER SCHAFT

Selbstladeflinten haben zweiteilige Schäfte aus Nussbaumholz oder Kunststoff. Der Hinterschaft ist fast immer als Pistolengriffschaft ausgeführt. Englische Schäfte sind bei Selbstladeflinten nicht zu finden. Sehr beliebt ist die Form mit französischem Pistolengriff, der etwas flacher gestellt und unten abgerundet ist. FN hat diese Schaftform mit der Auto 5 in Mode gebracht.
Die Schäfte fallen bei Selbstladeflinten in der Regel sehr gerade aus. Eine deutliche Schränkung gibt es kaum, denn die meisten Modelle sollen auch für Linkshänder passen. Breitschultrige Schützen haben daher mit den kaum „aus dem Gesicht“ geschränkten Halbautomaten Probleme.

SCHAFTANPASSUNG

Den Schaft einer Selbstladeflinte zu verlängern, ist mit Zwischenstücken oft problemlos möglich. Soll er verkürzt werden, kann das bei einigen Modellen, bei denen eine Feder im Hinterschaft untergebracht ist – sie drückt den Verschluss nach vorn –, zu Problemen führen. Das ist z. B. bei Benelli und Fabarm so. Auch bei der Cosmi ist eine Schaftverkürzung problematisch, denn hier sitzt das Magazinrohr im Hinterschaft. „Einfach ein Stück absägen“, ist bei diesen Konstruktionen also nicht möglich.

INDIVIDUELLE SCHAFT-EINSTELLUNG

Bei aufwendig gestalteten Selbstladeflinten lässt sich über Zwischenstücke am Kolbenhals und am Schaftende sowohl die Schaftlänge als auch die Senkung verändern. Eine feine Sache, mit der die Schäftung dem Schützen individuell angepasst werden kann. Das schlägt sich aber auf den Preis nieder: So ausgestattete Waffen gelangen leicht in die Preisklasse einer guten Bockflinte.

Schäfte mit Tarnmuster schätzen vor allem Enten- und Krähenjäger.

SONSTIGE SCHAFTMERKMALE

Im Allgemeinen fallen die Schäfte von Selbstladeflinten im Vergleich zu Bock- und Querflinten wesentlich einfacher aus. Eine handgeschnittene Fischhaut findet sich bei den wenigsten Modellen, und schöne Schafthölzer sind eher die Ausnahme. Kunststoffschäfte finden sich an modernen Selbstladeflinten immer häufiger, was die Einordnung dieser Waffenart als robuste Gebrauchswaffen unterstreicht. Bei einigen Modellen sind die Schäfte oder sogar die ganze Flinte mit einem Tarnmuster bedruckt. Enten, Gänse und Krähenjäger bevorzugen diese Camouflage-Ausführungen. Riemenbügel werden bei vielen Modellen ab Werk montiert. Der vordere Bügel sitzt oft an der Abschlusskappe am Vorderschaft.
Diese Abschlusskappe hat auch für das Zerlegen vieler Modelle Bedeutung: Wird sie gelöst, lassen sich Vorderschaft und Lauf abnehmen. Bei anderen ist dafür eine Schraube an der Vorderschaftspitze zuständig. Nach deren Lösen können Schaft und Lauf vom System getrennt werden.

Auch mancher Baujäger möchte den Vorteil des raschen dritten Schusses mit einer Selbstladeflinte nicht mehr missen.

BÜCHSEN MIT STARREN LÄUFEN

REPETIERBÜCHSEN

Für Jagd auf Schalenwild schreibt unser Jagdgesetz und das anderer Länder den Kugelschuss vor. Hier hat der Jäger die Wahl zwischen zahlreichen Kugelwaffen. Selten ist die preiswertere Lösung auch die beste – der Repetierer für den präzisen Schuss ist eine solche Ausnahme.

Um mehrere Schüsse in rascher Folge aus einem Lauf abgeben zu können, wurden die Mehrlader entwickelt. Bei ihnen ist ein Patronenbehälter, Magazin genannt, vorhanden, der eine gewisse Anzahl an Patronen bereithält.
Bei Repetiergewehren ist eine manuelle Betätigung des Verschlusses erforderlich, um die abgefeuerte Hülse aus dem Patronenlager zu ziehen, auszuwerfen und eine neue Patrone aus dem Magazin zuzuführen. Bei Selbstladewaffen geht dieser Vorgang automatisch.
Zu den Repetiergewehren gehören alle Arten von Waffen mit Kammer- oder Zylinderverschluss und die Unterhebel- und Vorderschaftrepetierer. Bei den Unterhebelrepetierern wird der Verschluss durch Herunterdrücken und Hochziehen eines unter dem Verschlusskasten liegenden Hebels bedient und bei den Vorderschaftrepetierern durch Nach-hinten-Ziehen und Vordrücken des Vorderschaftes. Unterhebel- und Vorderschaftrepetierer sind in Europa nicht sehr gebräuchlich. Bei uns dominiert bei den Repetiergewehren der Zylinderverschluss, dem das nächste Kapitel gewidmet ist.
Krieghoff hat mit der Semprio einen Repetierer mit Inline-Verschluss entwickelt, bei der der Vorderschaft nicht nach hinten, sondern nach vorn geschoben wird, um eine neue Patrone aus dem Magazin in den Lauf zu befördern.

DER VERSCHLUSS

Über den idealen Verschluss an Repetierbüchsen wurde schon viel geschrieben und diskutiert. Bei guter Ausführung erfüllen alle Arten von Verschlüssen, die heute am Markt sind, ihren Zweck. Die Vielfalt begründet sich vor allem auf Produktionspraktiken, die besonders preiswert sein sollen.
Der Verschlusses mit Schloss wird zusammen mit dem Lauf und dem Magazin von der Hülse eines Repetierers aufgenommen. Die Systemgröße sollte der Patrone angepasst sein.
Der Verschluss dient wie bei den Flinten zunächst der Verriegelung und Abdichtung des

Unterhebelrepetierer werden häufiger in den USA geführt.

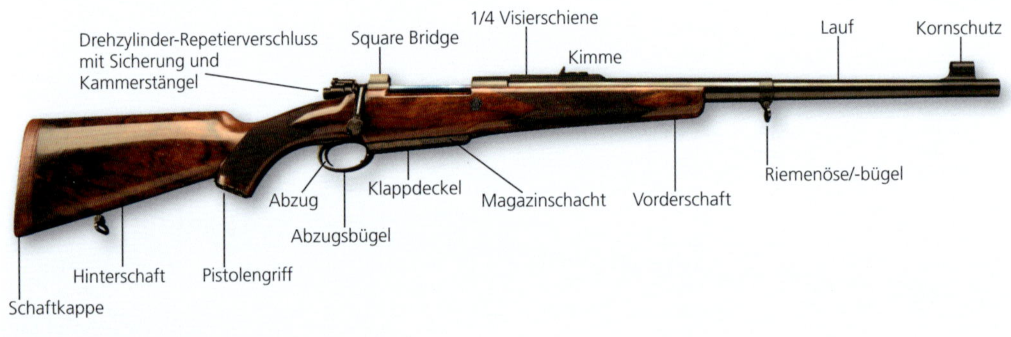

Die Bezeichnungen beim klassischen Repetierer

Laufes bzw. Patronenlagers nach hinten. Eine starke, sichere Verriegelung muss gegeben sein. Er dient aber auch zum Zuführen der Patrone aus Magazin oder Lademulde ins Patronenlager und schließlich zum Ausziehen der Hülse oder der Patrone, falls nicht geschossen wurde. Die Verschlüsse beinhalten ferner das Schloss aus Schlagstift mit Schlagfeder und Schlösschen mit Schlagbolzenmutter oder Spannstück. Eine Signalschiene oder Signalstift kann am Schlösschen im gespannten Zustand austreten.

DAS BASISMODELL – MAUSER 98

Eine Vielzahl heutiger Verschlüsse basiert auf dem Mauser 98. Der herkömmliche Verschluss nach Art Mauser 98 besteht aus einem Verschlusszylinder aus Vergütungsstahl. Er hat mindestens zwei Warzen am Verschlusskopf, die zur Verriegelung im Hülsenkopf dienen. Im Verschlusszylinder befindet sich der Schlagstift mit Feder. Am Zylinder ist ein Kammerstängel angeschweißt, eher selten gesteckt und verstiftet. Er dient zur Verschlussbedienung. Er sollte leicht nach hinten gewinkelt und muss

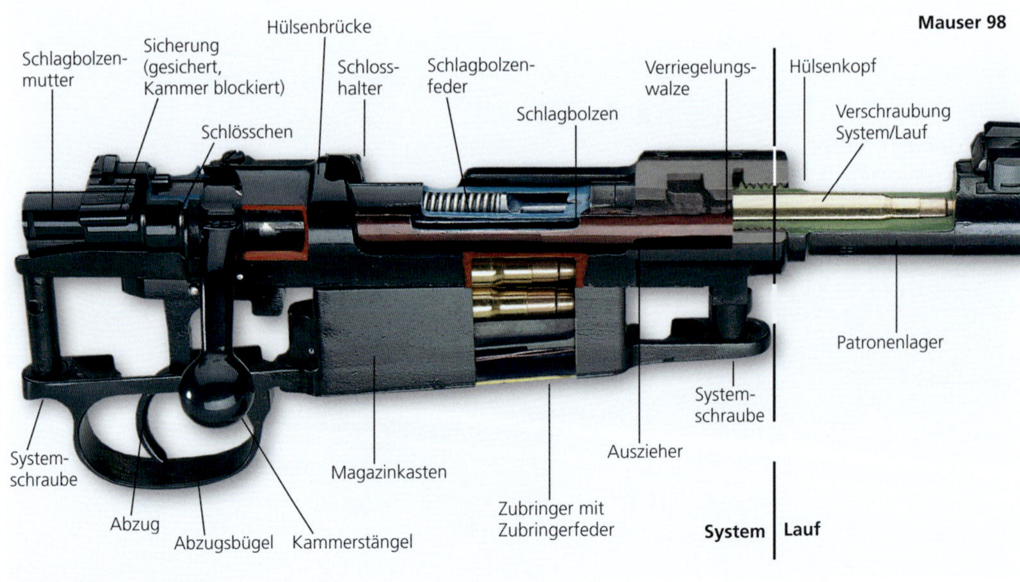

Bezeichnungen am herkömmlichen Repetiersystem Mauser 98

nach unten gebogen sein, um am Zielfernrohr vorbeigleiten zu können. Der Kammerstängel mündet idealerweise in eine griffige Kugel und steht weit genug vom Schaft ab.
Das am Ende des Verschlusszylinders aufgeschraubte Schlösschen nimmt die Schlagbolzenmutter auf. Es kann auch eine Sicherung, z. B. eine 180-Grad-Flügelsicherung oder horizontale Dreistellungs-Flügelsicherung, beinhalten. Die Sicherung wirkt direkt auf den Schlagstift, sperrt die Kammer und ermöglicht in Mittelstellung gefahrloses Entladen. Das Schlösschen kann auch mit einem Handspannermechanismus (z. B. Seehuber oder Voere für Mauser 98 oder Mauser M03) ausgestattet sein.
Der originale Mauser 98 hat hinten eine dritte Sicherungswarze, die aber nicht trägt. Sollte es zur Hülsenkopfsprengung kommen, dann dient sie zur Verkeilung des Verschlusses, der sich dann schräg stellt. Drei Warzen am Hülsenkopf dienen vor allem einem geringeren Öffnungswinkel (anstatt 90 Grad nur 60 Grad Öffnungswinkel).

MEHR ALS DREI VERSCHLUSS-WARZEN

Es gibt aber auch Verschlüsse mit sechs oder mehr Warzen in zwei oder mehr Reihen, z. B. Weatherby, Sauer 202 und Mauser M03. Diese kleinen Warzen stehen nicht über den Verschlusszylinder hinaus und ermöglichen eine ideale, verkantungsfreie Verschlussführung. Der Öffnungswinkel liegt ebenfalls bei etwa 60 Grad.

AUSZIEHER

Grundsätzlich wird der Stoßboden etwas zurückversetzt. In ihm kann ein federbelasteter Auswerferbolzen sitzen. Bei manuellen Auswerfern befindet sich ein Schlitz im Stoßboden bzw. dessen Umrandung, in den der Auswerfer greifen kann.
Falls kein langer Auszieher vorhanden ist, wird das Patronenende von einem Stahlbund umgeben. Heute ist bei einigen Waffen der

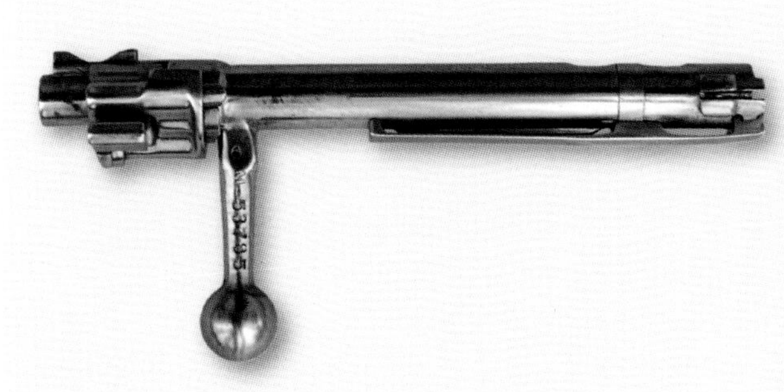

Der Klassiker: Mauser-98-Schloss mit langem Auszieher, zwei Verschlusswarzen und einer Sicherungswarze sowie Schlösschen mit 180-Grad-Flügelsicherung

Zwei Verschlusswarzen hat auch das Schloss der Remington 700 und eine sehr kurze Zündverzugszeit.

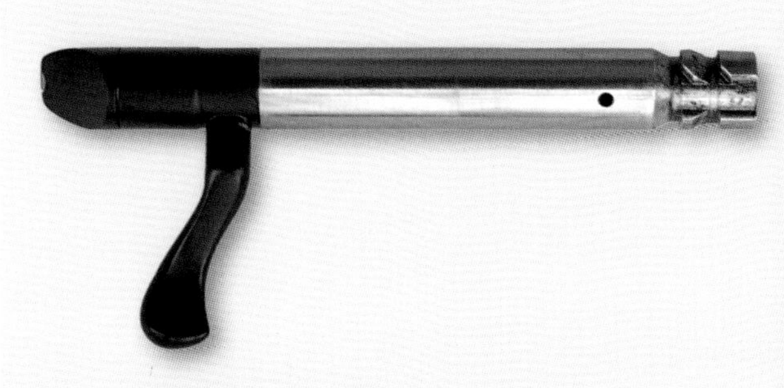

Verschluss der Sauer 202 mit sechs Warzen in zwei Reihen

Bund unten offen, sodass die Patronenrille schon frühzeitig – und nicht erst, wenn die Patrone schon im Patronenlager ist – in den kleinen Auszieher springt. So suggeriert man Zuverlässigkeit á la Mauser 98.
Heute hat man vor allem Auszieher vom Typ Sako: Sie befinden sich am Verschlusskopf

VERSCHLUSSKOPF UND ZYLINDER

Normalerweise bestehen Warzen (Verschlusskopf) und Zylinder aus einem Stück. Remington verschweißt beide unsichtbar miteinander. Andere Hersteller verstiften sie und bei wieder anderen Waffen kann man den Verschlusskopf gar tauschen (Mauser M03, Blaser R93 und R8, Sauer 404 und Merkel Helix), um einen Kaliberwechsel mit anderen Bodendurchmessern zu ermöglichen. Das ist natürlich nur sinnvoll bei Waffen, die auch die Möglichkeit eines Laufwechsels bieten.

und sind federbelastet. Beim Schließen des Verschlusses springt die Auszieherkralle in die Patronenrille. Solche Auszieher sind bei starker Dimension sehr zuverlässig. Auszieher nach Art Remington sind aus Federstahl und befinden sich im überspringenden Stahlbund vor dem Stoßboden. Sie sind im Allgemeinen ausreichend zuverlässig. Der Vorteil: Der Stahlbund muss nicht durchbrochen werden. Als extrem zuverlässig gilt der nicht rotierende lange Auszieher nach Art Mauser 98. Wird beim Original 98er die Kralle nicht bearbeitet, dann kann nur aus dem Magazin geladen werden, weil andernfalls der Auszieher beschädigt wird. Mit seiner Lockerungskurve schafft der lange Auszieher auch festgefressene Hülsen. Er ist nicht schmutzanfällig und sorgt für kontrollierte Patronenführung ab Magazin. Besonders Repetierbüchsen, mit denen auf gefährliches Großwild gejagt wird, werden mit dem langen Mauser-Auszieher ausgestattet.

SCHLOSSVERRIEGELUNG

Das Schloss wird durch Drehung des Zylinders (Drehzylinderverschluss) ge- und entspannt. Jäger bevorzugen Öffnungsspanner, bei denen bei Kammeröffnung das Schloss – zumindest zum allergrößten Teil – gespannt wird. Weniger beliebt sind Schließspanner, da sie beim Schließen des Verschlusses größeren Kraftaufwand erfordern.

GERADEZUGVERSCHLÜSSE

Neben den herkömmlichen Verschlüssen gibt es auch Geradezugverschlüsse. Der Kammerstängel wird bei ihnen nicht vertikal, sondern – ergonomischer – nur horizontal bewegt.

Der Heym SR30 verriegelt mittels Kugellager. Dabei werden Stahlkugeln im Verschlusskopf in entsprechende Lager des Verriegelungsstücks gedrückt. Der SR30 hat ein Handspannerschloss, das mittels Kammerstängel gespannt wird.

Blasers Radial-Bund-Verschluss

DRUCKENTLASTUNG

Der beim Schuss auf das System wirkende Gasdruck ist nicht von Pappe. Zur Druckentlastung finden sich daher in den Kammern von Repetierern oft Gasfreiräume und Gasentlastungsbohrungen, am Mauser-98-Schlösschen gar ein Gasschild.

Über Stahlkugeln am Verschlusskopf und Lager im Verriegelungsstück verriegelt der Heym SR 30.

Blasers Geradezugrepetierer haben einen Radialbundverschluss, der auf 360 Grad rundum in einer Verriegelungskulisse im Lauf verriegelt. Zwölf Segmente werden dazu gespreizt. Beim Blaser R8 schiebt sich bei geschlossenem Verschluss eine Stahlhülse unter die Verschlusslamellen. Der Verschluss wurde bis zu einem Druck von extremen 15000 bar Belastbarkeit getestet. Der R93- und der R8- Verschluss besitzen einen Handspannermechanismus mit Spannschieber auf der Rückseite. Der Verschlusskopf ist leicht tauschbar. Ein Schuss kann nur bei 100 %ig verriegeltem Verschluss ausgelöst werden.

Der Geradezugrepetierer HS von Steel Action arbeitet mit einem Drehkopfverschluss. Auch die Helix von Merkel verriegelt über einen Drehkopfverschluss mit sechs Verschlusswarzen direkt im Lauf. Ihr Verschluss ist stark an die Merkel Selbstladebüchse SR 1 angelehnt. Im Gehäuse arbeitet ein Getriebe mit einer Zahnrad-Zahnstangen-Mechanik, die den Repetiervorgang im Maßstab 1:2 übersetzt. Wird der Kammergriff um 6,5 cm bewegt, läuft der Verschluss um 13 cm zurück. Für die Helix als Geradezugrepetierer musste die lineare Bewegung des Kammergriffes noch in eine Rotationsbewegung umgesetzt werden, um den Drehkopfverschluss zu entriegeln. Beim Zurückziehen des Kammergriffes werden die sechs Verschlusswarzen in einer schraubenförmigen Bewegung auf einer Steuerkurve aus ihren Verriegelungen gedreht. Dieser Bewegung verdankt die Merkelwaffe den Namen Helix.

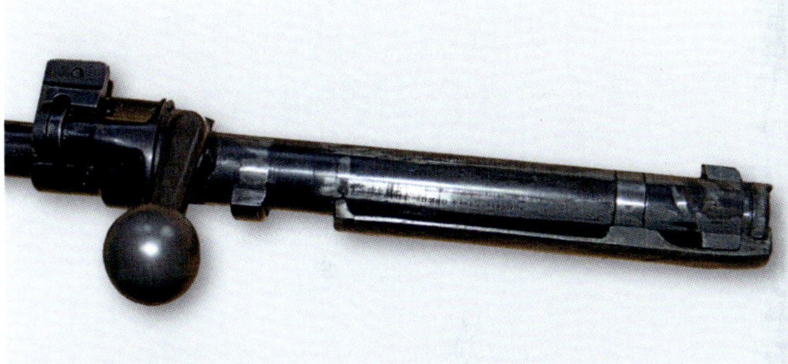

Altgedientes Mauser-98-Schloss mit langer Ausziehkralle

Mit ihrem Drehwarzenverschluss bildet die Browning Maral eine Ausnahme unter den Repetierern.

VERRIEGELUNGSARTEN

Vor allem bei Repetierern mit Laufwechselmöglichkeit wird im Lauf verriegelt. Eine weitere Besonderheit ist Sauers Stützklappenverschluss bei den Modellen Sauer 80 und Sauer 90: Stützklappen fahren aus dem Zylinder und verriegeln in der Hülsenbrücke. Dadurch wird eine sehr genaue Verschlussführung in

Die sich aufrollende Blattfeder schließt den Verschluss der Browning Maral selbstständig.

Inline-System des Krieghoff Semprio: Repetiert wird mit Vorderschaft samt Lauf, Hülse, Magazin und Zielfernrohr.

Beim Lever-Action-Verschluss an Unterhebelrepetierern wird die Kammer mittels des Unterhebels verkeilt.

der Hülse ermöglicht, die für einen weichen Schlossgang sorgt.
Ein besonderes Detail ist beispielsweise eine Versandungsrille auf der Kammer (Steyr SBS96), die die Bedienung bei Extremverschmutzung gewährleisten soll.

Unter den Repetierern stellt der Geradezugrepetierer Browning Maral mit Handspannerschloss eine Besonderheit dar. Auch er verriegelt im Lauf mit Drehwarzenverschluss. Speziell ist, dass der Verschluss automatisch schließt, wenn man den durchgezogenen Kammerstängel in hinterer Stellung loslässt. Dafür sorgt eine sich aufrollende Blattfeder unter dem Vorderschaft.

UNTERHEBEL- UND VORDERSCHAFTREPETIERER

Unterhebelrepetierer haben einen einfachen, weniger stark belastbaren Verschluss. Die Kammer wird mittels einer Verlängerung am Unterhebel bewegt. Verriegelt wird mittels Verkeilung durch die Stange am Unterhebel.
Vorderschaftrepetierbüchsen werden durch Vorderschaftbewegung repetiert. Sie besitzen einen Drehwarzenverschluss, der mittels einer Steuerkurve ent- oder verriegelt wird.

KRIEGHOFF SEMPRIO

Mit dem Semprio hat auch Krieghoff einen Vorderschaftrepetierer im Programm. Bei ihm wird das Zielfernrohr mitsamt dem Lauf nach vorne bewegt (Inline-System). Auch der Semprio besitzt einen Drehwarzenverschluss. Der bietet außerdem eine Handspannung, ein Steckmagazin sowie die Möglichkeit zum Laufwechsel und lässt sich schnell zerlegen.

DAS MAGAZIN

Stutzen mit Festmagazin: An der Unterseite ist kein Magazindeckel. Er muss von oben beladen und durch Repetieren entladen werden – das kostet Zeit.

Einsteckmagazine sind bequem und praktisch, aber auch sehr störanfällig.

Klappdeckelmagazin: Der Magazinboden lässt sich aufklappen und das Entladen geht schneller.

Bei der Magazinauslegung von Repetierbüchsen mit Zylinderverschluss finden sich drei Systeme:

- das fest eingebaute Magazin mit festem Magazindeckel,
- das fest eingebaute Magazin mit Klappdeckel,
- das Einsteckmagazin.

Fest eingebaute Magazine Alle fest verbauten Magazine, ob mit oder ohne Klappdeckel, werden von oben befüllt. Ist der Magazindeckel fest, müssen auch alle nicht verschossenen Patronen wieder durch Herausrepetieren einzeln aus dem Magazin entfernt werden. Beim Klappdeckelmagazin geht zumindest das Entladen schneller, denn nach Aufklappen des Magazindeckels fallen alle Patronen unten heraus.

Einsteckmagazine Der Trend geht heute immer mehr zu diesen Magazinen, denn sie sind bequemer zu handhaben. Die komplette Magazineinheit samt Munition kann mit einem Griff aus der Waffe genommen werden, und ein leeres Magazin lässt sich rasch gegen ein gefülltes Reservemagazin austauschen.

FEST VERBAUT ODER EINSTECKMAGAZIN?

Der größeren Bequemlichkeit von Einsteckmagazinen stehen gewisse Risiken gegenüber. Fest verbaute Magazine mit festem Deckel sind sehr viel robuster und sicherer als Einsteckmagazine, denn sie sind vor Beschädigungen geschützt und bewahren die Munition sicher auf. Das Risiko eines unbeabsichtigten Entladens des Magazins besteht nicht. Klappdeckelmagazine lassen sich zwar bequemer entladen, dafür besteht aber die Gefahr, dass sich der Deckel durch Unachtsamkeit oder durch Anstreifen bzw. Anstoßen, etwa beim Durchstreifen von Dickungen, ungewollt öffnet. Dann fällt dem Schützen die Munition vor die Füße oder geht sogar unbemerkt verloren. Bei Einsteckmagazinen ist die Gefahr noch größer, denn hier ist im gleichen Fall gleich das ganze Magazin weg. Alle Teile, die aus der Waffe entfernt werden können, können auch vergessen, verloren oder gestohlen werden.

MAGAZINKAUF WOHLÜBERLEGT

Welche Magazinauslegung bevorzugt wird, ist auch vom Einsatzbereich der Waffe abhängig. Vor dem Kauf muss also genau überlegt werden, welche Magazinart vorteilhaft ist. Großwildjäger z. B. mögen keine Magazine, deren Deckel sich unbemerkt öffnen kann oder die ganz herausfallen können. Hier ist Zuverlässigkeit weitaus wichtiger als bequemes Laden und Entladen.

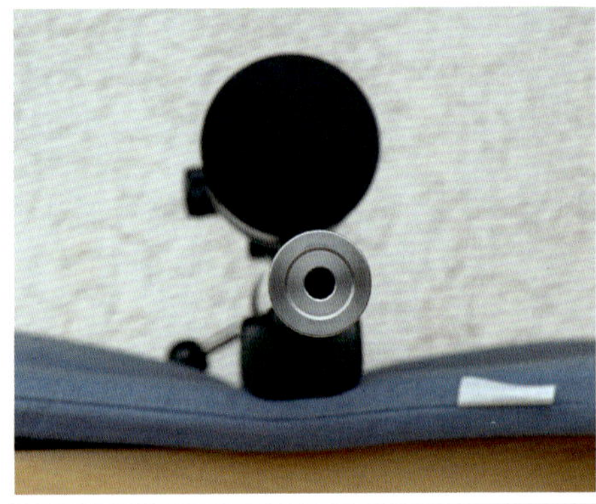

Varmintkonturlauf mit hinterdrehter Mündung. Varmintläufe schießen extrem präzise.

Hauptnachteil der Einsteckmagazine ist aber ihre relative Empfindlichkeit. Liegen alle wichtigen Teile bei den festeingebauten Magazinen gut geschützt im Inneren der Waffe und können kaum beschädigt werden, sind die Einsteckmagazine, mit denen ja laufend hantiert werden muss, größeren Belastungen ausgesetzt. Fallen sie herunter und auf harten Untergrund, verbiegen die aus dünnem Blech bestehenden Magazinlippen leicht und Zuführungsstörungen sind vorprogrammiert. Es gibt aber – gegen ein Verlieren – absperrbare Magazine mit gerader und schräger Patronenzuführung. Erstere gewährleistet höchste Zuverlässigkeit.

DER LAUF

Der Lauf ist bei der Repetierbüchse der entscheidende Faktor für deren Präzision: ohne exakt schießenden Lauf keine hervorragende Schussleistung.

LAUFLÄNGE

Vorangestellt sei, dass über die Laufpräzision weder die Länge noch die Wandungsstärke des Laufs entscheidet. Gerade kurze Läufe schießen oft präziser, da sie weniger schwingen. Von der Länge des Laufes hängt vor allem aber die erzielte Geschossgeschwindigkeit ab. Der Pulverabbrand findet bei längeren Läufen zum Großteil im Lauf statt. Längere Läufe beschleunigen das Geschoss stärker, ausgenommen die .22 lfB. Bei ihr kann unter Umständen mit etwas kürzerem Lauf eine höhere V_0 erzielt werden, denn der Reibungsverlust ist hier ab einer gewissen Länge höher als die Geschossbeschleunigung durch das verbrennende Pulver.
Für Standardkaliber empfehle ich Lauflängen von 50 bis 61 Zentimeter, wobei hinsichtlich Führigkeit und Ausnutzung der Patronenleistung rund 56 bis 58 Zentimeter ideal sind. Für Magnumpatronen rate ich zu Lauflängen von 61 bis 65 Zentimetern, wobei 63 Zentimeter einen guten Kompromiss darstellen.

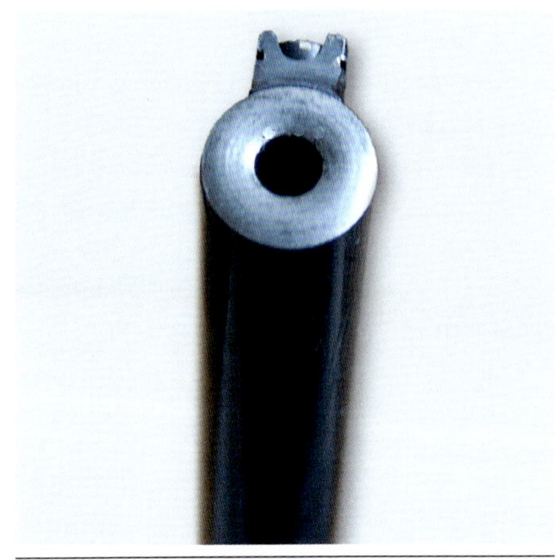

Die Laufmündung muss innen sauber abgesenkt sein.

„DICKE“ UND „DÜNNE“ LÄUFE

Starke Läufe zeigen sicherlich ein deutlich besseres Warmschussverhalten als Läufe mit dünnerer Wandstärke. In der Regel erzielt man mit stärkeren Varmint-, Semiweight- oder Matchläufen dann auch eine höhere Präzision. Solche Läufe sind auch weniger laborierungsempfindlich.
Aber auch hervorragend gefertigte, sehr dünne Läufe können eine exzellente Schussleistung bieten. In erster Linie kommt es auf die Qualität an. Das heißt, auf hohe Maßhaltigkeit und hohe Gleichmäßigkeit über die gesamte Länge hinweg. Kannelierungen (Flutungen) erhöhen zwar die Laufoberfläche und versteifen den Lauf etwas, ob dies praktische Vorteile bringt, bezweifle ich aber. Durch die Kannelierung verringert sich aber das Gewicht des Laufes.

LAUFSTÄHLE

Laufstähle bestehen aus herkömmlichem Kohlenstoffstahl (Karbonstahl), der brüniert wird, oder aus rostträgen Stainless-Stählen, die sich allenfalls, z. B. mit Teflon, Ilaflon oder Cerakote, beschichten lassen. Stainless-Stahl leitet Wärme viel schlechter als Kohlenstoffstahl, sodass Stainless-Läufe deutlich langsamer abkühlen als solche aus Karbonstahl. Der große Vorteil von Stainless-Läufen liegt in der Rostträgheit. Der Stahl verhindert Korrosion und auch ein schnelles Ausbrennen des Übergangskonus und im Bereich des Beginns des Dralls.

KOHLEFASER UM DEN LAUF

Um eine hohe Steifigkeit und wenig Laufschwingungen bei geringem Gewicht zu erreichen, geht man heute dazu über, dünne Strahlläufe mit Kohlefaser zu umwickeln. Diese Carbonläufe schießen sehr präzise und sind deutlich leichter als herkömmliche Läufe. Von kleinen Herstellern wie etwa FBT gibt es Carbonläufe auch für normale Serienwaffen wie die Blaser R8.

WICHTIGE QUALITÄTSMERKMALE

Wichtig für eine hohe Präzision des Büchsenlaufs sind ein exakt mit C. I. P.-Maßen– also nicht größer – und ebenso exakt zentrisch zur Laufseelenachse geschnittenes Patronenlager sowie eine auf ganzer Lauflänge zentrisch verlaufende Laufseelenachse, ferner möglichst Stressfreiheit.

„STRESSFREIE LÄUFE“

Bei der Fertigung von Büchsenläufen bauen sich Spannungen im Lauf auf. Diese Spannungen müssen möglichst wieder entfernt werden. Um diese „Stressfreiheit“ zu erzielen, bedienen sich die Hersteller verschiedener Methoden: Das kann ein Erhitzen oder extremes Abkühlen des Laufes sein oder dessen Tauchbaden in heißem Wasser.
Die Laufmündung darf zu ihrem eigenen Schutz nicht scharfkantig, sondern muss sauber abgesenkt sein.

Kannelierter Jagdlauf. Die Kannelierung erhöht die Steifheit, vergrößert die Oberfläche und verringert das Gewicht des Laufes.

LAUFBEFESTIGUNG UND OFFENE VISIERUNG

Die Laufbefestigung erfolgt in der Regel durch dessen Einschrauben in den Hülsenkopf. Dann ist ein exakt geschnittenes Laufgewinde wichtig, denn der Lauf muss vollkommen gerade eingebaut werden.
Bei manchen Repetierern wird der Lauf aber auch in den Hülsenkopf eingeklemmt. Einige Hersteller haben im Lauf auch die Verriegelungskulisse für den Verschluss integriert, vor allem, wie erwähnt, bei Waffen mit Laufwechselmöglichkeit. Der Lauf wird dann in ein Laufbett gezogen und dort festgeschraubt, z. B. beim Mauser M03, dem Blaser R8 oder dem Blaser R93. Bei dieser Befestigungsart können problemlos Wechselläufe eingelegt werden.
Auf den Lauf lässt sich eine offene Visierung aus Kimme, Korn auf Sätteln oder einer Visierschiene installieren, selten dagegen, wie z. B. bei den Blaser-Modellen R93 und R8, ein Zielfernrohr.

DRALL UND DRALLLÄNGE

Büchsenläufe weisen einen Drall auf, der das Geschoss in Rotation (Rotationsstabilisierung) versetzt. Dafür sorgen in Drehung verlaufende Züge (Vertiefungen) und Felder (Erhöhungen) in der Laufinnenwand. Die Dralllänge – die Strecke, auf der die Züge und Felder eine Umdrehung (360°) vollenden, bzw. sich das Geschoss einmal um die eigene Achse dreht – hängt vom Kaliber, dem Geschossgewicht und der Geschosslänge ab. Sie ist von Kaliber zu Kaliber unterschiedlich.

☞ TIPP

Gelegentlich stößt man auf den Begriff „Octagonlauf". Solche Läufe sind nicht mit Polygonläufen zu verwechseln. Während sich der Begriff „polygon" auf das Innenprofil entsprechend bezeichneter Läufe bezieht, ist bei octagonförmigen Läufen die Außenkontur achteckig.

Kaltgehämmerter, kannelierter Jagdlauf von Steyr mit Hämmerspuren

Es gibt auch unterschiedliche Dralllängen bei gleichen Kalibern, wodurch den unterschiedlichen Geschossgewichten Rechnung getragen wird. Schwere Geschosse benötigen einen kürzeren Drall als leichte Geschosse.

VERFAHREN DER LAUFHERSTELLUNG

Die Außenform von Läufen wird überwiegend entweder durch Abdrehen oder im Hämmerverfahren hergestellt.
Hämmerverfahren Bei diesem Verfahren wird ein kurzes Laufstück so lange gehämmert, bis es seine gewünschte Länge erreicht. In der zuvor angebrachten Laufbohrung befindet sich ein sogenannter Laufdorn, der beim Hämmern gleichzeitig die Züge und Felder entstehen lässt. Selten wird auch das Patronenlager im Hämmerverfahren hergestellt. Gehämmerte Läufe sind hochverdichtet und sehr korrosionsarm. In der Massenproduktion entstehen heute dank der fortschrittlichen Methoden der Lauffertigung sehr präzise Läufe.
Laufdrücken oder Knopfziehen Dieses Verfahren, auch als Button Rifling bekannt, lässt eine sehr hohe Qualität entstehen. Bei diesem Verfahren wird ein Profilkörper durch die – unterkalibrige – Laufbohrung gepresst. So werden die Züge geformt und das Laufmaterial von innen her verdichtet.
Spanabhebendes Laufziehen Bei dieser Methode werden die Züge mittels einer Zugstange spanabhebend in die Laufinnenwandung hineingeschnitten. Ein Verfahren, das als sehr präzise gilt und bei der Fertigung von

Präzisionsläufen Anwendung findet. Hier ist dann aber auch eine entsprechende Endbearbeitung durch Polieren des Laufinneren von Hand erforderlich.

POLYGONLÄUFE

Neben innen runden Läufen gibt es noch Polygonläufe, deren Innenprofil eben vieleckig und nicht rund ist. Auch sie haben einen Drall. Die Drallbewegung wird hier nicht durch Züge und Felder erzeugt, sondern durch breite Führungsstreifen. Polygonläufe werden immer gehämmert. Sie dichten sehr gut ab, zeigen einen geringeren Verschleiß und hohe Präzision. Die erzielbare Geschossgeschwindigkeit ist aus solchen Läufen meist etwas höher. Mit homogenen Vollgeschossen kann es aber zu starken Gasdrucksteigerungen kommen. In Repetierern werden Polygonläufe heute nicht mehr verwendet.

MULTI-RADIAL-BARREL-LÄUFE

Von der italienischen Firma Sabatti kommt ein spezielles Laufprofil, das Sabatti MRB (Multi Radial Barrel) nennt. Es handelt sich hierbei nicht um einen herkömmlichen Feld-Zug-Lauf, sondern um eine Abwandlung des Polygonprofils. Um das Geschoss in Rotation zu versetzen, ist die Laufseele asymmetrisch. Der MRB-Lauf ist besonders für bleifreie Geschosse geeignet – ein wichtiger Unterschied zu einem Polygonlauf, aus dem man wegen des geringeren Innendurchmessers keine homogenen bleifreien Geschosse verschießen sollte. Die anderen Vorteile eines Polygonlaufes, wie leichtes Reinigen, geringerer Verschleiß und eine bessere Abdichtung, woraus eine höhere Geschossgeschwindigkeit resultiert, bleiben jedoch erhalten.

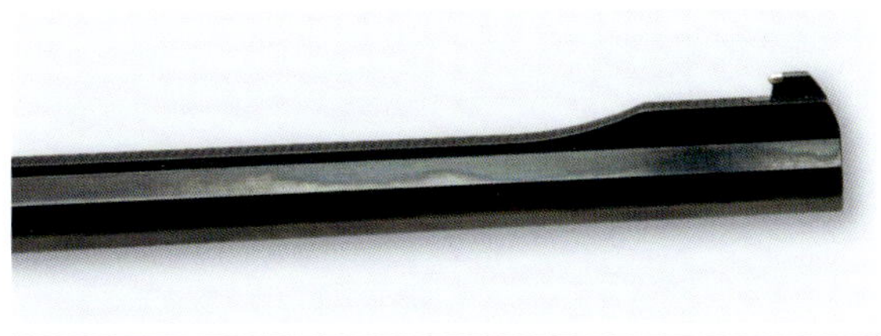

Achtkant- oder Octagonlauf. Mit einem Polygonlauf hat er nichts zu tun, denn seine Bezeichnung bezieht sich auf die Laufaußenkontur.

AUSRICHTEN UND HONEN

Wichtig für die Qualität eines Laufes ist dessen vollkommen gerades Ausrichten, also Biegen: Im Inneren dürfen keinerlei Schatten mehr zu sehen sein. Entscheidend ist auch das Honen, also das feinste Beischleifen des Laufinneren. Das Laufinnere muss möglichst glatt sein. Außen wird der Lauf glatt poliert oder matt sandgestrahlt sowie brüniert oder mit speziellem korrosionsbeständigem Überzug (z. B. Teflon) beschichtet. Auch die Plasmanitrierung ist ein guter Korrosionsschutz.

Eine Cerakote-Beschichtung ist extrem kratzfest und schützt bestens vor Korrosion.

Cerakote ist eine Beschichtung auf Keramikbasis, die extrem kratzfest ist und bestens vor Korrosion schützt.
Stainless-Läufe brauchen keinen zusätzlichen Korrosionsschutz, sie werden meist nur mattiert, um Reflexe zu vermeiden. Eine Brünierung, bei der es sich ja um eine Art Edelrost handelt, ist hier nicht möglich.

DER ABZUG

Der Abzug hat als wesentliches Teil jeder Jagdwaffe maßgeblichen Anteil daran, dass ein Schütze die Präzision seiner Waffe auch umsetzen kann. Nur wenn sich das Schloss ohne übermäßigen Druck auslösen lässt, ist präzises Schießen möglich, andernfalls „verreißt" der Schütze unweigerlich.

FLINTENABZÜGE

An Flinten und Selbstladebüchsen finden sich ausschließlich Flintenabzüge. Hier wird ohne Vorweg durch Druck auf das Abzugszüngel der Schuss ausgelöst, ohne dass eine Möglichkeit besteht, das Abzugsgewicht zu reduzieren. Aus Sicherheitsgründen sind hier Abzugsgewichte von über einem Kilogramm erforderlich, sonst würde die Flinte oder Selbstladewaffe „doppeln", sich also der nächste Schuss ungewollt lösen, weil das Schlagstück nicht sicher in der Rast gefangen wird. Bei einer Selbstladebüchse kann dabei durchaus auch der ganze Magazininhalt verschossen werden.

☞ TIPP

Bei sogenannten Druckpunktabzügen muss zunächst ein Weg überwunden werden, bevor der Schütze den eigentlichen Abzugswiderstand fühlt und den Schuss auslösen kann. Diese Abzüge finden sich fast nur an Militärwaffen oder seltener auch an Sportwaffen.

DIREKTABZÜGE UND STECHER

Repetierbüchsen und kombinierte Jagdwaffen sind entweder mit fein eingestellten Direktabzügen ausgestattet, die im Vergleich zu den Flinten und Selbstladebüchsen ein geringeres Abzugsgewicht haben, oder aber sie haben einen Stecher. Heute verwendet man jagdliche Direktabzüge mit 250 g bis 800 g Widerstand. An Sportwaffen können sie auch schon mal 60 oder nur 20 g aufweisen.
Abzüge mit Stecherschloss sind technisch wesentlich aufwendiger als Direktabzüge, aber auch empfindlicher gegenüber Verschmutzung und Verschleiß. Der Stecher bietet die Möglichkeit, das Abzugsgewicht auf wenige Gramm zu reduzieren. Hierzu wird ein eigenes Schloss mit Schlagstück gespannt, das beim Auslösen des Abzuges gegen die Abzugsstange geschleudert wird und das gespannte Schloss auslöst.

DEUTSCHER UND FRANZÖSISCHER STECHER

Das Spannen des Schlagstückes geschieht beim Deutschen Stecher oder Doppelzüngelstecher über ein zweites, hinter dem eigentlichen Abzug liegendes Abzugszüngel: Beim Französischen Stecher oder Rückstecher ist nur ein Abzugszüngel vorhanden, das zum Stechen nach vorn gedrückt wird. Den Rückstecher findet man bei Repetierbüchsen nur selten, er wird vor allem in kombinierten Waffen verbaut.
Stecher stellen immer ein Sicherheitsrisiko dar, denn nach dem Einstechen ist der Abzug sehr empfindlich. Eine starke Erschütterung reicht hier aus, um den Schuss auch ungewollt zu lösen.
Außerdem besteht die Gefahr der Verwechslung, besonders beim deutschen Stecher. Wird eine Repetierbüchse mit deutschem Stecher und auch eine kombinierte Waffe mit zwei Abzügen geführt, kann es passieren, dass der Schütze ungewollt den hinteren Abzug zieht, im Glauben, das Schloss einzustechen, und dabei den Schrotlauf des Drillings oder der Bockbüchsflinte auslöst. Bei Drückjagd-

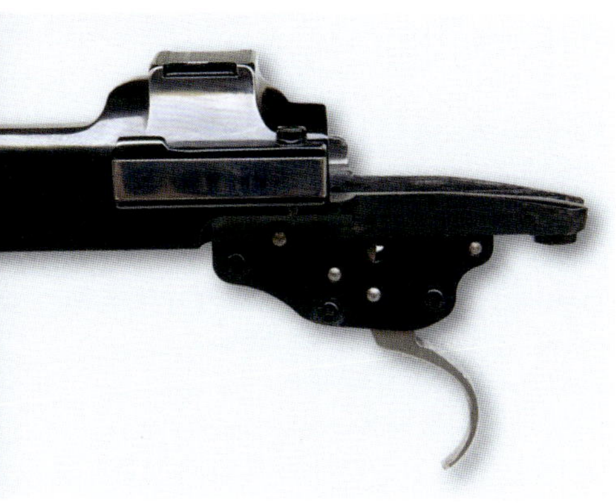

Der Direktabzug erfordert keine besonderen Einstellungen vor dem Schuss. Er ist technisch einfach und robust konstruiert.

Der Deutsche Stecher oder Doppelzüngelstecher hat zwei Abzugszüngel. Der hintere bedient das Stecherschloss. Vorsicht – Verwechslungsgefahr!

Beim Rückstecher oder „Französischen Stecher" wird das Abzugszüngel zum Stechen nach vorn gedrückt. Deutlich zu sehen sind die Federn des Stechers.

waffen sollten Stecherabzüge überhaupt nicht verwendet werden: Bei einer schnellen Schussfolge bleibt kaum Zeit, den Stecher zu bedienen, und unter Stress ist die Gefahr der Fehlbedienung noch viel größer.
Moderne Direktabzüge lassen sich heute sicher auf 400 bis 500 g einstellen und machen den Stecher überflüssig. Viele Hersteller bieten die Stechervariante daher auch gar nicht mehr an. Mit einem gut eingestellten Direktabzug lässt sich ebenso präzise schießen wie mit einem Stecher.

SPEZIAL-KUGELABZÜGE

Stecherabzüge sind eine typisch deutsche und österreichische Technik, an US-Büchsen findet sie man nicht – auch nicht zum Nachrüsten. Heute wird von Jägern und Sportschützen der Flintenabzug oder Direktabzug bevorzugt, der die Auslösung des Schusses ohne vorherige Manipulationen des Abzuges erlaubt. Die guten Flintenabzüge hochwertiger Fabrikwaffen reichen für den Jagdgebrauch aus – es geht aber auch besser, und viele Jäger und noch mehr Sportschützen rüsten ihre Waffen daher auf Abzüge spezialisierte Hersteller wie Shilen oder Jewell um. Diese Spezialabzüge sind hinsichtlich Abzugscharakteristik und einstellbarer Abzugswiderstände noch einmal deutlich besser. Als feinmechanische Meisterwerke bieten sie vor allem auch ein stets gleichbleibendes Abzugsverhalten – Widerstand und Weg bleiben stets konstant.

DER ATZL-ABZUG

Ein besonders ausgefeilter Kugelabzug ist der von Andy Atzl, besser bekannt als Bix'n-Andy. In der Präzisionsschützenszene kennt in wohl jeder. Seine Ausbildung zum Büchsenmacher durchlief er in Ferlach, 1991 machte er sich in Kufstein, zunächst nur als Schäfter, selbstständig. Heute ist daraus eine hochgerüstete Büchsenmacherwerkstatt mit CNC-Bearbeitungszentren geworden. Atzl stellt heute komplette Jagdbüchsen und Benchrestwaffen her.

Der ausgefeilte Atzl-Abzug erlaubt jagdliche Abzugswiderstände zwischen 150 und 1 200 g.

Repetierbüchse von Bix'n Andy mit Atzl-Abzug

Auf eine ausführliche Darstellung der Mechanik des Atzl-Abzugs soll hier verzichtet werden. Nur so viel: Bix'n Andys Kugelabzug arbeitet mit übereinander versetzten Kugeln, die über eine zweifache Kraftreduktion für eine günstige Kräfteverteilung sorgen und wenig Platz benötigen. Wenig belastete Teile bestehen aus eloxiertem Aluminium, die übrigen aus gehärtetem Stainless-Werkzeugstahl. Die Atzl-Jagdabzüge sind von 150 bis 1 200 g verstellbar, die Sportabzüge von 50 bis 500 g. Diese Abzüge stehen absolut trocken und brechen wie Glas.
Atzl-Abzüge gibt es für zahlreiche Repetierermodelle, wo sie in der Regel einfach gegen den alten Abzug getaucht werden können.

DER SCHAFT

HINTERSCHAFT

Auch an Repetierbüchsen muss der Hinterschaft dem Schützen „passen". Zumindest die Länge des Schaftes muss auf die Körpergröße des Schützen abgestimmt sein. Zu kurze Schäfte sind in der Regel unproblematisch. Es gilt: Lieber etwas kürzer als zu lang – man denke dabei nur an dicke Winterkleidung. Sinnvolle Schaftlängen liegen zwischen 34 und 36,5 cm für mittelgroße Menschen. Ferner sollte der Schaft auf die zu verwendende Visierhilfe abgestimmt sein: Nach schnellem Anschlag blickt man im Bestfall sofort korrekt durchs Zielfernrohr, denn kaum eine Waffe wird noch überwiegend über offene Visierung geschossen. Bei niedriger Montage sollte in der Regel ein perfekter Blick durch Zielfernrohre mit 50-mm-Objektiv gewährleistet sein. An Großwildbüchsen und speziellen Drückjagdwaffen ist die Schaftform idealerweise auf niedrige Drückjagdzielfernrohre und die offene Visierung abgestimmt.
Springbacken bzw. höhenverstellbare Schaftrücken zur variablen Anpassung der Hinterschafthöhe finden sich an Jagdrepetierern kaum. Der Hinterschaft muss also gleich „ab Kauf" zum geplanten Einsatzzweck der Waffe und der gewünschten Zieloptik passen.

VORDERSCHAFT

Der Vorderschaft eines Repetierers verjüngt sich in der Regel und ist im Idealfall unterseits leicht gerundet. Zu achten ist auf gute Griffigkeit im mittleren Bereich. Zur Gewichtseinsparung kann der Vorderschaft sehr schlank gehalten sein. Den vorderen Abschluss bilden oft Rosenholz (Edelholz) und/oder eine Tropfnase.
Im Systembereich sollte der Schaft ausreichend stark sein und vor allem eine gerade verlaufende Maserung aufweisen. Eine leichte Abschrägung im Hülsenfensterbereich dient der Ästhetik.

Griffiger Vorderschaft mit Fischhaut und Edelholzabschluss

Vorderschaftabschluss aus Edelholz mit Tropfnase

Monte-Carlo-Schaft mit Pistolengriff

Schaft mit geradem Rücken, Pistolengriff und Monte-Carlo-Backe sowie Gummischaftkappe

☞ TIPP

Der Pistolengriff eines Repetierers muss einen satten Griff gewährleisten. Ideal ist eine leichte einseitige Wölbung in Richtung Haltehand, die deren Hohlraum ausfüllt. Solche Pistolengriffe sind nach dem Namen ihres Erfinders als „Wundhammer-Pistolengriff" bekannt.

PISTOLENGRIFF

Ein Pistolengriff ist an Repetierbüchsen obligatorisch. Er sollte aber dem Waffentyp und Kaliber entsprechen. Pistolengriffe an starkkalibrigen Waffen müssen sehr flach gehalten und langgezogen sein. Das ermöglicht einen denkbar schnellen Anschlag und verhindert ein Prellen der Hand oder gar Anschlagen der Finger am Abzugsbügel.
Die meisten Jäger schießen allerdings mit eher steilen Pistolengriffen präziser. An Präzisionsrepetierern (vor allem in schwächeren Kalibern) muss der Pistolengriff also sehr steil sein. Ansonsten ist ein Mittelweg mit einer tendenziell etwas steileren Form ideal. Pistolengriffe können mit Edelholz- oder Stahlkäppchen abschließen. Eine unten nach vorn überstehende Lippe ist für jagdliche Zwecke nicht erforderlich.

HINTERSCHAFTFORMEN

An Repetierern findet sich die größte Vielfalt an Hinterschaftformen. Eine Lieblingsform der Verfasser ist ein Hinterschaft mit *geradem Rücken* oder sehr leichtem *Schweinsrücken*. Besonders für starkkalibrige Repetierer empfehlen wir gerade Schaftrücken, die möglichst hoch – knapp unter Laufseelenachsenverlängerung – liegen. Das mindert den Hochschlag spürbar und der Rückstoß kann gut abgefangen werden. Ein schneller zweiter Schuss ist dann möglich.
Die *Monte-Carlo*-Form sieht schön aus und ist im geringen und mittleren Kaliberbereich sehr gut zu gebrauchen, vor allem bei höheren Visiereinrichtungen wie Ziel-

fernrohren mit großem Objektivdurchmesser. Sie eignet sich also gut für den hochpräzisen Schuss mittels Zielfernrohr. Sie passt aber weder zu starkkalibrigen Repetierern noch zu Drückjagd- oder Großwildbüchsen.

SCHAFTKAPPEN

Der Schaftabschluss wird nach schwarzer Zwischenlage durch eine Gummischaftkappe gebildet. Sie sollte nur innen ventiliert sein, denn eine Außenventilation verschmutzt zu schnell.

Ideal sind leicht angeraute, aber noch „glatte" Schaftkappen im Old English Stile. Je nach Innenaufbau und Stärke wirken sie mehr oder weniger rückstoßdämpfend. Bei starken Kalibern ist allerdings eine überdurchschnittlich breite Anliegefläche der Kappe wesentlich effektiver als deren dämpfender Aufbau.

Kunststoffkappen halten wir an Repetierern für einen Fehler. Auch Stahlskelettkappen an Luxuswaffen dienen nur der Schönheit. Eine ideale Sache für den schnellen Anschlag ist wie beim Flintenschaft ein Schaftkappenüberzug aus Leder.

Deutsche Fischhaut

Schottische Fischhaut

☞ **TIPP**

Wer bei sehr starken Kalibern Probleme mit dem Rückstoß hat, sollte seine Hoffnung weder auf Rückstoßminderer noch auf dämpfende Schaftkappen setzen. Wirklich entscheidenden Einfluss haben lediglich die Schaftform und das Waffengewicht.

SCHAFTBACKEN, FISCHHAUT UND RIEMENBÜGEL

Schaftbacken helfen wenig oder gar nicht beim Schießen von Jagdrepetierern – sie sehen aber gut aus. Unsere Lieblingsbacke ist die Monte-Carlo-Backe mit Schattenlinie, d. h. einer zusätzlichen Falz. Daneben sind noch die Bayerische Backe mit oder ohne Falz und die Deutsche Backe üblich.

Eine sauber geschnittene, eher scharfe Fischhaut (22 bis 25 Linien per Inch) erhöht auch an Repetierern die Griffigkeit. Sie sollte an den Vorderschaftseiten und dem Pistolengriff nicht fehlen.

Grundsätzlich sind, je nach Muster, drei verschiedene Fischhautarten üblich:

- die Deutsche Fischhaut,
- die Schottische Fischhaut und
- die Schuppenfischhaut.

Von diesen drei Fischhäuten ist die Schuppenfischhaut die am wenigsten rutschfeste. Am Schaft werden in der Regel Riemenbügel oder Ösen für abnehmbare Riemenbügel angebracht. Die einfach eingeschraubten Ösen lassen sich drehen. Ideal sind „inletted" – ins Schaftholz eingelassene – Ösen, die doppelt verschraubt werden.

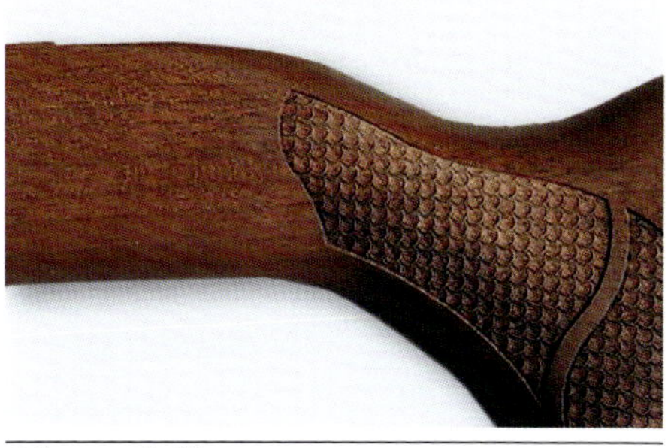

Schuppenfischhaut

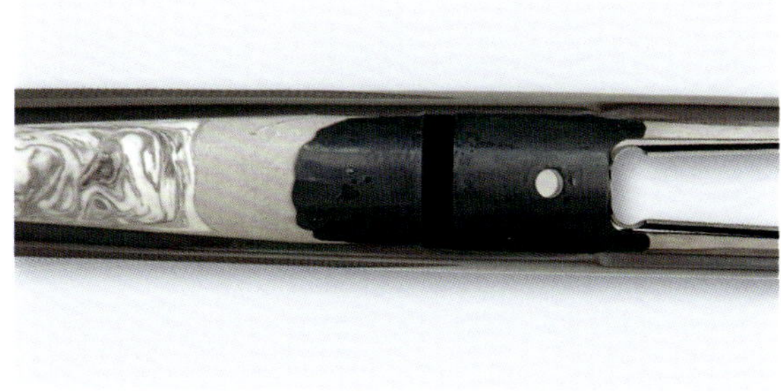

System- und Laufbettung mit Kunstharz in Fiberglasschaft

Ganzschaft an einem Stutzen aus Schichtholz

SYSTEMBETTUNG

Das Wichtigste ist eine korrekte Systembettung im Schaft, am besten mittels Kunstharz. Zusätzlich kann man Pillars (Distanzröhrchen um Systemschrauben) verwenden, auf denen das System aufliegt. In Holzschäften kann der Lauf nur im Systembereich, aber auch über die gesamte Vorderschaftlänge hinweg in Kunstharz gebettet sein. Letzteres beugt dem Eindringen von Schmutz und Nässe vor.
In Kunststoffschäften werden oft Aluminiumbettungsblöcke verwendet, die auch der Schaftstabilisierung dienen und vom Vorderschaft bis in den Pistolengriff hineinreichen. Querbolzenverschraubungen, vor allem an Vorderschäften, sollen einen Schaftbruch verhindern.

GANZ-ODER VOLLSCHAFT, ZWEIGETEILTE SCHÄFTE

Neben der klassischen Halbschäftung von Repetierern existiert noch der Ganz- oder Vollschaft, der bis zur Mündung reicht. Zweigeteilte Schäfte werden an Waffen montiert, bei denen das System den Schaft trägt und nicht umgekehrt. Beispiel sind die Sauer 202 und die Blaser R93/R8.

STUTZENSCHÄFTE

Repetierer mit Ganzschaft und kurzen Läufen nennt man Stutzen. Ihr Schaft reicht bis zur Mündung und wird vorn entweder mittels Riemenbügel an einem Laufring festgeschraubt, oder die Stahlabschlusskappe greift halbkreisförmig um den Lauf. Dies wirkt dem Abziehen des Schaftes beim Tragen am Riemen entgegen. Es gibt auch geteilte Vorderschäfte wie beim Blaser R93/R8 Stutzen. Sie haben den Vorteil, dass sich der lange, dünne Vorderschaft unter Witterungseinflüssen nicht so leicht verzieht wie bei einteiligen Stutzenschäften – eines der Hauptprobleme beim Stutzen. Sauer löst das Problem des Verziehens beim Stutzen bei der Sauer 404 durch einen Innenaufbau des Vorderschaftes aus Carbon, um das ein Holzmantel gelegt wird. Carbon verzieht sich auch bei starken Temperaturunterschieden nicht und ein langer, schlanker, einteiliger Vorderschaft ist damit kein Problem.

LOCHSCHAFT

Neuerdings werden wieder vermehrt Lochschäfte an Jagdwaffen angeboten. Sie haben den Vorteil, dass der Griff stets gleichmäßig und perfekt sitzt. Erfahrungen zeigen, dass die Schusspräzision steigt. Auch die Treffergebnisse beim Flüchtigschießen sind höher.

Lochschaft aus Kunststoff mit Leder an Blaser R8 Success

Kunststoffschaft

Sind mit einer Drückjagdwaffe schnelle Schussfolgen gewünscht, ist ein Lochschaft dennoch nicht für alle Schützen vorteilhaft, denn der Daumen muss nach dem Repetieren wieder durch die Öffnung im Schaft, das „Loch“, gefädelt werden. Das dauert etwas länger, als einfach nur den Pistolengriff zu umfassen.
Lochschäfte kann man mit Überrollbacke kombinieren. Ideal ist ein leicht abgeschrägter Pistolengriff.

SCHAFTMATERIAL UND FINISH

Schäfte unterscheiden sich überdies im Schaftmaterial und der abschließenden Behandlung.
Holzschäfte Klassisches Schaftmaterial sind verschiedene Nussbaumarten, sehr selten ist Ahorn. Nussbaum wird hinsichtlich seines Ernteorts unterschieden. Er kommt aus der Türkei, Bulgarien, Frankreich, dem Kaukasus, Marokko, Kalifornien und anderen Orten. Je nach Maserung und Baumteil – Wurzelholz ist am teuersten und schönsten – wird die Qualität unterschieden. Hölzer mit eingewachsenem Sand, wie sie oft aus Marokko kommen, sind ungeeignet. Holzschäfte werden mehrfach geölt und poliert, um wetterfest zu werden, oder auch lackiert. Lack ist zwar extrem wetterfest, allerdings für Kratzer sehr empfänglich.
Schichtholzschäfte Diese Schäfte bieten die Vorteile hoher Bruchsicherheit und Verzugs-

Schichtholzlochschaft in Monte-Carlo-Form

Kunststoffschaft aus Kevlar und Carbon, hier an einer extrem leichten Nosler 48

festigkeit. Verzugsfestigkeit ist wichtig für eine gleichmäßige Systemlage und hohe Schussleistung. Schichtholzschäfte werden aus schmalen, unter Hochdruck verleimten Holzplatten gefertigt. Eine Fischhaut daran zu schneiden, ist problematisch. Schichtholzschäfte haben auch ein etwas höheres Gewicht als Nussbaumschäfte.

Kunststoffschäfte Diese Schaftmaterialvariante ist in der Regel extrem bruchsicher, verzugsfest und klimaunempfindlich. Es gibt allerdings extrem billige, gespritzte Schäfte, die ihr Geld nicht wert sind: Sie sind optisch wenig ansprechend, schlecht verarbeitet und im Jagdbetrieb dazu noch sehr laut, wenn der Schaft einmal irgendwo anstößt.

Weiteres Schaftmaterial Ideal sind Fiberglasschäfte aus Fiberglassträngen und Harzverleimung. Wer Gewicht sparen will, muss dagegen zu einem Kevlar- oder Kohlefaserschaft greifen.

DIE VISIERUNG

Eine Waffe, die über einen Kugellauf verfügt, sollte auch mit einer offenen Visierung ausgestattet sein. Nicht jedes Visier ist brauchbar und für bestimmte Einsatzzwecke gibt es optimale Formen.

DRÜCKJAGD- UND PRÄZISIONSVISIERE

Unterschiede ergeben sich grundsätzlich zwischen dem Präzisionsschuss und dem schnellen Schuss auf Kurzdistanzen. Je nach Einsatzzweck müssen Kimme und Korn speziell gestaltet sein.

Für Schüsse auf kurze Distanz wird ein grobes Fluchtvisier gebraucht, das möglichst wenig vom Ziel verdeckt, sich schnell zentrieren lässt und einen guten Kontrast auf dem Wildkörper bietet. Moderne Drückjagdkimmen haben die Form eines Hausdaches mit eingelegtem, farbigem Dreieck, meist gelb oder rot. Dazu wird ein passendes rotes oder gelbes Leuchtkorn montiert. Diese Visierungen sind den alten englischen Expressvisieren in Schmetterlingsform überlegen, weil sie das Ziel weniger verdecken.

AUGENABSTAND

Wichtig ist bei einer offenen Visierung der richtige Abstand von der Kimme zum Auge des Schützen. Optimal sind etwa 40 Zentimeter – also in Leseentfernung. Eine zu kurz vor dem Auge angebrachte Kimme kann der Schütze gar nicht scharf sehen.

Kimme für den präzisen Kugelschuss

Drückjagdkimme

Diopter oder Lochvisier

Für Schüsse auf größere Distanzen kommt es dagegen auf maximale Präzision an. Eine Visierung für den Präzisionsschuss fällt wesentlich feiner aus.

DIE GRUNDFORMEN

Bei der Kimme finden sich als Grundformen die Dreieck- (V), die Rechteck- und die Halbrundkimme (U). Das Korn ist entweder als stumpfes Balkenkorn (Rechteck), als spitzes Balkenkorn (Dachkorn) oder als Perlkorn gestaltet. Diese Grundformen werden in der Regel wie folgt kombiniert:

- Dreieckkimme und Dachkorn,
- Halbrundkimme und Perlkorn,
- Rechteckkimme und stumpfes Balkenkorn

Außer diesen Grundformen gibt es noch eine ganze Menge Sonderformen, die aber wenig verbreitet sind und gegenüber den genannten Kombinationen auch keine Vorteile haben.

IM ALTER …

Die meisten Zielfehler, die beim Schießen über Kimme und Korn auftreten, sind Höhenfehler. Die Ursache liegt darin, dass der Schütze die Kimme nicht mehr deutlich erkennt. Beim Zielen „stellt" das Auge, ohne dass dies dem Schützen bewusst wird, dauernd von der Kimme über das Korn zum Ziel und wieder zurück „scharf". Dieser Vorgang wird „Akkommodation" (lat.: Anpassung) genannt.

Mit zunehmendem Alter lässt bei den meisten Menschen die Akkommodationsfähigkeit des Auges nach, es kommt zu der typischen Weitsichtigkeit. Das Auge verliert für nahe Distanzen die Tiefenschärfe und kann die Kimme nicht mehr scharf sehen. Das kann man beheben, indem vor das Auge eine Blende gelegt wird. Wie bei einer Kamera wird dadurch die Tiefenschärfe wieder erhöht.

Auf diesem Prinzip beruht die Wirkung eines Diopters. Bei Sportschützen ist das Diopter daher das beliebteste Zielhilfsmittel. Auch an Jagdwaffen sind Diopter sinnvoll und durchaus noch gebräuchlich. Großwildbüchsen haben oft sogenannte Schlagbolzendiopter, die sich bei Bedarf einfach hochschieben lassen und so einen präzisen Schuss ermöglichen. Auch Dioptervisiere, die auf den Hinterfuß der Zielfernrohrmontage aufgesetzt werden, sind im Handel. Sie haben eine Höhen- und Seitenverstellung und erlauben ein sehr präzises Schießen. Die kompakten Visiere, die sich leicht immer mitführen lassen, bieten sich an als Reservevisier, das bei einem Defekt der Zieloptik zum Einsatz kommt.

DIE SICHERUNG

Sicherungen an Repetierern unterscheiden sich erheblich in Bezug auf Bedienbarkeit, Funktion und Sicherheit.

HANDSPANNSYSTEME

Ein Handspannsystem ist zweifelsohne die beste Sicherung, sofern man das Entspannen nicht vergisst. Entspannt sind Handspannerschlosse vollkommen sicher. Schläge, Stöße oder Fall reichen selbst bei Rastenbrüchen nicht aus, den Schlagbolzen so stark zu beschleunigen, dass er die Patrone zünden kann.

SCHLAGBOLZEN- UND SCHLAGSTIFTSICHERUNG

Bei Selbstspannern gilt die 180-Grad-Flügelsicherung nach Mauser 98 als die Sicherste. Sie ist eine echte Schlagbolzensicherung, legt also den Schlagbolzen bzw. genauer die Schlagbolzenmutter fest. In Mittelstellung kann bei gesicherter Waffe entladen werden. Liegt der Flügel rechts, dann ist auch die Kammer gesperrt. Bei dieser Sicherung ist ein unbeabsichtigtes, selbstständiges Entsichern beim Führen der Waffe „nahezu“ unmöglich. Da der lange Sicherungsflügel bei seinem 180-Grad-Schwenk an das Okular niedrig montierter Zielfernrohre stößt, ist diese Flügelsicherung für Repetierer mit Zielfernrohr nicht ideal bzw. sogar unbrauchbar. Abwandlungen sind seitliche Flügel am Schlösschen, die nur zwei Stellungen haben und den Schlagstift festlegen sowie eine Kammersperre aufweisen. Dank 45-Grad-Schwenk ist eine niedrige Zielfernrohrmontage möglich. Idealer ist dann die horizontale Dreistellungssicherung nach Art des Winchester 70. Auch sie ist eine echte Schlagbolzensicherung, die zusätzlich die Kammer sperrt und in Mittelstellung gefahrloses Entladen ermöglicht. Wie bei der Mauser 98 befindet sich die Sicherung auch am Schlösschen. Um unbeabsichtigtem Entsichern vorzubeugen, weisen einige dieser horizontalen

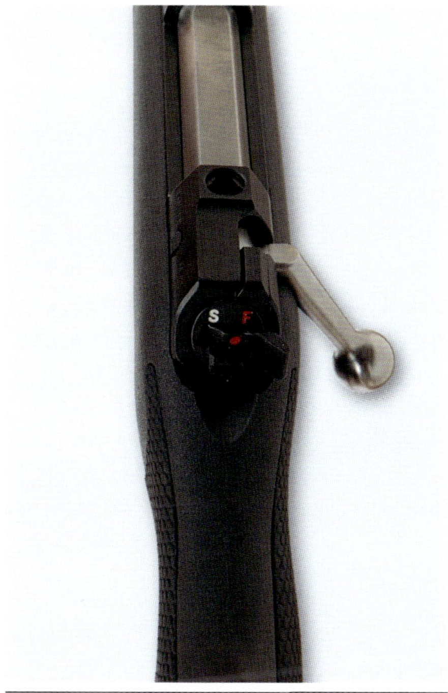

Handspannerschloss Mauser M03

Drehflügelsicherung des Mauser 98. In Mittelstellung ist die Waffe noch gesichert, die Kammer kann aber geöffnet werden.

Horizontale Dreistellungs-Schlagbolzensicherung mit spezieller Sicherung des Schwenkflügels in der hintersten Stellung

Dreistellungssicherungen im Sicherungsflügel eine Sperrklinke auf, die man drücken muss, um den Sicherungsflügel aus der zweiten Sicherungsposition herausbewegen zu können. Eine weitere Schlagstiftsicherung mit drei Stellungen bietet Ruger. Diese Sicherung sitzt allerdings neben dem Schlösschen.

Steyr-Sicherung mit Drehrad und per Kammerstängel zuschaltbarer Transportsicherung (blockiert Schlagstift)

ABZUGS- UND ABZUGSSTOLLEN-SICHERUNGEN

An Repetierern findet man kaum ausschließliche Abzugssicherungen. Die meisten Sicherungen blockieren neben dem Abzug noch den Abzugsstollen (die Abzugsstange) und damit indirekt den Schlagstift. Das Spannstück der Schlagbolzenmutter liegt ja an der Abzugsstange an. Reine Abzugssicherungen sind an Repetierern auch abzulehnen.
Solche Abzugsstangensicherungen können reine Zweistellungssicherungen sein. Meist wird die Kammer in gesicherter Position gesperrt. Remingtons Zweistellungssicherung sperrt die Kammer nicht. Damit ist in gesicherter Stellung ein Entladen möglich. Nur wenige dieser Sicherungen haben drei Stellungen. Sako beispielsweise bietet eine Dreistellungsschiebesicherung, die die Kammer und Abzugsstange blockiert und in Mittelstellung das Entladen bei gesicherter Waffe ermöglicht.
Die meisten Abzugsstollensicherungen befinden sich als Schieber oder Kipphebel rechts neben dem Schlösschen. Einige bedingen größere Ausnehmungen am Schaft, durch die leicht Nässe oder Schmutz eindringen kann. Selten findet man den Sicherungsschieber auf dem Schafthals, wie dies Sauer bei seinem Modell 90/92 bietet. Dieser Sicherungsschieber ist von

Links- und Rechtsschützen gleichermaßen gut und bequem erreichbar, ohne groß die Hand im Anschlag verändern zu müssen.
An der Sauer 202 befindet sich auf dem Hülsenschwanz ein Druckknopf zum Sichern (Abzugsstangensicherung mit Kammersperre). Zum Entsichern wird mit dem Abzugsfinger ein Druckknopf vor dem Abzugszüngel nach oben gedrückt. Diese Sicherung ist bequem im Anschlag bedienbar und arbeitet vollkommen geräuschlos. Es gibt auch Zweistellungs-Abzugsstollensicherungen, bei denen der Sicherungshebel vor dem Abzugszüngel liegt (z. B. Jewell).
Bei der Steyr SBS96 befindet sich ein Sicherungsrad mit drei Stellungen auf dem Schafthals. In Mittelstellung erlaubt er gefahrloses Entladen. In zweiter Sicherungsposition wird zusätzlich zur Abzugsstangensicherung die Kammer gesperrt. Zusätzlich kann man durch Anklappen des Kammerstängels an den Schaft eine Transportsicherung zuschalten. Die Kammer wird dadurch so gedreht, dass der Schlagstift auch bei Rastbruch an einer Vorwärtsbewegung zuverlässig gehindert wird. Es handelt sich also um eine echte Schlagstiftsicherung.
Die Verfasser kamen im Jagdbetrieb aber auch immer mit Zweistellungssicherungen gut zurecht.

DIE BESTE SICHERUNG – ENT- ODER UNTERLADEN

Sicherlich ist eine Dreistellungs-Schlagstiftsicherung mit Kammersperre der Idealfall. Jedoch sollte man in der Jagdpraxis immer große Vorsicht walten lassen und sich nie ausschließlich auf eine Sicherung verlassen. In vielen Fällen ist ein Entladen oder Unterladen das Beste.

SPERRKLINKEN-SICHERUNG

Ebenfalls eine Sicherung sind die zusätzlichen Sperrklinken im Abzugszüngel nach Art der Glock-Pistolen. Sie müssen mit rund 200 g Kraftaufwand eingedrückt werden, damit der eigentliche Abzug betätigt werden kann.
Aber noch einmal: Eine Handspannung ist die sicherste „Sicherung".

Sperrklinke im Abzugszüngel nach Art Glock

SELBSTLADEBÜCHSEN

Die Selbstladebüchsen sind Jagd- und Sportwaffen. Jagdlich werden sie zur Schalenwildjagd eingesetzt. Bei der Jagd dürfen nicht mehr als zwei Patronen ins Magazin geladen werden. Mit einer weiteren Patrone im Lauf ist die Waffe dann dreischüssig.

Jagdlich sind Selbstladebüchsen speziell für den Abschuss mehrerer Stücke Wild hintereinander interessant. Ihr Vorteil ist die schnelle Schussfolge nur durch Abzugsbetätigung ohne manuelles Repetieren. Man kann auf dem Wild bleiben und muss den Anschlag nicht ändern bzw. eine Hand vom Schaft nehmen.

Selbstladebüchsen sind typische Waffen für die Drückjagd, eignen sich für die Einzeljagd aber

Selbstladebüchsen bieten vor allem auf der Drückjagd Vorteile.

genauso. Moderne Konstruktionen schießen in der Regel sehr präzise, sind allerdings weniger führig. Ihr System bedingt lange Baulängen, weswegen meist kurze Läufe installiert werden. Sicherlich neigen Selbstladebüchsen etwas stärker als Repetierer zu Funktionsstörungen und insbesondere Hülsenklemmern. Hier hat sich aber in den letzten Jahren eine Menge getan: Die neuen Modelle von Sauer & Sohn, Benelli oder Browning sind sehr funktionssicher.

DIE SYSTEME

Bei Selbstladebüchsen kennt man grundsätzlich drei Systemarten. KK-Selbstlader und Selbstladebüchsen für schwache Kurzwaffenkaliber haben meist einen Masseverschluss.

GAS ÜBER EIN PISTON

Bei Selbstladebüchsen in Langwaffen-Zentralfeuerkalibern unterscheidet man zwei weitere Systemarten, bei denen es aber jeweils noch zusätzliche technische Unterschiede geben kann. Die Systeme basieren auf Gasdruck. Gas wird etwa am Vorderschaftende oder in der Laufmitte abgezapft.
Bei einer Systemart strömt das Gas über ein Ventil auf ein Piston. Ein mit dem Verschlussträger verbundenes Gestänge, das den Drehwarzenverschluss über eine Steuerkurve entriegelt und den Verschluss nach hinten bewegt, wird in Bewegung gesetzt.
Diese Technik ist im Allgemeinen sehr zuverlässig, arbeitet mit unterschiedlichen Laborierungen problemlos, ist äußerst verschleißarm und wenig verschmutzend. Sie verkraftet sehr hohe Schusszahlen und kommt mit ge-

Masseverschluss an Ruger 10/22 in .22 LR

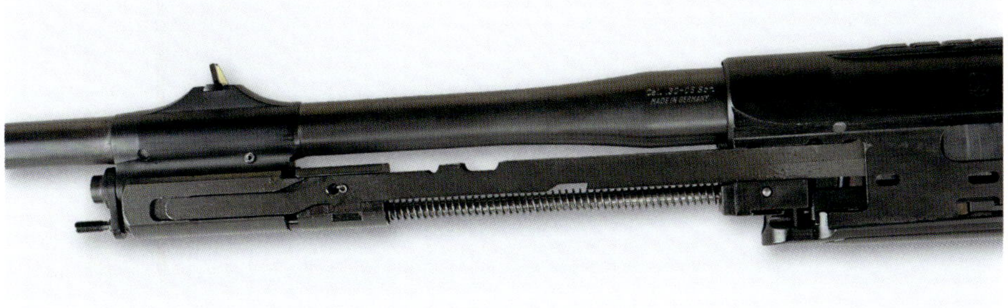

Gasdrucklader mit Verschlussgestänge

ringer Pflege aus. Viele Jagdselbstlader wie Browning BAR, Sauer 303 oder Haenel Selbstladebüchse basieren darauf.
Der Nachteil ist das unter dem Lauf bewegliche Verschlussgestänge mit seiner Schwingungsübertragung. Oft erbringen Selbstladebüchsen mit diesem System nicht die höchste Präzision und sind laborierungsempfindlich. Es kann schnell zu einzelnen „Ausreißern“ in Schussgruppen kommen.

GAS DIREKT ZUM VERSCHLUSSTRÄGER

Bei der anderen Systemart – sie ist vor allem bei jagdlich unüblichen und für den militärischen Bereich entwickelten Selbstladern zu finden – wird das vom Lauf abgezapfte Gas direkt mittels Gasleitung auf den Verschlussträger geleitet (Direct Gas Impingement). Durch den Gasdruck wird der Drehwarzenverschluss entriegelt.

ROLLENVERSCHLUSS VON HECKLER UND KOCH

Eine Besonderheit stellt der Rollenverschluss an den Selbstladebüchsen von Heckler und Koch dar. Hier fließt zur Verschlussentlastung Gas durch Rillen im Patronenlager. Über den Druck auf den Stoßboden des Verschlusses werden die seitlich in Lagern sitzenden Rollen entriegelt, sodass der Verschluss zurückgleiten kann.

Diese Waffen verschmutzen schnell und bedürfen regelmäßiger, intensiver Pflege, um die Funktion zu erhalten. Ferner verschleißen einige Teile wie Gasdichtungen vergleichsweise rasch und müssen regelmäßig nach einigen tausend Schuss getauscht werden. Die Präzision dieser Selbstlader ist extrem hoch und mit der von Sport- oder

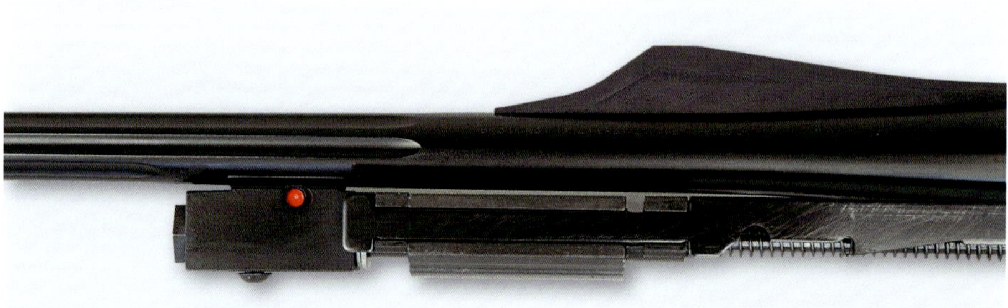

Gasabnahmeventil und Schubgestänge

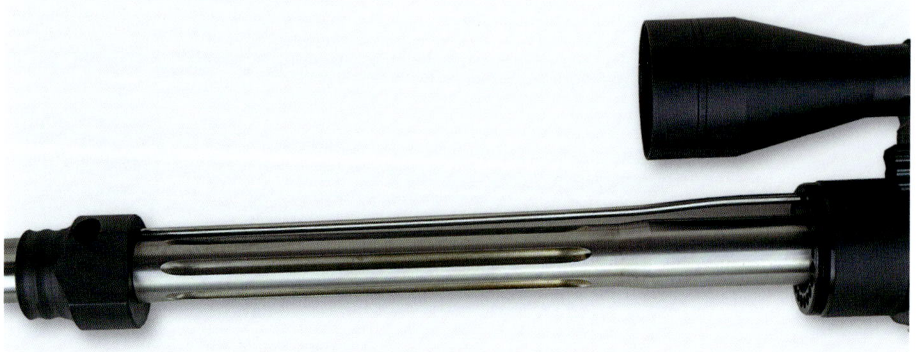

Bei dem für den Militärbereich entwickelten AR10/15 wird das Gas direkt in den Verschluss geleitet.

Browning BAR mit Handspannung

Varmintrepetierern vergleichbar. Vertreter sind die für das Militär entwickelten M16/M4 und AR10/15.

KURZHUB-GASKOLBENSYSTEM

Eine Abwandlung des zweiten Systems ist das sogenannte Kurzhub-Gaskolbensystem (Short Stroke Gas Piston). Hier wirkt das abgezapfte Gas auf einen kurzen Gaskolben, der den Verschluss über eine Stange entriegelt.

Gaskolben und Gestänge erhöhen das Waffengewicht, aber das System wird dadurch viel schmutzunempfindlicher. Es arbeitet sehr zuverlässig. Vertreter sind das Heckler und Koch MR308, Haenel CR223 sowie SIG Selbstladebüchsen – ebenfalls auf der Jagd nicht übliche Selbstlader. Dieses System bietet auch eine sehr hohe Schussleistung.

SCHLOSSE UND VERSCHLUSS

Die meisten Systeme haben Schlosse mit federbelastetem Schlaghebel, der auf den Schlagbolzen schlägt. Der Schlagbolzen hat nur eine Rückholfeder, aber keine Schlagfeder. Nur wenige Systeme sind schlagbolzengesteuert, haben also eine Schlagfeder am Schlagbolzen.

Inzwischen gibt es Selbstlader von Sauer (303) und Browning (BAR Zenith) mit

Der Rollenverschluss von Heckler und Koch

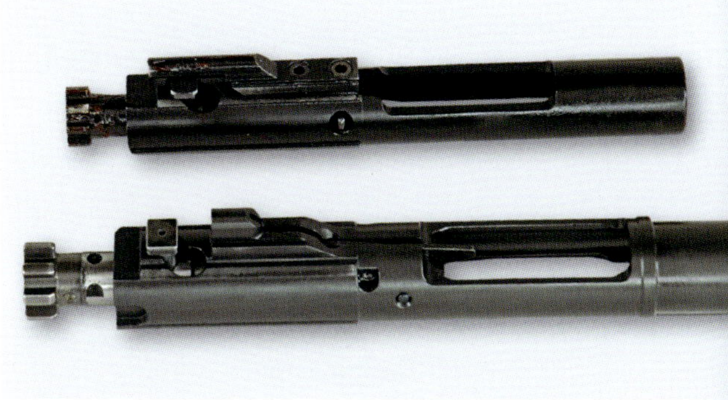

Drehwarzenverschlüsse. Oben: Verschluss AR15 mit direkter Gasaufnahme. Unten: Verschluss H & K MR308 mit Kurzhubsystem

Handspannerschloss. Auch diese Schlosse arbeiten mit Schlaghebel. Vor dem ersten Schuss ist per Hand zu spannen. Bei Folgeschüssen wird automatisch gespannt, bis man den Spannschieber wieder zurücknimmt.
Die Drehwarzenverschlüsse von Selbstladebüchsen weisen eine Vielzahl von Warzen auf. Seitlich sitzt der Auszieher, der Stoßboden mit ein oder zwei Auswerfern ist zurückversetzt. Am Verschlussträger befindet sich der Durchladehebel.

BESONDERHEITEN

Einige Selbstlader erlauben nur eine Laufreinigung von der Mündung aus. Ideal sind daher Selbstlader mit Ober- und Unterteil wie beim AR10/15. Man kann beide Teile trennen, den Verschluss vom Oberteil entnehmen und so den Lauf von hinten reinigen. Das Unterteil beinhaltet Schloss, Abzug und Magazinschacht. Am Oberteil befindet sich der Vorderschaft.
Bei sogenannten Bullpub-Systemen liegt das System hinter dem Abzug im Hinterschaftbereich und das Magazin rückversetzt im Hinterschaft. Diese Selbstlader bauen sehr kurz. Nachteilig ist der Abzug, der über ein Gestänge wirkt. Jagdlich brauchbare Abzugswiderstände sind bei diesen Systemen kaum zu finden.
Das Magazin wird in den Stahl- oder Alugehäusen untergebracht.
Einige Selbstlader erlauben nur eine Laufreinigung von der Mündung aus. Hier ist entsprechende Vorsicht geboten, um die Mündung nicht zu beschädigen.

DER LAUF

Der Lauf wird in der Regel im Stahl- oder Aluminiumgehäuse befestigt. Der Verschluss verriegelt meist direkt in einer Verschlusskulisse des Laufes.

FERTIGUNG

Selten werden die Läufe noch herkömmlich gezogen – etwa im Knopfdruckverfahren. Überwiegend kommen kalt gehämmerte Läufe zum Einsatz. Oft wird auch das Patronenlager mitgehämmert oder -gedrückt anstatt geschnitten.
Die Läufe haben eine hohe Dichte und sind recht verschleißarm. Außerdem sind sie sehr maßhaltig. Die Laufrohlinge werden vor dem Hämmern gebohrt und innen gehont. Hochleistungsläufe hont man nach dem Hämmern nochmals.
Bei hochwertigen Läufen ist wie bei Flintenläufen innen eine Hartverchromung üblich,

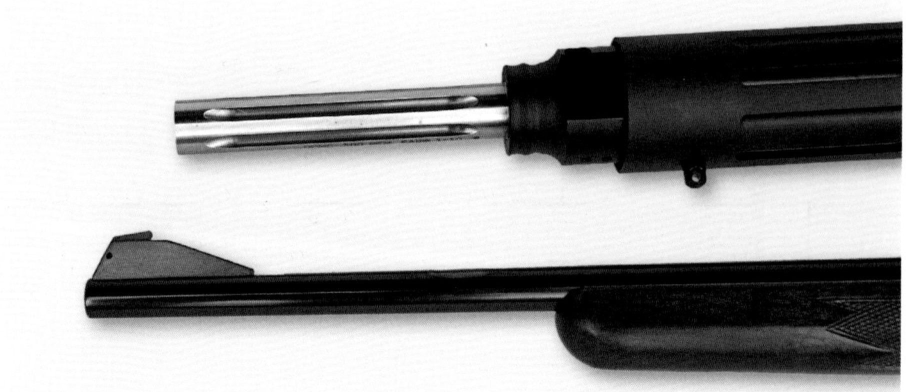

Unterschiedliche Laufstärken für Selbstladebüchsen: oben ein starker Matchlauf, unten ein normalstarker Jagdlauf

um den Laufverschleiß zu minimieren. Für Militärwaffen, die auch „dauerfeuerfest“ sein müssen, ist das wichtig; bei Jagdwaffen spielt das kaum eine Rolle, schadet aber auch nicht. Beim Reinigen hat es dazu Vorteile. Herkömmliche Kohlenstoffläufe werden außen matt sandgestrahlt und brüniert oder besser parkerisiert oder speziell beschichtet. Es kommen aber auch Stainless-Läufe zum Einsatz. Sie kann man schwarz beschichten. Der Vorteil solcher Läufe besteht in ihrer hohen Korrosionsbeständigkeit.

NATO-genormte Picatinny-Schienen finden sich an manchen Selbstladebüchsen.

LAUFARTEN UND -LÄNGEN

Üblich sind birnenförmige Jagdläufe, die sich verjüngen, aber auch zylindrische Läufe in unterschiedlicher Stärke. Es gibt auch, meist sportlich eingesetzte, Selbstlader mit dicken Match- und Varmintläufen.
Selbstladebüchsen bauen aufgrund des Systems wie Selbstladeflinten in der Regel sehr lang (ausgenommen Bull-pub). Aus diesem Grund fallen auch ihre Lauflängen meist kurz aus. Bei Jagd-Selbstladern sind Lauflängen von 51 bis 56 cm für Standardkaliber und 56, 58 oder 61 cm für Magnums üblich.
AR10/15-Selbstlader haben Lauflängen von 18 bis 61 cm. Hier gibt es sowohl extrem kurze Läufe (die Zuverlässigkeitsprobleme bewirken können), als auch extrem lange Läufe. Übliches Mittelmaß sind 37, 40, 43 oder 50 cm.
Auf dem Lauf kann eine offene Visierung installiert werden. Oft findet man Drückjagdvisierschienen mit Kimme auf den

GESENKTE MÜNDUNG

Gute Büchsenläufe – egal ob an Repetierern oder Selbstladebüchsen – sind an der Mündung abgesenkt. Das schützt vor einer Beschädigung der empfindlichen Laufmündung. Ist ihr Innenrand scharfkantig, kommt es schnell zu kleinsten Kerben mit größten Folgen.

Drückjagdvisierschiene an einer Browning BAR

TIPP
Auf dem Kaliber .223 Remington basiert eine Vielzahl weiterer Kaliber, die für die kleineren .223er-Systeme geeignet sind: 6,5 Whisper, .338 Whisper, 6,5 mm Grendel, 6,8 × 43 mm SPC, .30 Rem. AR, .300 BLK (Blackout) oder .458 SCOM. Sie alle sind bei uns auf der Jagd aber unüblich.

Läufen. Auf Vorderschäften und Gehäuse mit Picatinny-Schiene – einer nach NATO-Standards genormten, gezahnten Schiene – kann eine solche Visierung ebenfalls montiert werden.
Denkbar sind alle Arten von offenen Visierungen. Von klassisch Kimme und Korn über ein Drückjagdvisier bis hin zu militärischen Varianten wie einem Trommelvisier für unterschiedliche Entfernungen.
Die meisten Waffen sind für eine Zielfernrohrmontage vorbereitet, oder man kann eine vorhandene Schiene nutzen.
Der Drall ist zweifelsohne wichtig – speziell bei der .223 Remington. Schließlich ist er für die Geschossstabilisierung in einem bestimmten Geschossgewichtsbereich verantwortlich. Bei den üblichen Kalibern greift man auf bewährte Dralllängen zurück. Bei der .223 Rem. sind für Geschosse von 40 bis 60 grains (1 gr = 0,06 g) Dralllängen von 229 oder 254 mm (9 oder 10") üblich. Diese Dralllängen eignen sich für 50 bis 62 gr schwere Geschosse.
Ein Dralllänge von 305 mm (12") eignet sich für Geschosse von 35 bis 60 gr, Dralllängen von 188 oder 203 mm (7 oder 8") stabilisieren nur schwerere Geschosse von 68 bis 77 gr gut. Für leichte Geschosse sind letztere Dralllängen ungeeignet.
Selbstladebüchsen gibt es von der .17 HMR bis zur .50 BMG in zahlreichen Standard- und Magnumkalibern, darunter vielen beliebten Jagdkalibern wie .243 Win., .270 Win., 7 × 64, 7 mm Rem. Mag., .308 Win., .300 WSM, .300 Win. Mag. oder 9,3 × 62, aber auch in sehr starken Kalibern wie .338 Lapua Magnum oder .50 BMG.

ABZUG UND SICHERUNG

Bei Selbstladebüchsen ist der Direkt- oder Flintenabzug üblich, allerdings mit ein paar Besonderheiten. Wie bei Selbstladeflinten steht wohl kaum ein Abzug wirklich trocken. Üblich ist ein mehr oder weniger kurzer Vorzug, der fallweise aber sehr gering ausfällt. Von einem richtigen Druckpunktabzug kann man nicht sprechen.

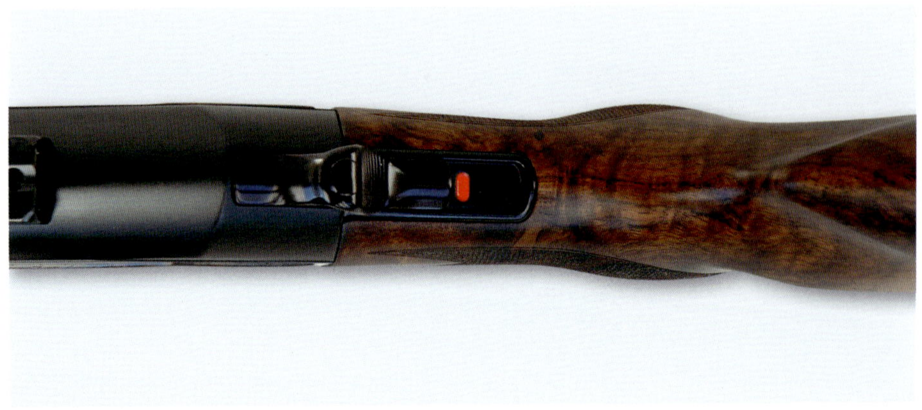

Handspanner an einer Selbstladebüchse mit Flintenabzug

Einer der zweifellos besten Abzüge befindet sich an der Sauer 303, bei der die Verfasser einen Widerstand von 1300 g gemessen haben. Der neue Black Magic Abzug von Sauer liegt sogar unter 1000 g.
Ansonsten liegen die Abzugswiderstände jagdlicher Selbstlader zwischen 1,6 und 2,5 kg, die von AR10/15-Selbstladern bei rund 2,2 bis 4,0 kg. Am Heckler und Koch G3 konnten 3,8 kg gemessen werden. Niemals darf es zu einer mehrfachen oder unbeabsichtigten Auslösung eines Schusses kommen – das eben erfordert höhere Abzugswiderstände bei Selbstladebüchsen und die muss man beherrschen lernen. Für die jagdlich unüblichen AR10/15-Modelle gibt es zahlreiche sehr gute After-Market-Abzüge, etwa von Jewell oder Timney. Mit ihnen lässt sich eine bessere Abzugscharakteristik verwirklichen. Sie kriechen nicht spürbar und haben Abzugswiderstände von rund 1,3 kg.
Bei Selbstladebüchsen ist die Abzugssicherung üblich. Eine Schlaghebel- oder Stangensicherung findet man nicht. In der Regel wird der Abzug mittels Druckknopf im Abzugsbügel festgelegt. Es gibt aber auch seitliche Schwenkflügelsicherungen.
Die Sauer 303 und die Browning Zenith haben Handspannerschlosse, sodass eine manuelle Sicherung entfällt. Natürlich darf man das Entspannen nie vergessen.

Flintenabzug und Abzugssicherung mit Druckknopf im Abzugsbügel

DER SCHAFT

Selbstladebüchsen weisen in aller Regel – eine Ausnahme ist die erwähnte Heckler und Koch mit Rollenverschluss – einen zweigeteilten Schaft auf. Der zweigeteilte Schaft wird vom Gehäuse getragen, das heißt, er ist daran befestigt.
Auch an Selbstladebüchsen finden sich sowohl wetterfest geölte oder lackierte Nussbaum- als auch bruchsichere, robuste und klimaunempfindliche Kunststoffschäfte.
Das Spektrum der Schaftformen ist sehr breit, darunter beispielsweise Vorderschäfte mit durchgehenden Griffmulden und Tropfnase.

Browning-BAR-Vorderschaft mit Griffmulde (Auskehlung), der Lauf ist kanneliert.

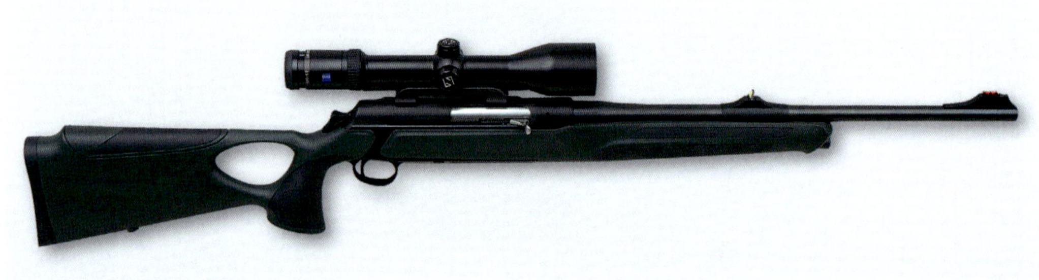

Sauer 303 mit Kunststoff-Lochschaft

Die abnehmbaren Vorderschäfte haben meist eine Ausnehmung, damit überschüssiges Gas entweichen kann.
Hinterschäfte haben einen Pistolengriff, einen geraden Rücken oder Schweinsrücken oder Monte-Carlo-Form und oft auch eine Backe (Monte-Carlo- oder Bayerische). Es gibt auch Hinterschäfte mit Springbacke. Üblicherweise schließen die Hinterschäfte mit einer Gummischaftkappe ab. Auch Lochschäfte sind an Selbstladebüchsen möglich.

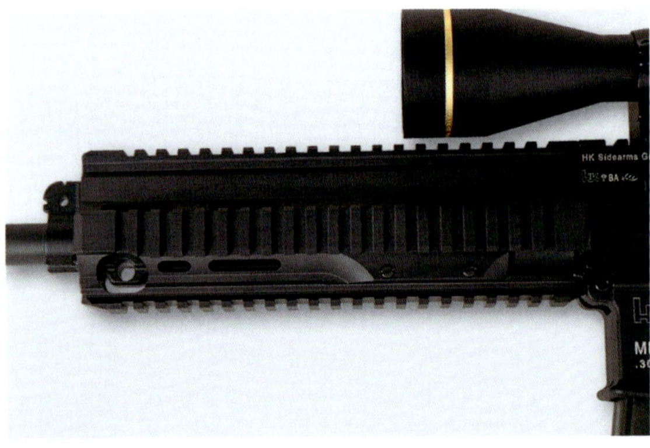

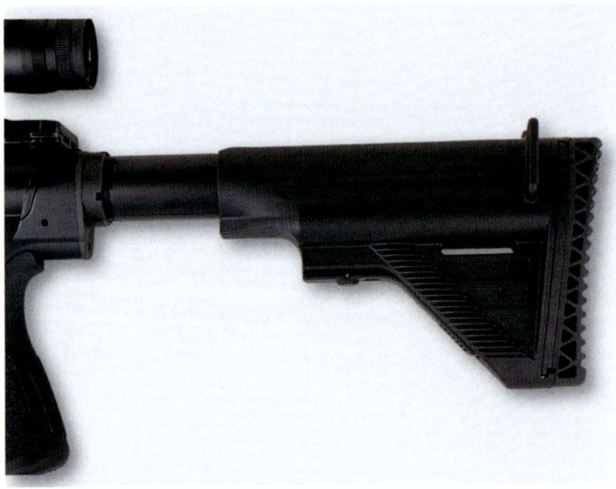

Alu-Vorderschäfte (mit Picatinnyrail) und längenverstellbare Hinterschäfte finden sich nur an militärischen Selbstladern.

SCHAFTVARIANTEN IM MILITÄRBEREICH

Weitere Schaftvarianten findet man bei Selbstladebüchsen, die vorwiegend im militärischen Bereich verwendet werden: AR10/15-Modelle haben in Längsrichtung verstellbare, einschiebbare Hinterschäfte auf einem Alurohr. Dadurch lässt sich zum Transport die Länge verkürzen. Diese Schäfte bestehen aus Kunststoff und schließen ebenfalls mit einer Gummischaftkappe ab. Auch Klappschäfte findet man an Selbstladebüchsen wie z. B. der SIG 551. Die Vorderschäfte bzw. der Handschutz an diesen Selbstladern sind meist zweigeteilt und aus Kunststoff. Gebräuchlich sind aber auch viereckige Vorderschäfte aus Aluminium mit Picatinny-Schiene zur Montage von Zieloptiken, Lasergeräten, Lampen, Zweibeinen oder Handgriffen. Öffnungen in diesen Schäften sorgen für Luftzirkulation und damit raschere Laufabkühlung. Es gibt diese Alu-Vorderschäfte in den unterschiedlichsten Längen und Ausführungen wie beispielsweise mit Handschutz.

BLOCKBÜCHSEN

Büchsen mit Blockverschluss sind extrem stabil und erheblich kürzer als Repetierbüchsen. Die Patronenlänge spielt bei ihnen keine Rolle, und so wurden um die Wende vom 19. zum 20. Jahrhundert Blockbüchsen von englischen Büchsenmachern gern für die Großwildjagd gebaut.

Für die Großwildjagd boten sich Blockbüchsen an, weil sich in ihnen die riesigen Nitro-Express-Patronen systembedingt problemlos unterbringen ließen. Auch die Büffeljäger der US-Pionierzeit benutzen gern Blockbüchsen, meist von Sharps oder Remington.
In jüngerer Vergangenheit nahmen sich dann die Ferlacher Büchsenmacher dieses Systems an und bauten jagdliche Blockbüchsen. Dabei war der Heeren-Verschluss vorherrschend. Seriengefertigte Blockbüchsen sind dagegen eher eine Ausnahme. Die bekannteste Blockbüchse ist die Ruger No. 1, die auch heute noch gebaut wird.

DAS SYSTEM

Grundsätzlich unterscheidet man drei Arten von Blockverschlüssen: den Fallblock-, den Drehblock- und den Vertikalblock-Verschluss.

DREHBLOCKVERSCHLUSS

Beim Drehblockverschluss, auch „Rolling Block" genannt, wird der achsengelagerte Verschlussblock durch den Hahnblock verriegelt. Zum Laden wird zunächst der Hahn gespannt und dann der Verschlussblock nach hinten abgekippt. Die Patrone schiebt man

Die wohl bekannteste Blockbüchse ist die Ruger No. 1. Sie hat einen geraden Hinterschaft mit Pistolengriff.

Blockbüchse Blaser 820 mit geöffnetem Verschluss bzw. abgesenktem Block

Blockbüchse mit Vertikalblockverschluss von Hagn

ins offene Patronenlager ein. Dann wird der Verschlussblock hochgeklappt, den eine Feder dann in Position hält. Wird der Abzug betätigt, so verriegelt der vorschnellende Hahn den Verschluss und zündet die Patrone. Der Drehblockverschluss ist ein sehr simpler und sicherer Verschluss.
Jagdwaffen mit Rollblockverschluss gibt es heute allerdings nicht mehr. Mit diesem System werden nur noch Waffen für das Western-Schießen gebaut.

FALLBLOCKVERSCHLUSS

Der Verschlussblock des Fallblockverschlusses – der bekannteste ist der von Sharps – wird durch Kulissen senkrecht im Verschlussgehäuse geführt. Zum Laden wird er mittels einer Hebelmechanik senkrecht nach unten gezogen, um das Patronenlager freizugeben. Anschließend wieder angehoben, verschließt der Block das Patronenlager dann nach hinten. Beim System Martini ist der Verschlussblock hinten angelenkt und wird zum Laden durch Herunterziehen des Abzugsbügels abgekippt. Rollblockverschlüsse und der Sharps-Fallblockverschluss haben außenliegende Hähne, die manuell gespannt werden müssen, das Martini-System hat ein innenliegendes Schlagstück.

VERTIKALBLOCKVERSCHLUSS

An Jagdwaffen findet sich meist der Vertikalblockverschluss, der ebenfalls ohne manuell zu spannenden Hahn auskommt. Der Verschlussblock enthält den Schlagbolzen und wird durch den Verschlussbügel betätigt. Dieser Bügel ist durch einen vor dem Verschlussblock liegenden Achsbolzen mit dem Gehäuse verbunden und wird nur in gradliniger, vertikaler Richtung bewegt. Der Auszieher ist ebenfalls in den Verschlussblock integriert und wird zwangsläufig beim Absenken des Blocks betätigt.
Beim Herunterziehen des Blockes wird das Schlagstück rückwärts geschwenkt und beim Schließen des Verschlusses die Schlagfeder gespannt. Die Waffe ist jetzt schussbereit.

DER LAUF

Bei Blockbüchsen wird der Lauf in das Verschlussgehäuse geschraubt. Er verfügt in der Regel über eine offene Visierung und eine Riemenbügelbasis. Oft wird auch eine Visierschiene aufgelötet, in die dann die Kimme eingeschoben wird. Die Schiene kann gleichzeitig auch die Unterteile einer Zielfernrohrmontage aufnehmen.
Bei einigen Modellen wie etwa der Ruger No. 1 sitzt unter dem Lauf, verdeckt durch den Vorderschaft, auch noch die Schlagfeder und oft auch noch eine weitere Schraubenfeder. Letz-

VERTIKALBLOCK-VERSCHLUSS
Der Vertikalblock-Verschluss mit innenliegendem Schlagstück ist heute wohl der bekannteste Vertreter dieser Waffenart. Solche Verschlüsse gab es von Heeren, Hagn, Blaser oder Ruger. Die Blaser 820, die heute nicht mehr produziert wird, war sogar mit einer Handspannung ausgestattet.

tere wirkt die auf den Verschlusshebel und hält ihn in geöffneter Stellung fest.
Bei den Heeren und Hagn-Systemen ist die Schlagfeder nicht unter dem Lauf angeordnet. Diese Waffen werden auch in zerlegbaren Take-Down-Ausführungen hergestellt.
Um die Büchse in zwei Teile zu zerlegen, lässt sich der Lauf von Hand aus dem System schrauben.

ABZUG UND SICHERUNG

Ideal ist ein trocken stehender Feinabzug, bei dem sich das Abzugsgewicht individuell einstellen lässt. Justiert man ihn auf etwa 500 bis 800 g, bietet er hohe Sicherheit und erlaubt sehr präzises Schießen.
An den älteren Büchsen mit Heeren-System findet sich oft ein Rückstecher. Ruger verwendet einen Direktabzug, doch kann dieses Modell auch mit Rückstecher nachgerüstet werden.
Die Sicherung liegt bei Blockbüchsen fast immer als Schieber auf dem Kolbenhals und blockiert die Abzugsstange, bei der Ruger No. 1 das Schlagstück. Ideal ist wieder einmal eine Handspannung, wie sie die Blaser BL 820 hatte.

DER SCHAFT

Blockbüchsen haben einen zweigeteilten Schaft. Der Hinterschaft wird von hinten an das Verschlussgehäuse geschraubt, der Vorderschaft entweder direkt an den Lauf geschraubt oder an einer vorn am Verschlussgehäuse angebrachten Schiene befestigt. Letzte Variante ist meist präzisionsfördernd, da der Vorderschaft so keinen Kontakt mit dem Lauf hat. Die Schaftformen von Blockbüchsen sind in etwa identisch mit denen der Kipplaufbüchsen.
Es gibt auch Blockbüchsen mit Stutzenschäftung, bei denen der Vorderschaft bis zur Laufmündung reicht, etwa von Ruger.

Hagn-Blockbüchse in Take-Down-Ausführung

BÜCHSEN MIT ABKIPPBAREN LÄUFEN

DOPPEL- UND BOCKDOPPELBÜCHSEN

Wenn es um die Drückjagd oder gar die Jagd auf wehrhaftes Wild geht, ist eine Doppel-oder Bockdoppelbüchse noch immer „erste Wahl". In bestimmten Jagdsituationen kommt es weniger auf höchste Präzision als auf den schnellen, zweiten Schuss oder Zuverlässigkeit an.

In das geschlossene System einer Doppelbüchse können Sandkörner oder andere Fremdkörper, die ein technisches Versagen bewirken können, weitaus schlechter eindringen als in den offenen Mechanismus einer Repetierbüchse. Der zweite Schuss kann unverzüglich abgegeben werden, und Ladehemmungen beim Repetieren scheiden begreiflicherweise von vornherein aus. Selbst bei einem Patronenversager oder einem Bruch der Schlagfeder hat der Schütze sofort die Möglichkeit, den zweiten Lauf abzufeuern, denn bei einer Doppelbüchse ist das System Lauf, Schloss und Abzug ja doppelt vorhanden und voneinander unabhängig. Eine Doppelbüchse bietet so auch doppelte Sicherheit.

DAS LAUFBÜNDEL

Der Bau einer gut schießenden Waffe mit zwei verlöteten Kugelläufen erfordert nicht nur eine Menge an handwerklichem Geschick und Erfahrung, sondern auch eine gute Portion Glück beim Zusammenlegen der Läufe. Spannte man die beiden Läufe einer Doppelbüchse ohne Verbindung nebeneinander ein und schösse dann mit beiden Läufen ein Trefferbild, würde die mittlere Treffpunktlage beider Läufe, unabhängig von der Entfernung, theoretisch nur um den Abstand der Laufmitten auseinanderliegen. Werden jetzt die beiden Rohre, ohne ihre Lage zu verändern, zu einem Laufbündel verlötet, wäre eigentlich zu erwarten, dass die Schussleistung erhalten bleibt. Leider ist das nicht der Fall, denn durch die Verbindung beeinflussen sich die Läufe infolge von Spannungsvorgängen beim Abfeuern gegenseitig.

Doppelbüchsen – für die Drückjagd und die Jagd auf wehrhaftes Großwild immer noch unschlagbar

„WANDERNDE" TREFFPUNKTLAGEN

Wird ein Lauf abgefeuert, hat er durch die beim Schuss entstehende Wärme das Bestreben, sich auszudehnen. Durch die starre Verbindung der beiden Läufe ist aber ein ungehindertes Ausdehnen des Laufes unmöglich geworden, und es kommt zu einem Durchbiegen des abgefeuerten Laufes, wodurch dann das gesamte Laufbündel verspannt wird. Dadurch ändert sich natürlich auch die ursprüngliche Stellung der Läufe zueinander. Nebeneinander liegende Läufe kippen wegen des gemeinsamen Drehpunktes zwischen ihnen einseitig nach rechts oder links. Dadurch liegen die Einzeltrefferbilder jetzt nicht mehr nur um den Abstand der Laufmitten auseinander, sondern die Treffpunktlage wandert. Doppelkugelwaffen müssen vom Hersteller so garniert werden, dass ein Zusammenschießen der beiden Läufe nach einer bestimmten Zeit gegeben ist. Diese Zeit muss dann eingehalten werden. Sie sollte erfahrungsgemäß zwischen vier und sieben Sekunden liegen. Auch die Umgebungstemperatur spielt eine Rolle: So schießen Doppelbüchsen im heißen Afrika oft etwas anders als im kühlen Europa.

DIE LÖSUNG DES PROBLEMS: FREI LIEGENDE LÄUFE

All diese Probleme haben Waffen mit frei liegenden Kugelläufen nicht. Werden die Läufe nicht miteinander verlötet, können sie sich ungehindert ausdehnen und beeinflussen sich nicht gegenseitig. Mehrere Hersteller wie Blaser, Krieghoff oder Merkel haben solche Modelle im Programm.

Um den optischen Eindruck einer Waffe mit verlöteten Läufen zu erwecken, greifen die Firmen zu kleinen Tricks.

Die Firma Blaser führt bei der S 2 die eigentlichen Kugelläufe in Trägerrohren, die dann miteinander verbunden sind. So entsteht optisch kein Zwischenraum zwischen den Läufen. Die eigentlichen Kugelläufe können aber trotzdem in den Trägerrohren frei schwingen und sind zudem auch verstellbar, sodass ein späterer Laborierungswechsel kein Problem mehr ist. Der Umfang des Laufbündels nimmt durch diese Maßnahme natürlich zu. Krieghoff montiert bei der Thermo Stabil auf Wunsch Blenden zwischen den Läufen, die

PROBIEREN GEHT ÜBER STUDIEREN

Wie sich die Treffpunktlage einer Doppelbüchse bei Lauferwärmung verändert, lässt sich nicht berechnen – da hilft nur probieren. Erst wiederholtes Anpassen und Umlöten der vorderen Laufverbindung führt schließlich zum Zusammenschießen der Läufe.

Klassische Doppelbüchse mit fest verlöteten Läufen. Hier kommt es zu Wärmeverzug der Treffpunktlage.

Waffe mit frei liegenden Läufen und Verstelleinrichtung am oberen Lauf. Das Laufbündel kann sich frei ausdehnen.

den Zwischenraum verdecken, aber das freie Ausdehnen nicht beeinflussen. Auch die Läufe der Thermo Stabil sind verstellbar. Wer eine präzise und unproblematische Doppelbüchse haben will, sollte ein solches Modell wählen. Bezüglich der Schussleistung gibt es nichts Besseres.

Hier liegt der obere Lauf in einem Trägerrohr. Auch hier treten keine Wärmespannungen auf.

DIE SCHLOSSE

Die drei klassischen Selbstspannerschlosse, die wir auch bei den Flinten finden, werden zunehmend von Handspannerschlossen abgelöst. Daneben findet man sehr selten Schlosse mit außenliegenden Hähnen oder sogenannte Kronenschlosse. Die Qualität des Schlosses entscheidet letztendlich über die Zuverlässigkeit. Klassische Doppelbüchsen hatten früher entweder ein Anson & Deeley-Schloss (Kastenschloss, engl. Boxlock) oder Seitenschlosse (engl. Sidelock). Bei der Suche nach preiswerter Fertigung kam man auch auf Blitzschlosse, wie sie sehr einfache Doppelkugelwaffen aufweisen. Bei Blitzschlossen werden alle Schlossteile – Schlossstücke, Schlagfedern und Abzugsstangen – auf dem Abzugsblech montiert.

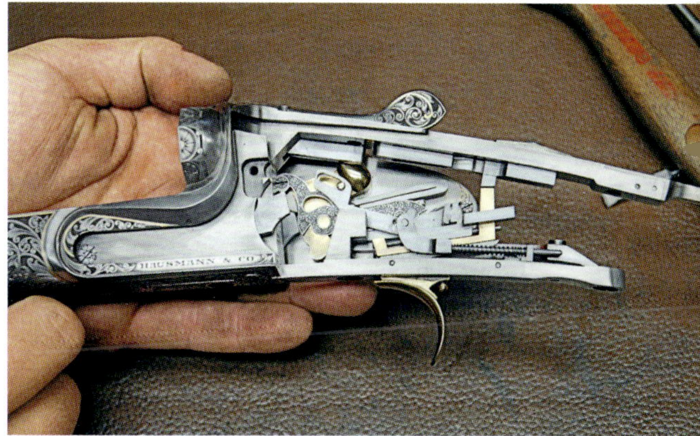

Aufwendiges Seitenschloss mit Fangstange

KASTENSCHLOSSE

Anson & Deeley-Schlosse sind sehr sichere Schlosse. Sie weisen niedrigere Abzugswiderstände als Blitzschlosse auf und sind bei guter Büchsenmacherarbeit äußerst zuverlässig und gut zu handhaben. Nähere Erklärung zur Schlosstechnik findet sich bei den Flintenschlossen. Die Schlosse für Doppelbüchsen sind identisch.

Westley Richards fertigt herausnehmbare Kastenschlosse, indem man den Baskülenboden abkippen kann. Einer Westley-Richards-Doppelbüchse lag dann meist ein Paar Reserveschlosse bei, sodass im Falle eines Defektes das Problem in wenigen Sekunden behoben war – bei einer Safari fernab der Zivilisation ein durchaus interessanter Aspekt.

Das Nimrod-Kastenschloss von Thieme und Schlegelmilch ordnet die Schlossteile so an, dass günstigere Hebelverhältnisse entstehen. Deshalb lassen sich die Abdrücke sehr fein einstellen (ca. 1,5 kg Widerstand). Bei dem Schloss sind Schlagstück und Stange an den Abzugsblechen befestigt und nur einseitig im Kasten gelagert, sodass es im eigentlichen Sinne kein Kastenschloss ist.

SEITENSCHLOSSE

Klassisch bei hochwertigen Doppelbüchsen ist das Seitenschloss nach Holland & Holland. Bei den rückstoßstarken Doppelbüchsen wird es auch gern aus Sicherheitsgründen benutzt, weil ein Doppeln hier zuverlässig verhindert werden kann. Bei ihm fängt eine zweite Stange bei nicht gezogenem Abzug ein

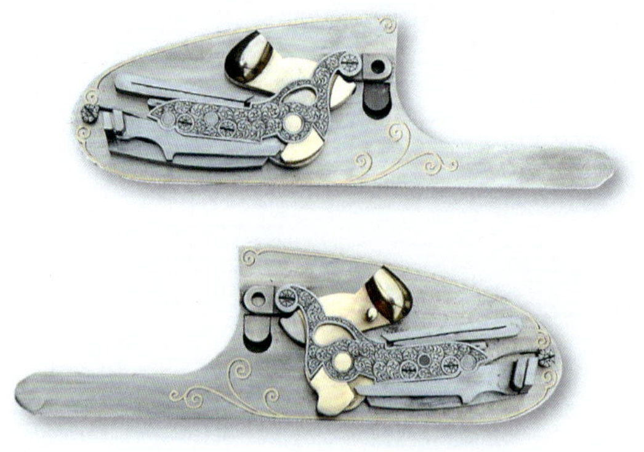

Klassische Seitenschlosse mit rückliegender Blattfeder und Fangstange

KRONENSCHLOSS

Das Fückertsche Kronenschloss ist ebenfalls ein Selbstspannerschloss, das beim Laufabkippen über Spannstangen gespannt wird. Die über dem Schlossblech liegenden Kronen lassen sich per Hand entspannen, aber genauso spannen. Kaum mehr werden Hahnschlosse mit weit vorstehenden Hähnen verwendet. Die Hähne müssen per Hand gespannt werden und haben eine Sicherheitsrast.

ungewollt abgeschlagenes Schlagstück ab und blockiert das Schloss (doppelte Fangstangen). Die Teile eines Seitenschlosses werden von der Studel (Abdeckplatte) gehalten und mit Stiften auf dem Schlossblech befestigt. Von außen sieht man deren Köpfe (Pins). Es gibt auch pinlose Seitenschlosse.
Eine Welle (Schlagstückwelle) zeigt außen sichtbar den Schlosszustand an. Bei hervorragender Arbeit kann man niedrige Abzugswiderstände (ca. 1,8 kg) verwirklichen.
Es gibt noch andere Seitenschlosse, wie das Suhler-Seitenschloss, eines von Heym (mit Schraubenfeder) oder auch das Nimrod-Seitenschloss.

HANDSPANNERSCHLOSSE

Dem heutigen Sicherheitsbedürfnis entsprechend werden heute viele Doppel-/Bockdoppelbüchsen mit Handspannerschlossen gefertigt. Diese Schlosse werden auf dem Abzugsblech montiert. Ungespannt kann kein Schuss ausgelöst werden. Gespannt werden die Schlosse per Spannschieber auf der Scheibe. Beim Nachladen erfolgt das Spannen bei etlichen Herstellern wie bei

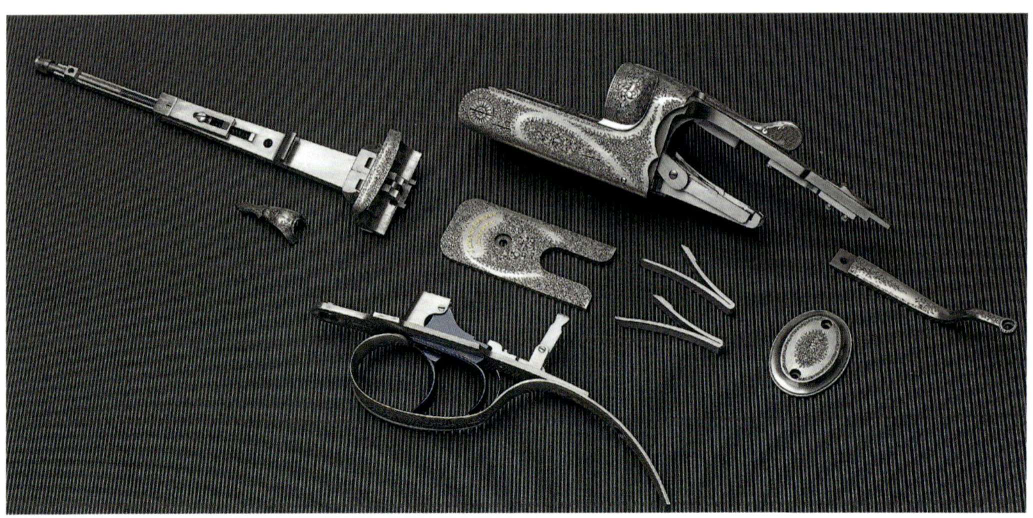

Blick ins Innere eines demontierten Kastenschlosses

Selbstspannern durch das Laufabkippen. Handspannerschlosse sind preiswert zu fertigen und ermöglichen niedrige Abzugswiderstände. Hinsichtlich Sicherheit sind sie der Idealfall. Zur Schussbereitschaft ist etwas mehr Zeit nötig als durch bloßes Entsichern einer Selbstspannerwaffe. Ein Grund, warum viele Berufsjäger in Afrika noch die Seitenschlosse oder Kastenschloss-Doppelbüchsen bevorzugen.

Krieghoff baut seine Doppelbüchsen mit Handspannerschlossen.

VERSCHLUSSSYSTEME

Findige Büchsenmacher haben im Laufe der Zeit unzählige Verschlusssysteme für Doppelbüchsen und andere Kipplaufwaffen entwickelt, von denen aber nur einige wenige wirkliche Verbreitung fanden.

DER LEFAUCHEUX-VERSCHLUSS

Eine Vielzahl von Verschlüssen bei Kipplaufwaffen gehen auf den Lefaucheux-Verschluss des Pariser Büchsenmachers Casimir Lefaucheux zurück, der bereits im Jahre 1832 entstand. Er war für alle weiteren Entwicklungen wegweisend.

Der Lefaucheux-Verschluss, auch als „Verschluss mit langem Schlüssel" bekannt, besteht im Wesentlichen aus der Basküle samt Gesenk und Scharnierbolzen, dem am Basküil angelenkten Vorderschaft und dem Laufbündel mit den Laufhaken. Lauf, Vorderschaft und Basküil bilden eine Einheit. Der Vorderschaft ist im Scharnierbolzen eingehängt und wird über den Haft mit einem Schuber befestigt, wodurch sich ein Scharnier bildet.

Im Gesenk der Basküle ist eine Nuss von oben eingesetzt, die unten mit einem Zapfen in den Schlüssel eingreift. Der Schlüssel ist unterhalb des Vorderschaftes angebracht. Im verriegelten Zustand greift die Nuss in den Laufhaken ein und verriegelt ihn so. Wird der Schlüssel nach außen geschwenkt, hebt das die Verriegelung auf und das Laufbündel kippt ab.

Der Lefaucheux-Verschluss war der erste gut funktionierende Kipplaufwaffenverschluss und fand große Verbreitung. Die ersten europäischen Hinterladedoppelbüchsen hatten fast ausschließlich einen Lefaucheux-Verschluss.

DER T-VERSCHLUSS

Beim englischen T-Verschluss handelt es sich um einen direkten Nachfolger des Lefaucheux-Verschlusses. Der Verschluss wird in der waffentechnischen Literatur auch Exzenter-Verschluss, Doppelgriff-Verschluss, Lancaster-Verschluss, Reibverschluss, Nuss-Verschluss oder „Verschluss mit kurzem Schlüssel" genannt. Er wurde im Jahre 1859 in England entwickelt und dort Double Grip Action genannt. Gegenüber dem Lefaucheux-Verschluss ist der Lancaster-Verschluss we-

T-VERSCHLUSS

Der T-Verschluss ist sehr sicher und wurde mit Vorliebe auch für die schweren Doppelbüchsen in den Elefantenkalibern 8-Bore oder 4-Bore benutzt. Er wurde noch gebaut, als es längst schon modernere Verschlüsse gab, denn er galt als extrem stabil und robust. Viele alte Doppelbüchsen haben diesen Verschluss und sind immer noch dicht.

T-Verschlüsse – hier an einer Flinte – werden auch in Doppelbüchsen verbaut.

Bockdoppelbüchse mit Blockverschluss nach Franz Jäger

sentlich stabiler und war dadurch besser für großkalibrige Doppelbüchsen geeignet.
Beim Ausschwenken des Verschlusshebels wird das Laufbündel so weit nach vorn geschoben, bis es abkippt. Die Abkippkräfte werden durch eine unten am Laufbündel vorstehende Nase aufgefangen. Beim Verriegeln wird diese Nase unter den Stoßboden in die Basküle eingeschoben. Durch den Verschlusshebel wird nur das Laufbündel nach vorn oder hinten bewegt. In der Basküle ist in Längsrichtung das Gesenk herausgearbeitet. Dort greifen die Laufhaken ein, die über eine T-förmige Ausfräsung verfügen. Beim Schließen tritt dort der Exzenter ein, der mit dem Verschlusshebel verbunden ist oder direkt aus dem Verschlusshebel herausgearbeitet sein kann.

RIEGELVERSCHLÜSSE

Bei dieser Verschlussart, auch Laufhaken-, Keil- oder Schieberverschluss genannt, erfolgt die Verriegelung direkt über den oder die Laufhaken. Im Basküł sitzt ein unter Federdruck stehender Riegel, der von hinten in die Laufhaken eingreift. Um den Riegel zu steuern, wurden verschiedene Systeme entwickelt, die sich durch die Position des Öffnungshebels unterscheiden. Beim Roux-Verschluss liegt ein Bügel als Drücker vor dem Abzugsbügel, beim Seitenhebelverschluss wurde der Öffnungshebel rechts oder links am System angebracht, oder ein Oberhebel liegt auf der Oberseite des Basküls. Heute sind fast nur noch Oberhebelverschlüsse gebräuchlich.
Bei Doppelkugelwaffen finden sich wie bei den Flinten hauptsächlich Greener-, Kersten-, Purdey- oder Flankenverschlüsse. Aufbau und Arbeitsweise ist identisch und die technischen Einzelheiten finden sich im Kapitel über die Flintenschlosse. Der einzige Unterschied ist die meist stärkere Dimensionierung der Verschlussteile. Durch den höheren Gasdruck der Büchsenpatronen gegenüber den Flintenpatronen müssen die Verschlüsse hier massiver ausfallen.

BLOCKVERSCHLÜSSE

Büchsen mit Blockverschluss sind extrem stabil, erheblich kürzer als Repetierbüchsen und die Patronenlänge spielt bei diesem System keine Rolle. Das bekannteste Serienmodell ist bei den einläufigen Waffen wohl die Ruger No. 1, bei den mehrläufigen der Blaser-Bergstutzen S2. Aber auch Merkel oder Scheiring stzen Blockverschlüsse ein.
Es lag nahe, auch Blockbüchsen mit zwei Läufen zu bauen und so eine extrem stabile und kurz bauende Doppelbüchse zu erhalten.
Diese Idee wurde von dem heute in Kanada lebenden deutschen Büchsenmacher Martin Hagn und früher auch schon von dem Österreicher Kalezky verwirklicht. Von Kalezky gibt es noch einige sehr gut erhaltene Stücke

weltweit, Martin Hagn baut seine Blockbüchsen mit einem oder zwei Läufen heute noch. Eine Zeitlang in Vergessenheit geraten war der Blockverschluss nach Franz Jäger. Heute ist er aber wieder an modernen Waffen zu finden.

Einabzug mit Rückstoßumschaltung. Hier wird der Abzug nur durch den Rückstoß des ersten Schusses auf das zweite Schloss geschaltet. Bei einem Patronenversager problematisch

DER ABZUG

Eine gerade bei Doppelbüchsen immer wieder viel diskutierte Frage ist die Auslegung des Abzuges. Hier kommt es auch etwas auf den Einsatzzweck der Waffe an.
Bei einer Großwildbüchse wäre ein Einabzug ein Sicherheitsproblem, denn wenn der Abzug defekt ist, können beide Läufe nicht benutzt werden. Beim Doppelabzug ist dagegen für jeden Lauf ein eigener Abzug vorhanden. Unbestritten ist aber, dass der Einabzug einen Tick schneller ist und auch einen Handgriff weniger bedeutet. Bei einer Drückjagdbüchse für europäische Verhältnisse ist daher der Einabzug die weitaus häufiger anzutreffende Abzugseinrichtung, bei einer Doppelbüchse für die Jagd auf wehrhaftes Wild aber eben ein Sicherheitsrisiko.

EINABZUG AUF RÜCKSTOSSBASIS

Es gibt aber zwei Möglichkeiten, einen Einabzug zu konstruieren. Sie beziehen sich auf die Art der Umschaltung auf den zweiten Lauf bzw. das zweite Schloss. Bei der ersten Bauweise geschieht die Umschaltung durch den Rückstoß des ersten Schusses, indem ein Schwinggewicht den Abzugsstollen unter die Abzugsstange des zweiten Schlosses drückt. Diese Rückstoßumschaltung ist heute sehr häufig zu finden und funktioniert auch problemlos. Sie setzt aber voraus, dass der erste Schuss abgefeuert wird, denn ohne Rückstoß schaltet der Abzug nicht um (s. auch S. 20). Die meisten auf Rückstoßbasis funktionierenden Einabzüge sind allerdings so konstruiert, dass sie umschalten, wenn nach dem ersten Abziehen ohne Schussauslösung die Waffe gesichert und wieder entsichert wird. Dies ist auch notwendig, um die Schlosse mit Pufferpatronen entspannen zu können.

MECHANISCHER EINABZUG

Die zweite Bauweise ist rein mechanisch und nur vom Auslösen des ersten Schlosses abhängig. Beim mechanischen Einabzug drückt eine Feder den Stollen zum zweiten Schloss,

BLOCKVERSCHLUSS SYSTEM JÄGER

Der Jägersche Vertikalblock-Verschluss ist wohl der stabilste Verschluss für Kipplaufwaffen überhaupt. Bei diesem Verschluss wird das hintere Laufende mit einem Block verschlossen, der die Rückstoßkräfte aufnimmt, ohne den Verschlusskasten direkt zu belasten. Dieser Verschluss wird heute im Grundprinzip von etlichen Waffenherstellern weiter gebaut. Der Verschlusskasten wird bei diesem Verschluss vollkommen entlastet, indem sich beim Schließen des Gewehres ein den Stoßboden erset zender Block mit vertikalen Anzugsflächen in ringförmige Aussparungen der Läufe schiebt. Laufhaken im eigentlichen Sinne sind hier nicht mehr notwendig. Die Läufe werden zwar in ein Hakenstück eingelegt, doch ein Keileintritt ist nicht vorhanden. Die Haken, eigentlich nur Lappen, werden lediglich für die Scharnierfunktion benötigt. Da keine Kräfte auf den Kastenboden übertragen werden, genügt ein einfacher Hebel, der das Laufbündel im geschlossenen Zustand hält.

wenn das erste Schloss ausgelöst wurde. Ob das erste Schloss eine Patrone gezündet hat, spielt dabei keine Rolle. Der mechanische Einabzug ist daher bei einer Doppelbüchse immer vorzuziehen, denn bei einem Patronenversager im ersten Lauf kann sofort durch nochmaliges Durchziehen des Abzuges der zweite Lauf abgefeuert werden. Bei einem Rückstoß gesteuerten Einabzug schaltet der Abzug nicht um, wenn die erste Patrone nicht losgeht.

DOPPELABZUG

Auf einen Stecher sollte bei einer Doppelbüchse besser verzichtet werden. Für die Distanzen, auf die eine Doppelbüchse in der Regel eingesetzt wird, ist eine Reduzierung des Abzugsgewichtes auf wenige Gramm kaum sinnvoll. Vor dem zweiten Schuss wäre die Bedienung des Stechers dazu zeitlich kaum möglich und der Schütze würde mit zwei unterschiedlichen Abzugsgewichten schießen.

Wird eine Doppelbüchse im starken Kaliber mit Doppelabzug geführt, so sollte der vordere Abzug unbedingt ein Rückgelenk haben (vgl. S. 19). Das Rückgelenk ermöglicht dem Abzug, nach vorn auszuweichen, wenn der Schütze den hinteren Abzug auslöst und durch den Rückstoß der Abzugsfinger gegen den vorderen Abzug knallt. Es ist nicht viel Platz zwischen den beiden Abzügen und bei starken Kalibern bleibt ein Kontakt mit dem vorderen Abzug kaum aus. Steht der vordere Abzug jetzt fest und kann nicht nach vorn ausweichen, ist das sehr schmerzhaft.

Der Doppelabzug ist die klassische Bauweise, die aus Sicherheitsgründen bei Großwildbüchsen vorzuziehen ist.

DIE SICHERUNG

Sicherungen an Doppelbüchsen können sowohl nur auf den Abzug als auch auf die Abzugsstangen oder gar auf die Schlagstücke wirken. Am häufigsten vertreten ist eine Schiebesicherung auf der Scheibe. Dieser griffgünstig gelegene Sicherungsschieber hat den großen Vorteil, dass extrem schnell entsichert werden kann. Der Widerstand ist gering und der Daumen zur Entsicherung liegt in unmittelbarer Nähe. Ein Umgreifen ist nicht erforderlich. Das hat vor allem Vorteile bei der Großwildjagd und bei Bewegungsjagden, wo es schon öfter vorkommt, dass schnell entsichert werden muss.

ABZUGS- UND ABZUGSSTANGEN-SICHERUNG

Am häufigsten vertreten ist sicherlich die Abzugssicherung. Bei dieser Sicherung blockiert das Sicherungsgestänge die Abzüge, sodass sich diese nicht bewegen lassen. Man findet diese Sicherung sehr häufig bei Blitz- und Seitenschlossen. Der Nachteil besteht darin, dass bei starker Erschütterung, Rastabnutzung oder zu leicht eingestellten Abzugswiderständen (geringer Rasteingriff) das Schlagstück aus der Rast springen kann und sich ein Schuss löst. Auch bei Abzugsstangenbruch nützt diese Sicherung nichts.

Etwas sicherer sind da Sicherungen, die die Abzugsstange blockieren. Gleichzeitig wird dadurch auch der Abzug festgelegt. Bei sicherer Rast des Schlagstücks wird dieses durch die blockierte Abzugsstange sicher festgehalten. Bei Stangenbruch ist die Sicherung allerdings wirkungslos. Namhafte Hersteller rüsten heute ihre Doppelkugelwaffen mit Stangen- oder Abzugs- und Stangensicherung aus.

SCHLAGSTÜCKSICHERUNG

Zweifelsohne ist eine Schlagstücksicherung auch die zuverlässigste Art, eine Doppelbüchse zu sichern. Bei der Schlagstücksicherung werden die Schlagstücke so vom Sicherungsgestänge blockiert, dass sie sich nicht nach vorne bewegen können. Bei Stangenbruch bleibt die Waffe sicher. Als Sonderform der Sicherung kann die seltene Schlagfeder-Sicherung angesehen werden.

FANGSTANGENSICHERUNG

Viele Doppelbüchsen sind mit einer zusätzlichen Fangstangensicherung ausgestattet, die ein Doppeln der Büchse verhindern soll. Bei dieser Art von Sicherung hat das Schloss zwei Abzugsstangen. Die zweite, die sogenannte Fangstange, hat die Aufgaben, bei Bruch oder Ausspringen der Abzugsstange das Schlagstück festzuhalten. Bei Betätigung des Abzugs tritt die Fangstange etwas früher aus der Rast des Schlagstücks als die eigentliche Abzugsstange. Üblich sind Fangstangen bei Seitenschlossen (s. S. 73).
Neben den manuell zu bedienenden Sicherungen existieren auch sogenannte automatische Sicherungen, die beim Abkippen der Läufe automatisch sichern. Das bedeutet, dass

Die Sicherung an der Heym-Doppelbüchse wirkt auf die Abzugsstangen.

nach dem Nachladen stets wieder entsichert werden muss. Das gibt zusätzliche Sicherheit, kostet aber auch Zeit, wenn ein schneller Folgeschuss notwendig ist.

DIE VISIERUNG

Doppelbüchsen der höheren Preisklasse sind überwiegend mit kurzen, aufgelöteten oder aus dem vollen Laufmaterial herausgearbeiteten Visierschienen bestückt, in die dann seitlich mittels einer Schwalbenschwanzausführung die Kimme eingeschoben wird.
Oft werden sogenannte „Express-Visierungen“ verwendet, die über ein feststehendes und mehrere umklappbare Kimmenblätter verfügen. Damit soll eine schnelle Anpassung

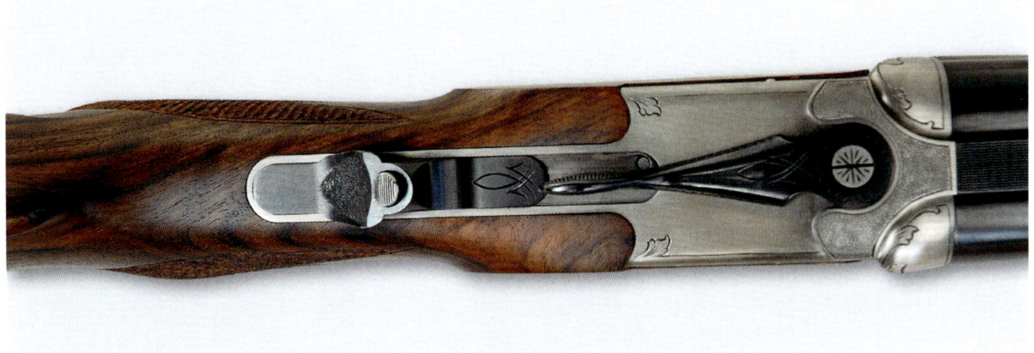

Heym-Doppelbüchse mit Handspannung. Sie ist auch an Doppelbüchsen die sicherste Sicherungsart.

ZUSATZKIMMEN ÜBERFLÜSSIG

In der Praxis werden die zusätzlichen Visierklappen der sogenannten Expressvisierungen so gut wie nie gebraucht. Die erste Kimme, die auf 50 m Fleckschuss oder leichten Hochschuss aufweisen sollte, reicht nämlich für alle Situationen aus. Den Verfassern ist kein Fall bekannt, in dem die 200-m- oder 300-m-Klappe benutzt wurde.

an die stark gekrümmte Flugbahn der meist schweren Kaliber bei zunehmender Entfernung ermöglicht werden.

KIMME UND KORN

Die Form der Kimme ist weitgehend Geschmackssache – wichtig ist nur, dass der Kimmenausschnitt nicht zu fein ausfällt. Die klassische Visierung auf alten Großwildwaffen besteht zumeist aus Schmetterlingskimme und Silberperlkorn – eine für den schnellen Schuss auf kurze Entfernung ausgelegte Variante. Die schräg aufwärts gestellten Lappen verdecken allerdings viel vom Ziel.
Besser ist ein grober, rechteckiger Kimmenausschnitt mit Balkenkorn oder eine U-Kimme mit Perlkorn. Um die groben Kimmen auch für einen präziseren Schuss einsetzen zu können – schließlich befindet sich das Wild ja nicht ständig in Bewegung, sondern steht auch einmal still und gibt dem Jäger Zeit zum Zielen –, wird oft ein Mittelstrich aus Silber angebracht oder ein helles Dreieck, dessen Spitze am unteren Mittelpunkt des Kimmenausschnitts steht. Lässt man das Korn auf dem Mittelstrich oder der Spitze des Dreiecks aufsitzen, ist ein gezielter Schuss möglich.
Das Korn darf nicht zu klein ausfallen und sollte möglichst in den Kornträger eingeschoben oder eingeschraubt sein. Ein verschlagenes Korn kann so schnell und problemlos ausgewechselt werden. Eine praktische Sache ist das Klappkorn, wobei ein helles, größeres Dämmerungskorn mittels eines federbelasteten Scharniers vor dem normalen Korn hochgeklappt wird. Im eingefahrenen Zustand verschwindet das Dämmerungskorn in einer Ausfräsung des Kornträgers und stört das Zielbild des feineren Normalkorns nicht. Damit ist es möglich, das Korn den gerade herrschenden Lichtverhältnissen anzupassen.

MODERNE FLUCHTVISIERE

Moderne Fluchtvisierungen, die sehr schnell ins Ziel gelangen lassen und nur wenig davon

Klassisches Expressvisier einer Großwild-Doppelbüchse

Schmetterlingsvisier mit durchbrochenen Lappen

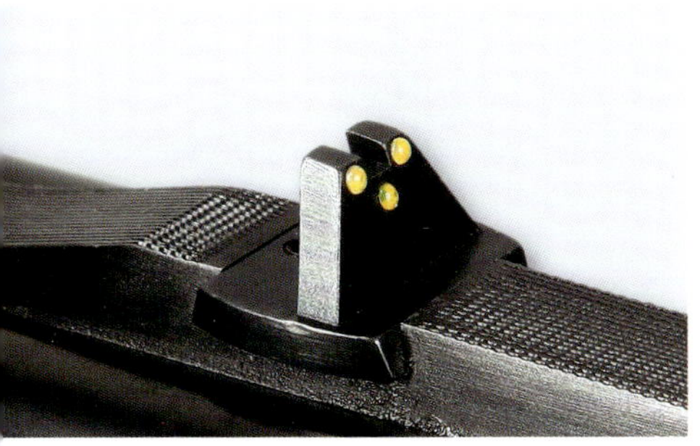

Modernes 3-Dot-Drückjagdvisier in Form eines Hausdaches

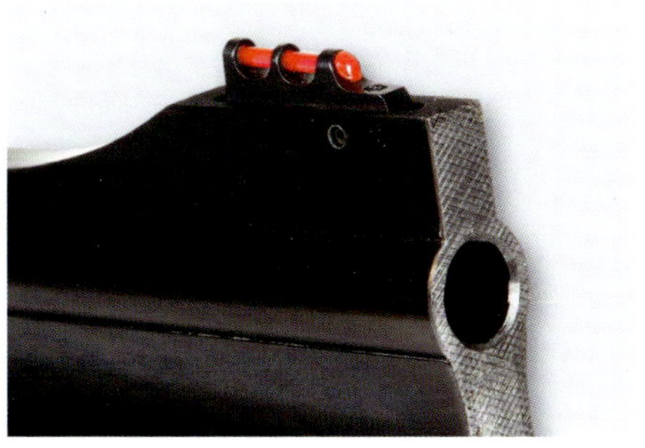

Kontrastreiches, rotes Leuchtkorn

verdecken, haben in etwa die Form eines abgeflachten Hausdachs – also keine störende Seitenflächen, die in das Zielbild hereinragen. Ebenfalls sehr praxisgerecht ist das Fluchtvisier der Doppelbüchse Classic von Krieghoff. Das Krieghoff-Fluchtvisier hat zwar die alte Schmetterlingsform, doch sind deren großen Ohren hier durchbrochen, sodass nur ein schmaler Rahmen stehen bleibt. Der Schütze kann somit durch das Visier hindurchsehen und das Ziel wird nicht verdeckt. Ein in das Visier eingelassener, roter Kunststoffstab bündelt das Licht und sorgt in Verbindung mit dem ebenfalls roten Leuchtkorn für ein kontrastreiches Zielbild.

DER DOPPELBÜCHSEN-SCHAFT

Doppelbüchsen sind Waffen für den schnellen, oft auch flüchtigen Kugelschuss. Da muss der Schaft zum Schützen passen, damit ein flüssiges In-Anschlag-Gehen gewährleistet wird. Aber nicht nur das. Der Hinterschaft ist auch mitverantwortlich für Balance, Waffengewicht und subjektiv spürbares Rückstoßverhalten. Auch bei der Doppelbüchse gilt: „Mit dem Schaft wird getroffen!" Vor allem muss wieder die Schaftlänge zum Schützen passen und die Senkung des Schafts zur Visierung.
Doppelbüchsen kennen wir von leichten Waffen für die Rehwildjagd – es gibt sie sogar in Randfeuerkalibern – über die üblichen Doppelbüchsen für die heimische Hochwildjagd und für Drückjagden bis hin zu Großwildbüchsen in starken Nitro-Express-Kalibern für die Großwildjagd in Afrika.

DEM KALIBER ANGEPASST

Damit der Schwerpunkt einer Doppelbüchse zwischen den Händen liegt, ist eine ausgezeichnete Balance erforderlich. Das Waffengewicht muss unbedingt der „Stärke" des Kalibers angepasst sein. Nur dann lassen sich diese Waffen perfekt handhaben sowie schnell – auch beim zweiten Schuss – und treffsicher schießen. In erster Linie wird zwar das Gewicht über die Laufkontur bestimmt, doch kommt dem Schaft dabei eine nicht unwesentliche Bedeutung zu. Schäfte an Doppelbüchsen in 8 × 57 IRS und .500 N. E. müssen sich erheblich voneinander unterscheiden. Der Hinterschaft an einer Waffe des Kalibers .500 N. E. muss viel volumiger und schwerer als der einer 8 × 57 IRS sein. Auch die Breite und damit Anliegefläche der Schaftkappe sollte größer sein.

PISTOLENGRIFF

Üblicherweise sind auch die Hinterschäfte von Doppelbüchsen gleich denen von Repetierern mit einem Pistolengriff ausgestattet. Er soll griffig sein und den Handhohlraum durch eine leichte Wölbung gut ausfüllen (Wundhammer-Pistolengriff, s. S. 49). Je stärker das Kaliber ist, desto flacher muss die Form ausfallen. Bei starken Kalibern muss

Hinterschaft einer Bockdoppelbüchse mit Pistolengriff und Gummischaftkappe

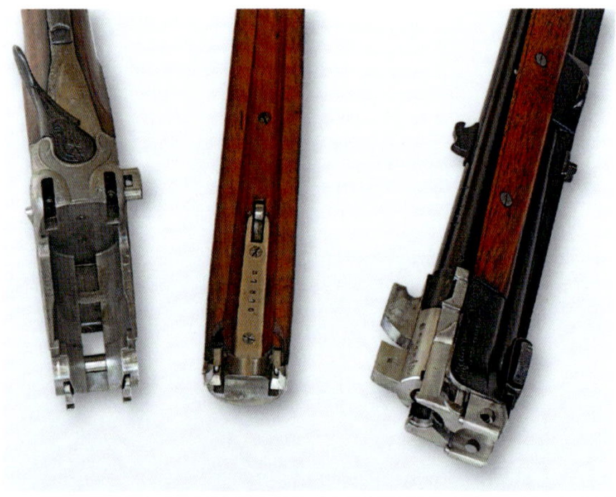

Zerlegte Bockdoppelbüchse mit Kerstenverschluss. Im Eisenvorderschaft (M.) sitzen die Ejektorschlosse.

Griffiger Vorderschaft an einer Doppelbüchse mit Handspannung

GERADE BESSER ALS SCHWEINSRÜCKEN

Während gerade Schaftrücken bei starken Kalibern Vorteile bringen, sind bei Schäften mit leichtem Schweinsrücken keine Vorteile zu erkennen – der Schweinsrücken dient an Doppelbüchsen wohl eher dem Schönheitsempfinden.

der Pistolengriff auch weit nach hinten verlaufen. Nur dann wird ein Fingerprellen am Abzugsbügel verhindert.
In schwächeren und mittelstarken Kalibern bis hin zur 9,3 × 74 R kann er ruhig etwas steiler ausfallen. Über die Handlage am Pistolengriff wird der Abstand zu den Abzügen bestimmt.

SCHAFTFORM UND -BACKEN

Ideal ist an Doppelbüchsen ein gerader Schaftrücken, dessen Höhe auf die meistbenutzte Visierung – z. B. ein Drückjagdzielfernrohr – abgestimmt ist. Beim schnellen In-Anschlag-Gehen muss insbesondere bei der Doppelbüchse sofort der Blick korrekt „durch die Visierung“ fallen. Üblich sind an Doppelbüchsen lange Monte-Carlo-Backen mit oder ohne Falz sowie die Deutsche Backe. Eine Bayerische Backe passt nicht zu Doppelbüchsen: Sie stellt nach Ansicht der Verfasser einen Stilbruch dar.
Im Hinterschaft kann man einen Rückstoßminderer installieren.

VORDERSCHAFT

Der Vorderschaft von Doppelbüchsen ist wie der von Flinten mittels Schnäpper oder Drücker abnehmbar. Auch er beinhaltet den Eisenvorderschaft, der zur Abstützung an der Basküle dient und die Lager der Spannstangen sowie gegebenenfalls Ejektorschlosse enthält. Der Eisenvorderschaft beinhaltet auch den Befestigungsmechanismus zum Halt am Laufbündel.

Ganz wichtig ist ein spannungsfreier Sitz des Vorderschaftes. Auch der Vorderschaft von Doppelbüchsen soll griffig sein. Anders als bei Repetierern ist er üblicherweise unterseits eher flach als rund. Die Seiten können ruhig bis zur halben Höhe des Laufes reichen. Biberschwanzvorderschäfte mit übertrieben hochgezogenen Flanken sind an Doppelbüchsen unnötig.

Der Vorderschaft muss gut gefasst und gehalten werden. Meist schließt er vorne mit einer schlichten Rundung ab, aber auch an Doppelbüchsen sind Tropfnasen nicht unüblich.

Die Fischhaut an Vorderschaft und Pistolengriff sollte mittelfein sein – übertrieben fein und spitz ist an einer Gebrauchswaffe nicht nötig.

Das Nussbaumholz für den Schaft gibt es auch für Doppelbüchsen in unterschiedlichen Qualitätsstufen bis hin zum hochwertigen Wurzelmaserholz. Bei starkkalibrigen Waffen muss die Maserung im Pistolengriff- und Baskülenbereich gerade verlaufen, um Schaftbrüche und -risse zu verhindern.

Das Nussbaumholz wird auch hier sehr glatt geschliffen und wetterfest geölt – entweder im eher matten, mitteleuropäischen Finish

Pistolengriffkäppchen haben nur optische Bedeutung. Hier eine Ausführung aus Stahl

oder spiegelnd glatt im englischen Finish. Lackierte Nussbaumschäfte oder gar Kunststoffschäfte (Kohlefaserschäfte) findet man an Doppelbüchsen kaum.

DIE GARNITUR

Zur Garnitur einer Doppelbüchse gehören die Schaftkappe, das Pistolengriffkäppchen, der Vorderschaftabschluss sowie der Abzugsbügel. Während Pistolengriffkäppchen und Vorderschaftabschluss, die gern aus Edelholz oder Horn gefertigt werden, nur optische Bedeutung haben, sind Schaftkappe, Abzugsbügel und Riemenbügel erheblich wichtiger.

Geteilte Vorderschäfte an Bockdoppelbüchsen ermöglichen einen Laufbündelwechsel und die Umrüstung zum Bergstutzen oder zur Bockbüchsflinte.

Eine Gummischaftkappe dämpft und erlaubt das rutschfeste Abstellen der Waffe.

Eine belederte Gummikappe ist für Doppelbüchsen, aber auch andere Waffen optimal.

Abnehmbare Riemenbügel sind praktisch.

SCHAFTKAPPE

Die Schaftkappe hat mehrere Aufgaben, die vom Verwendungszweck der Waffe, dem Kaliber und den Gewohnheiten des Schützen abhängen. Hauptaufgaben der Schaftkappe sind die Dämpfung des Rückstoßes und die weiche Anlage an die Schulter des Schützen. Wird eine Doppelbüchse – wohl eher der Ausnahmefall – nur für den präzisen, gezielten Schuss eingesetzt, ist die Wahl des Schaftabschlusses ziemlich einfach: Eine Gummikappe ist hier optimal. Der zweite große Vorteil einer Gummischaftkappe liegt darin, dass die Waffe rutschsicher abgestellt werden kann.

Dient die Waffe allerdings, wie typischerweise die Doppelbüchse, auch dem schnellen Schuss, verkehren sich die Vorteile der weichen Gummikappe genau ins Gegenteil.

Hier wird eine glatte, rutschige Schaftkappe gebraucht, damit der Schütze beim schnellen Anschlag nicht an der Kleidung hängen bleibt. Hornkappen sind hier brauchbar, bieten aber keine Dämpfung.

Die beste Lösung ist gerade auch bei Doppelbüchsen die sogenannte Belederung – die Gummikappe erhält also einen Überzug aus glattem, sehr dünnem Leder. Praktisch sind schnell wechselbare Schaftkappen unterschiedlicher Dicke, deren Montage eine Veränderung der Schaftlänge ermöglicht. Wenn im Winter in dicker Kleidung gejagt wird, kann durch die Montage einer dünnen Kappe die Schaftlänge entsprechend verkürzt werden.

ABNEHMBARE RIEMENBÜGEL

Ausgesprochen praktisch sind abnehmbare Riemenbügel. Sie erlauben, den Tragegurt mit wenigen Handgriffen zu entfernen. Hier gibt es Schnellwechselsysteme, bei denen auch die vorhandenen Riemenbügel abgenommen werden, sodass nur die Basen an der Waffe verbleiben. In den Ösen der Basen greifen dann die Wechselsysteme ein.

ABZUGS- UND RIEMENBÜGEL

Der Abzugsbügel muss groß genug sein, um auch Raum für die Bedienung mit Handschuhen zu bieten. Gerade bei einer Doppelbüchse mit zwei Abzügen ist auf einen großzügig bemessenen Abzugsbügel zu achten. Riemenbügel dürfen nicht klappern. Wichtig ist, dass der Abstand des vorderen Bügels zur Laufmündung nicht zu groß ausfällt, denn dann lässt sich die Waffe nicht bequem auf der Schulter tragen.

KIPPLAUFBÜCHSEN

Kipplaufbüchsen sind einläufige, leichte Ansitz- und Pirschbüchsen, die bevorzugt zur Schalenwildjagd geführt werden. Dank ihrer Führigkeit und des geringen Gewichts sind sie ideal für schwieriges Gelände wie das Gebirge und lassen sich sogar zerlegt im Rucksack mitführen.

In schwachen Kalibern setzt man Kipplaufbüchsen auch zur Fuchsjagd ein. Raufußhühner oder Rabenvögel lassen sich damit ebenfalls erlegen. Kipplaufbüchsen haben also einen anderen Einsatzbereich als Bock- und Bockdoppelbüchsen.

Die Schussleistung von Kipplaufbüchsen kann außerordentlich hoch sein. Man muss sie allerdings stets gleichmäßig in die Schulter ziehen und gut festhalten. Einige Schützen tun sich schwer, mit leichten Kipplaufbüchsen stets präzise zu schießen.

Diese Waffen werden für alle Arten von Kalibern eingerichtet, bestgeeignet sind aber Randkaliber.

Das ideale Schloss an einer Kipplaufbüchse ist ein Handspannerschloss. Kippblockverschlüsse verkraften starken Gasdruck problemlos.

Kipplaufbüchsen sind ideale Waffen für Einzelabschüsse von etwa Rehbock, Gams oder Hirsch. Sie lassen sich aber auch erstaunlich schnell– und vor allem geräuscharm – nachladen, sodass auch Doubletten möglich sind.

Leichte Kipplaufbüchsen sind beliebt für Ansitzjagd und Pirsch auf Schalenwild.

LAUF

Der Lauf sitzt in der Regel in einem Monoblock oder auf einer Halbschale. Monoblock oder Halbschale beinhalten die Verschlusselemente wie Laufhaken – nur selten bestehen Lauf und Laufhaken aus einem Stück –, die Lappen des Kerstenverschlusses oder ein

Kipplaufbüchse mit Zielfernrohrmontage auf dem Monoblock

ZIELFERNROHRE AUF DEM LAUF

Zielfernrohre werden bei Kipplaufbüchsen in der Regel auf den Lauf montiert, klassisch mit einer Suhler Einhakmontage oder – heute eher üblich – mit einer Schwenkmontage. Dazu werden die Fußplatten der Montagen auf den Lauf geklebt oder gelötet. Verschiedene Hersteller wie Merkel oder Blaser rüsten ihre Kipplaufbüchsen auch für hauseigene Montagen vor.

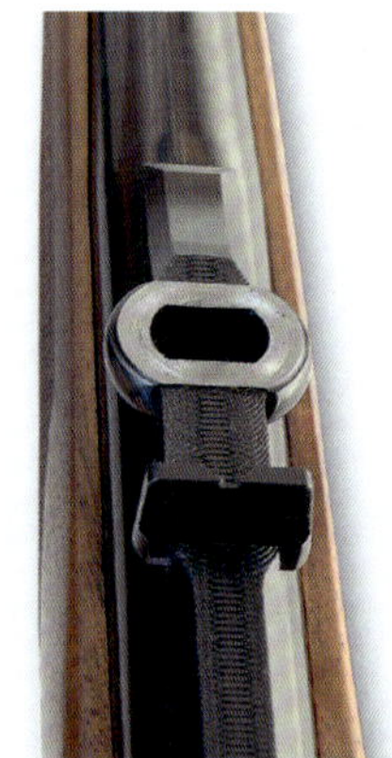

Rechteckkimme auf der Visierschiene

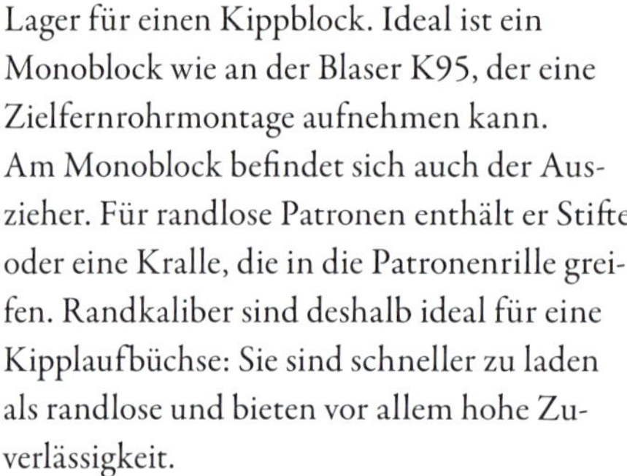

Lager für einen Kippblock. Ideal ist ein Monoblock wie an der Blaser K95, der eine Zielfernrohrmontage aufnehmen kann.
Am Monoblock befindet sich auch der Auszieher. Für randlose Patronen enthält er Stifte oder eine Kralle, die in die Patronenrille greifen. Randkaliber sind deshalb ideal für eine Kipplaufbüchse: Sie sind schneller zu laden als randlose und bieten vor allem hohe Zuverlässigkeit.

VISIERUNG

Oft findet man aufgelötete bzw. -geklebte Drittel- oder Viertelvisierschienen auf dem Lauf von Kipplaufbüchsen. Solche Schienen können Ursache für eine nur mäßige Schussleistung sein. Selten ist die Schiene integraler Bestandteil des Laufes.
Eine offene Visierung auf Sätteln für den präzisen Schuss ist an Kipplaufbüchsen üblich – eine Rechteckkimme im Schwalbenschwanz etwa und ein höhenverstellbares Korn. Gebräuchlich sind auch Kimmen in Schmetterlingsform und solche mit weißem Mittelstrich. Ein Buntmetall- oder weiß hinterlegtes Balkenkorn ist ebenso geeignet wie ein Neusilber- oder ein weißes oder rotes Kunststoffperlkorn. Wichtig ist, dass der Kimmenausschnitt zum Korn passt und genug Licht zwischen Korn und Kimme steht.
Neben birnenförmigen, runden Jagdläufen von 50 bis 66 cm Länge findet man an Kipplaufbüchsen auch häufig Achtkantläufe (Octagonläufe). Mit beiden ist eine exzellente Schussleistung erzielbar.
Die Läufe von Kipplaufbüchsen werden heute eher im Kalthämmerverfahren hergestellt als herkömmlich gezogen. Die Mündung wird selten zurückversetzt.

Buntmetallhinterlegtes Rundkorn

SCHLOSSE

An Kipplaufbüchsen kommen dieselben Schlosse wie an Doppelbüchsen oder Drillingen zum Einsatz, aber eben nur ein Schloss. Seiten- und Blitzschlosse überwiegen, seltener sind Kerstenschlosse.
Neben dem üblichen Holland & Holland-Seitenschloss gibt es an manchen handgefertigten Kipplaufbüchsen auch Hahnschlosse, die ja ebenfalls Seitenschlosse sind, aber mit

Etwas Besonderes: eine handgefertigte Kipplaufbüchse mit Hahnschlossen

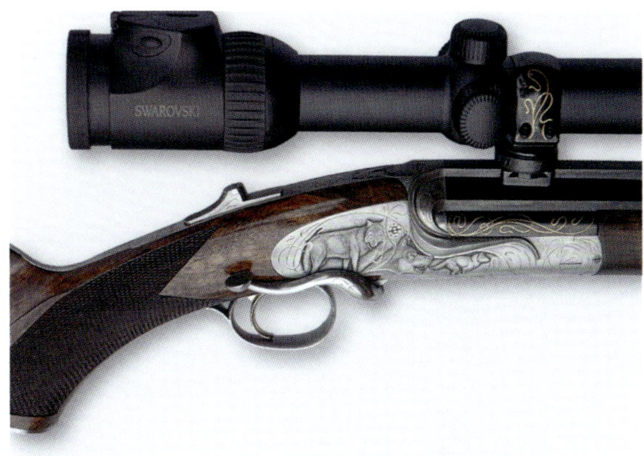

Sidelever-Kipplaufbüchse: Der Öffnungshebel liegt seitlich an der Waffe.

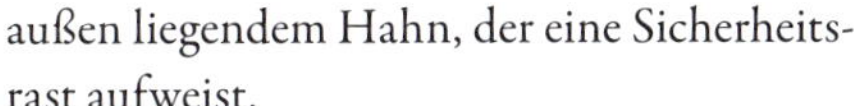

außen liegendem Hahn, der eine Sicherheitsrast aufweist.

Weit verbreitet sind heute auch bei Kipplaufbüchsen Handspannerschlosse mit Spannschieber auf der Scheibe. Sie bieten ein Maximum an Sicherheit. Obwohl er sich in der Praxis nicht bewährt hat, wird ein Selbstspannmechanismus für Folgeschüsse bei Handspannerschlossen auch für diese Waffen angeboten.

VERSCHLUSS/BASKÜLE

Die Verschlussarten sind ebenfalls mit denen der Doppelbüchse identisch. In der Regel kommt ein Laufhaken- oder doppelter Laufhakenverschluss zum Einsatz, selten ein Kerstenverschluss. Er hat nämlich den Nachteil, dass wegen der seitlichen Lappen die Patrone/Hülse schlecht zu greifen ist.

Der weitaus beste Verschluss ist ein Kippblockverschluss nach Jäger, der bei den Doppelbüchsen bereits erklärt wurde. Idealerweise sollte der Kippblock herausnehmbar sein, weil das die Reinigung erleichtert. Moderne Kipplaufbüchsen, etwa von Blaser oder Merkel, haben diesen Verschluss.

Kipplaufbüchsen können mit Leichtmetall- oder Stahlbaskülen ausgestattet sein. Eher eckige Kastenformen gibt es genauso wie Round Bodys.

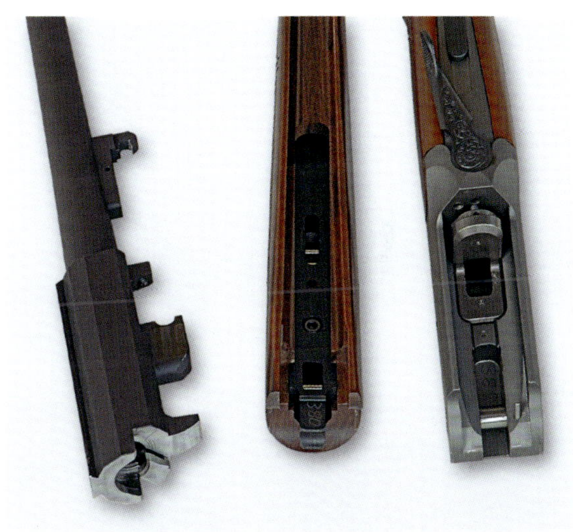

Zerlegte Kipplaufbüchse mit Kippblockverschluss

SIDE- UND UNDERLEVER

In der Regel liegt der Öffnungshebel bei Kipplaufbüchsen auf der Basküle über der Scheibe. Es gibt aber auch Sidelever-Modelle, deren Öffnungshebel also seitlich am Schaft angebracht ist. Das erlaubt vor allem im liegenden Anschlag eine bequeme Bedienung. Auch Underlever, also Öffnungshebel über dem Abzugsbügel, sind bei individuell gefertigten Customwaffen verbreitet. Gerade bei der Kipplaufbüchse ist die Custombüchse, also die Einzelanfertigung nach genauen Vorgaben des Käufers, eher die Regel als die Ausnahme.

ABZUG

Ideal ist ein trocken stehender Feinabzug mit einem Abzugswiderstand zwischen 400 und 600 g. Er bietet hohe Sicherheit und ermöglicht sehr präzises Schießen.
Merkel bietet einen Feinabzug mit leicht verstellbaren Widerständen an.
Seltener findet man einen Deutschen Stecher an Kipplaufbüchsen, eher schon einen Rückstecher. Stecher sind ebenfalls ideal, da man mit Kipplaufbüchsen nur ruhige, hochpräzise Schüsse, oft auf weite Entfernung, abgibt. Da kommt es auf einen guten Abzug mit niedrigem Abzugswiderstand an.

SICHERUNG

Auch Kipplaufbüchsen werden mit Handspannung – der besten Sicherungsart – angeboten.

Feinabzug an der Kipplaufbüchse Blaser K95

Die Abzugssicherung ist zu einfach und an einer Kipplaufbüchse abzulehnen. Wesentlich besser ist da schon die Stangensicherung, die die Abzugsstange festlegt. Ideal an Selbstspannerschlossen, aber teils auch aufwendig zu fertigen, ist die Schlagstücksicherung. Sie blockiert das Schlagstück und ist die weitaus beste Sicherung für Selbstspannerschlosse.

SCHAFT MIT GARNITUR

Üblich bei Kipplaufbüchsen ist eine Schaftgestaltung wie beim Drilling. Der Hinterschaft hat meist einen Pistolengriff – möglichst etwas steiler ausgelegt –, einen Schweinsrücken und eine Bayerische Backe mit oder ohne Falze. Abschließen sollte er mit einer Gummischaftkappe.
Der Pistolengriff kann ein Käppchen aus Kunststoff oder Stahl tragen. Eine Riemenbügelöse – evtl. inletted – befindet sich am Hinterschaft. Der Vorderschaft ist auch an Kipplaufbüchsen mittels Schnäpper abnehmbar. Sein Eisenvorderschaft stützt sich in der Regel an der Basküle ab. Da hierbei Spannungen auftreten können – oft Ursache einer mangelnden Schussleistung –, haben Firmen wie Blaser bei modernen Kipplaufbüchsen eine andere Vorderschaftabstützung gefunden. Bei der Blaser K95 greift wie bei den D99-Drillingen ein Zapfen am Monoblock in eine Aussparung im Eisenvorderschaft. Die exakte

Krieghoff Hubertus mit Halbschaft

Kipplaufstutzen sind ausgesprochen führige Waffen.

Ganzgeschäfteter Blaser K95 Kippblockstutzen

Hinterschaft mit Pistolengriff, geradem Rücken, Gummischaftkappe und einer Bayerischen Backe mit zwei Falzen

Passung ist justierbar. Spannungen im Vorderschaftbereich werden dadurch vermieden. Der Vorderschaft muss gut zu greifen sein. Er hat oft einen Edelholzabschluss mit Tropfnase oder schließt mit einer Nase ab. Kohlefaser- oder andere Kunststoffschäfte findet man an Kipplaufbüchsen selten. Ganz überwiegend sind sie mit Nussbaum-Ölschäften ausgestattet.

„SCHATTENLINIE" UND RIEMENBÜGEL

Das hintere Vorderschaftteil ist mittels Schnäpper abnehmbar. Beide Vorderschaftteile sollten nicht aneinanderstoßen, sondern ein spaltbreiten Abstand zueinander haben, damit es nicht zu Spannungen kommt. Man spricht von einer Schattenlinie.
Auch beim Kipplaufstutzen ist ein Nasenabschluss am Vorderschaft, meist aus dunklem Kunststoff oder Edelholz, durchaus üblich. Die Riemenbügelösen befinden sich beim Kipplaufstutzen am vorderen Schaftteil. Bei halbgeschäfteten Kipplaufbüchsen sollte sich der vordere Riemenbügel am Lauf befinden, an einem Ganz- oder einem Halb-/Dreiviertellaufring. Auch eine an den Lauf gelötete Riemenbügelöse ist üblich.
Die Abzugsbügel von Kipplaufbüchsen bestehen aus Kunststoff, Stahl oder Horn.

GANZSCHÄFTUNG

Es gibt auch Kipplaufstutzen mit Ganzschäftung. Deren Vorderschaft ist geteilt. Der vordere, bis zur Mündung reichende Teil ist meist mit einer Schraube an den Lauf geschraubt, aber auch Steckverbindungen mit einer von hinten geführten Sicherungsschraube kommen vor. Der Lauf kann sich frei ausdehnen.

KOMBINIERTE WAFFEN

DRILLINGE

Mit dem Drilling hat der Jäger immer „alles dabei". Ist in einem der Schrotläufe noch ein Einstecklauf mit einem Schonzeitkaliber montiert, kann praktisch das ganze Jahr über mit einer Waffe gejagt werden.

Der Drilling ist eine fast ausschließlich auf den deutschsprachigen Raum beschränkte Waffenart. Das hängt vor allem mit dem hier vorherrschenden Reviersystem zusammen, das die Verwendung einer Waffe, die sowohl den Schrotschuss als auch den Kugelschuss erlaubt, interessant macht. Genau betrachtet ist der Drilling zwar für keine Jagdart wirklich optimal – doch kann der Jäger damit auch wirklich jede Chance nutzen. Bei den oftmals kleinräumigen Revieren, in denen verschiedene Wildarten nur als Wechselwild auftauchen, natürlich eine verlockende Sache. Drillinge gehören heute zu den teuersten Jagdwaffen überhaupt, und ein guter Drilling kostet so viel wie eine Repetierbüchse mit Zieloptik, eine Bockflinte und eine Schonzeitbüchse zusammen. Die Ursache liegt im hohen Anteil an Handarbeit, die sich bei der Herstellung von Drillingen herkömmlicher Bauart nicht vermeiden lässt.

BAUARTEN DES DRILLINGS

Der Drilling ist eine jagdliche Kipplaufwaffe mit drei Läufen. Je nach Anordnung und Zusammenstellung von Schrot- und Kugelläufen gibt es aber verschiedene Arten des Drillings, die sich grob in Flintendrillinge, Bockdrillinge und Doppelbüchsdrillinge einteilen lassen. Innerhalb dieser Gruppen existieren aber noch weitere Unterteilungen und Spezialausführungen, wie etwa der „Waldläufer" oder der „echte Flintendrilling" mit drei Schrotläufen.

DER FLINTENDRILLING

Fällt das Wort „Drilling", so gilt es allgemein für die gebräuchlichste Drillingausführung mit zwei parallelen, nebeneinander liegenden Schrotläufen und darunter einem Kugellauf. Schließlich geht die Entstehung des Drillings ja auf die Idee zurück, eine Doppelflinte mit einem zusätzlichen Kugellauf auszustatten. Die Funktion des vorderen Abzuges lässt sich von Schrot auf Kugel umschalten. Entweder ist ein Umschalter vorhanden oder der vordere Abzug wird – bei einer separaten Kugel-

DRILLINGE MIR DREI ABZÜGEN

Es gab früher aber auch Drillinge mit drei Abzügen, deren bekanntester Fückerts Kronendrilling mit halbverdeckten Hähnen ist. Drei Schlosse und drei Abzüge hatten auch die frühen Schrotdrillinge (Dreilaufflinten), deren Vorteil gegenüber der Selbstladeflinte in drei unterschiedlichen Chokebohrungen besteht. Die Flintendrillinge mit drei Schrotläufen verschwanden schnell wieder von der Bildfläche; Einzelstücke tauchten aber immer wieder auf, und einige Liebhaber ausgefallener Waffen führen heute noch einen Schrotdrilling.

spannung – automatisch beim Spannen des Kugelschlosses auf Kugel geschaltet.
Das Merkmal der Variante des *Waldläufers*, auch *Schienendrilling* genannt, ist ein in der Laufschiene untergebrachter, kleinkalibriger Kugellauf. Ein Waldläufer unterscheidet sich in der Linienführung kaum von einer normalen Querflinte und ist eine sehr elegante Waffe.

DER BOCKDRILLING

Beim Bockdrilling hat jeder Lauf ein anderes Kaliber. Auch hier gibt es verschiedene Bauarten, die sich auf die Laufanordnung beziehen. Der sogenannte *Triumph-Drilling* entstand, als ein findiger Ferlacher Büchsenmacher an einer Bockbüchsflinte seitlich einen zusätzlichen kleinkalibrigen Kugellauf anbrachte. Grundidee war, neben der starken Patrone für Schalenwild noch eine kleinkalibrige Kugel für Raubwild zur Verfügung zu haben.
Neben dem Triumph-Drilling gibt es aber auch den *echten Bockdrilling*, bei dem alle drei Läufe übereinander angeordnet sind. Hierbei handelt es sich entweder um eine Bockbüchsflinte mit unten liegendem, großem Kugellauf, der ein kleinkalibriger Kugellauf in der erhöhten Laufschiene zugegeben wurde, oder aber um eine Bockflinte, deren zwei Schrotläufe noch um einen Kugellauf in der Laufschiene ergänzt sind. Bockdrillinge mit drei übereinander angeordneten Läufen gibt es heute nur noch als Einzelanfertigung bei Ferlacher oder Suhler Büchsenmachern. Mit dem Aufkommen der modernen, mündungslangen Einstecklaufe, mit denen sich jeder Flintendrilling problemlos und kostengünstig in einen Bockdrilling umrüsten lässt, verloren sie stark an Bedeutung.

RÜCKKEHR DES BOCKDRILLINGS

Bockdrillinge sind in den letzten Jahren wieder beliebter geworden, nachdem Firmen wie Blaser oder Büchsenmacher wie Oswald Prinz moderne Bockdrillinge mit frei liegenden, verstellbaren und thermostabilen Kugelläufen auf den Markt brachten. Diese schlanken Waffen sehen elegant aus und haben technisch viele Vorteile. Der BD 14 von Blaser etwa ist eine perfekte Ansitz- und Pirschwaffe für Reviere, in denen sowohl Hoch- als auch Niederwild und Raubwild vorkommt.

DER DOPPELBÜCHSDRILLING

Wer einen Doppelbüchsdrilling auf einer Drückjagd führt, kann im Rahmen der Freigabe alles ernten, was anwechselt oder anfliegt. Mit seinen zwei großkalibrigen Kugelläufen ist diese Waffe aber auch der Drilling für das Hochwildrevier und wird auf dem Ansitz geführt. Der Schrotlauf spielt meist eine untergeordnete Rolle und wird von vielen Jägern, die einen Doppelbüchsdrilling führen, nur selten gebraucht.

Mündungen: Doppelbüchsdrilling, Drilling mit Einstecklauf, Drilling ohne Einstecklauf

Mündung eines Doppelbüchsdrillings

Die meisten Doppelbüchsdrillinge sind in der von der Doppelbüchse abgeleiteten Ausführung mit zwei obenliegenden Kugelläufen und darunter liegendem Schrotlauf gebaut. Es gibt aber auch eine Bauart, die von der alten Büchsflintenform abgeleitet ist: Hier liegen ein Schrot- und ein Kugellauf oben und der zweite Kugellauf darunter. Diese Spielart wurde gern von Suhler Büchsenmachern gewählt.

KUGELDRILLINGE

Neben den vorstehend genannten Bauausführungen sind noch Kugeldrillinge als „Exoten" zu erwähnen. Manche sind mit drei gleichkalibrigen Kugelläufen, andere auch mit Läufen unterschiedlicher Kaliber ausgestattet. Aus Ferlach gibt es so einen Kugeldrilling sogar mit drei übereinander angeordneten Kugelläufen.

Edel gravierter Bockdrilling „Trias" von Krieghoff

DAS LAUFBÜNDEL

Beim klassischen Drilling werden alle drei Läufe mit Schienen und Reifen miteinander weich verlötet.
Selten ist eine Demiblock-Fertigung, bei der wirklich alle drei einzelnen Läufe zusammengefügt und verlötet werden und sich dann auch die Verschlusselemente direkt an den Läufen bzw. der Schiene befinden. Üblich ist vielmehr die Fertigung im Monoblock-Verfahren, das heißt, dass die Läufe hinten in einem Monoblock gefasst und verlötet werden. Der Monoblock enthält dann auch die Verschlusselemente wie Laufhaken oder Greenerriegel. Auch der oder die Auszieher befinden sich am Monoblock.

Klassisch verlötetes Laufbündel eines Suhler Drillings

Büchsflintendrilling – eher ein „Exot" – mit fest verlöteten Läufen

Frei liegender Kugellauf an einem Drilling von Krieghoff

FEST VERLÖTETE LÄUFE

Fest verlötete Läufe haben vor allem den Nachteil, dass sie sich bei Erwärmung – also nach einem Schuss – gegenseitig beeinflussen. Bei mehreren hintereinander abgegebenen Kugelschüssen verändert sich wie bei der Doppelbüchse auch die Treffpunktlage. Meist liegen zwei oder gar drei Schuss zusammen. Auch Schrotschüsse können die Kugel-Treffpunktlage beeinflussen, ebenso kann der Schuss mit Einstecklauf abweichen, wenn zuvor mit der großen Kugel geschossen wurde. Fast immer unproblematisch ist nur eine Kugelfolge Einstecklauf oder – bei Bockdrillingen – kleine Kugel und große Kugel. Ein fest verlötetes Laufbündel benötigt also Abkühlphasen nach einem Schuss. Zwischen den beiden oberen Läufen wird in der Regel eine Visierschiene aufgelötet, die neben der offenen Visierung auch die Zielfernrohrmontage aufnimmt. Klassisch verlötete Läufe lassen vor allem ein schlankes, elegantes Laufbündel entstehen. Ganz besonders gilt das für Schrotläufe im Kaliber 20.

PROBESCHIESSEN

Jeder Jäger, der sich einen Drilling – oder eine andere Waffe – mit fest verlötetem Laufbündel zulegt, sollte durch Probeschießen ermitteln, wie sich die Läufe bei Wärme verhalten, ob sich also die Treffpunktlage beispielsweise schon beim zweiten Kugelschuss in Folge verändert.

FREI LIEGENDER KUGELLAUF

Da in den meisten Revieren heute der Kugelschuss eine dominierende Rolle spielt, hat man die Technik verfeinert, um den Einsatz des Drillings als Universalwaffe zu optimieren. Hierzu wurden Laufbündel mit justierbaren, frei liegenden und frei ausdehnbaren Kugelläufen entwickelt. Damit ist eine schnelle Kugelschussfolge ohne Treffpunktverlagerung unproblematisch. Außerdem kann der Kugellauf die übrigen Läufe nicht beeinflussen und umgekehrt. Zuletzt kann der Kugellauf zu den Schrotläufen hin justiert werden, sodass etwa ein Zusammenschießen von Kugel und Flintenlaufgeschossen einfach zu erreichen ist. Beim Krieghoff Drilling Plus Thermostabil kann der frei liegende Kugellauf in einer Laufbrille in ungefähr Laufmitte mit drei Schrauben justiert werden.
Bei Bockdrillingen liegt der verlötete Lauf oftmals im letzten Drittel frei und wird an der Mündung in einer Brille geführt. Dort lässt er sich dann auch mittels Schrauben justieren. Eine solche Justierung bietet etwa Fortner an. Auch der Blaser Bockdrilling BD880 hatte solch eine Mündungsverstellung.
Oswald Prinz richtet bei seinen Bockdrillingen nicht den kleinen, sondern den großen Kugellauf verstellbar ein.

BLASER D99-DRILLINGE

Beim neuen Blaser Drilling D99 sowie dem Blaser Bockdrilling D99 Duo und dem Kugeldrilling D99 Trio sind alle Läufe im

Blaser Bockdrilling mit oben liegendem, großem Kugellauf

Klassischer Greener-Verschluss mit doppelten Laufhaken an einem Drilling

Monoblock gefasst. Der Monoblock beinhaltet die Verschlusselemente für den Kippblock. Alle drei Läufe liegen allerdings frei und sind voneinander vollkommen unabhängig. Sie können sich somit auch nicht gegenseitig beeinflussen. Da sich die Läufe frei ausdehnen können, weisen die Blaser Drillinge ein ausgezeichnetes Warmschussverhalten auf.
Ist der D99 mit mehr als einem Kugellauf ausgestattet, werden der zweite und ggf. der weitere Kugellauf teilweise im Futterlauf verlötet und können an der Mündung justiert werden. Beim Blaser Drilling D99 mit klassisch zwei Schrotläufen und einem Kugellauf liegt Letzterer oben und kann sich frei ausdehnen. Er ist justierbar.
Außerdem befindet sich bei den D99-Drillingen von Blaser ein Zapfen am Monoblock, der in den Eisenvorderschaft greift. So muss sich der Vorderschaft nicht an der Basküle abstützen, was für die Schussleistung vorteilhaft ist.

PFLEGE IST WICHTIG

Jedes Laufbündel bedarf der Pflege! Gerade Lötnähte neigen schnell zur Korrosion, vor allem wenn sich dort in Spalten Feuchtigkeit absetzen kann. Ein Einölen nach der Jagd kann nie schaden.

BLASER BOCKDRILLING BD 14

Der neue Blaser Bockdrilling BD14 hat neben dem Doppelsystem ebenfalls frei liegende, ausdehnbare Kugelläufe. Er kommt ohne Futterlauf aus und hat daher ein schlankes Laufbündel. An der Mündung sowie in etwa Laufmitte unter dem Vorderschaft ist der kleine Kugellauf zum großen Kugellauf hin justierbar. Der Monoblock ist für die Aufnahme der Sattelmontage vorbereitet. Am Laufbündel befinden sich meist noch der angelötete Riemenbügel sowie die Aufhängung für den Vorderschaft.

DIE VERSCHLUSS-SYSTEME

Die ersten Drillinge waren mit den typischen Verschlüssen für Kipplaufwaffen der damaligen Zeit ausgestattet, etwa Lefaucheux-Verschluss, dem englischen T-Verschluss – im Kapitel Doppelbüchsen beschrieben – oder auch speziellen Verschlüssen von Collath, Thieme & Schlegelmilch oder Meffert. Diese Verschlüsse finden sich an modernen Drillingen nicht mehr.
Heute werden meist sogenannte Riegelverschlüsse benutzt. Bei dieser Verschlussart, auch Keil- oder Schieberverschluss genannt,

erfolgt die Verriegelung direkt über den oder die Laufhaken (s. S. 15). Technisch unterscheiden sich die bei Drillingen eingesetzten Verschlüsse kaum von den Verschlüssen anderer Kipplaufwaffen wie Flinten oder Bockbüchsflinten. Daher wird hier nicht noch einmal näher auf die Verschlusstechnik eingegangen. Alles Wissenswerte kann bei den Flintenverschlüssen nachgelesen werden. In Drillingen kann auch der Blockverschluss nach Franz Jäger verbaut sein. Er ist bei den Doppelbüchsen (S. 77) näher beschrieben.

Laufhakenverriegelung mit Purdey-Nase

Blaser-Drilling mit Blockverschluss Patent Franz Jäger

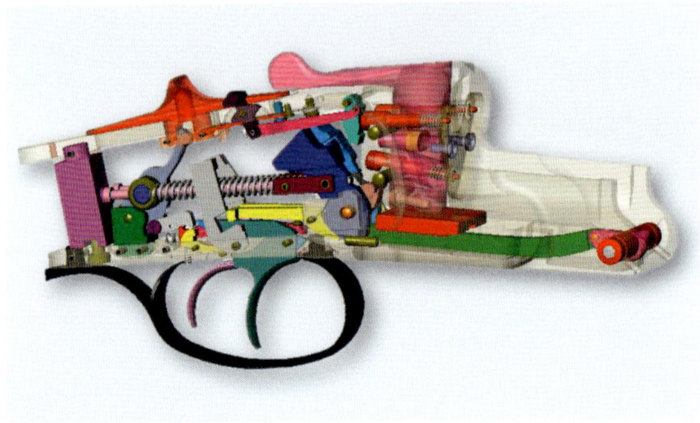

Zweischloss-System

DIE SCHLOSSE

An Drillingen gibt es eine Vielzahl von Schlossarten, die man teils miteinander kombiniert. Die Regel ist ein Schloss je Lauf und zwei Abzüge. So ist eine Laufumschaltung unumgänglich, damit man alle drei Schlosse mit den zwei Abzügen bedienen kann.

ZWEI HANDSPANNERSCHLOSSE

Nicht zuletzt aus Kostengründen fertigt man auch Drillinge mit nur zwei Schlossen. Hier wird ein Schloss auf einen anderen Lauf umgeschaltet. Meist handelt es sich bei Zweischlossdrillingen um Handspannerschlosse: Zwei Schlosse lassen sich gerade noch unproblematisch mit der Hand spannen. Handspannerschlosse sind wie erwähnt in ungespanntem Zustand vollkommen sicher. Es kann dann unter keinen Umständen zur Schussauslösung kommen. Ideal ist ein automatisches Entspannen beim Öffnen. Eine Selbstspannerfunktion ist bei Drillingen mit Handspannerschlossen jagdpraktisch nicht nötig. Wenn überhaupt, wäre sie nur beim Doppelbüchsdrilling sinnvoll.

BLITZSCHLOSSE WEIT VERBREITET

Der klassische Drilling hat Selbstspannerschlosse, die beim Laufabkippen über Spannstangen gespannt werden. Weit verbreitet sind drei Blitzschlosse, die auf dem Abzugsblech montiert werden. Sie können mit Schenkelfedern oder Schraubenfedern ausgestattet sein. Die Schlagbolzen sind in der Basküle verschraubt. Wie erwähnt, ergeben sich bei Blitzschlossen durchschnittlich höhere Abzugswiderstände zur Vermeidung eines Doppelns als bei anderen Schlossarten, weil

Kastenschloss am Drilling

Das klassische Dreischloss-Blitzschloss eines Suhler Drillings

der Abstand zwischen Raste und Schlagstückdrehpunkt sowie Raste und Stangendrehpunkt ungünstig ist.

SCHLOSSKOMBINATIONEN

Auch nicht selten ist eine Kombination verschiedener Schlossarten im Drilling: beispielsweise zwei Blitzschlosse für die Schrotläufe und ein Handspannerschloss für den Kugellauf. Mit der Handspannung wird gleichzeitig auf den Kugellauf umgeschaltet.
Gebräuchlich ist aber auch ein Handspannerschloss, kombiniert mit zwei Seitenschlossen für die Schrotläufe oder auch Blitzschloss plus Seitenschlosse. Die Seitenschlosse lassen sich natürlich auch als Kronenschlosse oder Hahnschlosse ausführen. Es gibt auch Drillinge mit zwei Hahnschlossen, wobei dann natürlich auf den dritten Lauf umgeschaltet werden muss. Umgeschaltet wird an Drillingen mittels Schieber auf der Scheibe oder mit einem kleinen Hebel neben der Scheibe. Suhler Drillinge werden mit dem Spannschieber für die Handspannung des Kugellaufschlosses auch umgeschaltet.

ANSON-SCHLOSSE AM DRILLING

Es gibt auch Drillinge mit Anson-Schlossen (Anson & Deeley-Kastenschloss). Um die Schlossteile im Kasten unterbringen zu können, müssen die Kastenbanden innen ausgeräumt werden. Anson-Schlosse arbeiten mit Schenkelfedern. Die Rast der Abzugsstange tritt von oben in die Rast des Schlagstücks.

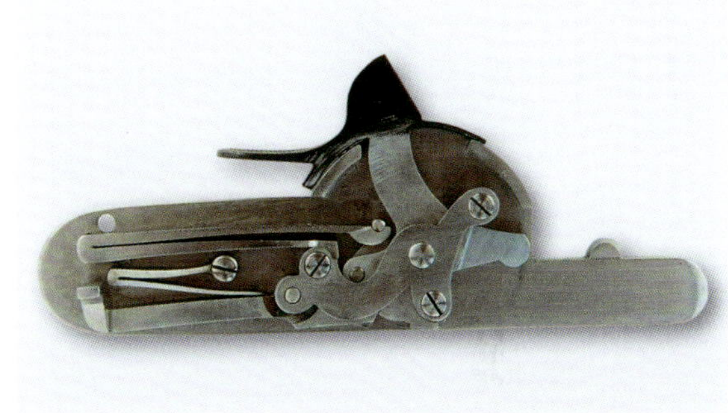

Kronenschloss – ein Seitenschloss mit kleinem Hahn (Krone)

NIMROD-KASTENSCHLOSSE UND SEITENSCHLOSSE

Eine weitere Besonderheit sind die Nimrod-Kastenschlosse, die man ebenfalls mit drittem Schloss – etwa einem Handspannerschloss – kombiniert. Sie ermöglichen gefahrlos extrem niedrige Abzugswiderstände unter 1,5 kg. Nur Kuchenreuter stellt sie in Einzelanfertigung her.
Seitenschlosse werden auf den Seitenplatten montiert. Es gibt verschiedene Arten, die mit Schrauben- oder Blattfedern arbeiten. Grundsätzlich besitzen sie Fangstangen, die ein Doppeln verhindern sollen. Heute verbaute Seitenschlosse sind auch beim Drilling das weiter oben beschriebene Nimrod-Seitenschloss und die ebenfalls schon beschriebenen Seitenschlosse nach Holland & Holland sowie die Heym- und Krieghoff-Seitenschlosse. Früher waren an Drillingen noch das Suhler-Seitenschloss und das Sauersche Seitenschloss bekannt.

Das ermöglicht günstigere Abzugswiderstände. Als Erster baute Heym in Suhl einen Anson-Deeley-Drilling. Eine nochmalige Verbesserung stellt das Kernersche Anson-Schloss dar. Dieses verbesserte Anson-System wird heute aber kaum mehr angewandt.

DER ABZUG

In Drillingen sind oft zwei unterschiedliche Abzugssysteme installiert, denn hier werden in der Regel drei Schlosse mit zwei Abzügen bedient.

Zwei Abzüge bedienen drei Schlosse – hier zwei Seitenschlosse und ein Kastenschloss mit Handspannung für den Kugellauf.

Wird der Spannschieber auf dem Kolbenhals betätigt, stellt sich der vordere Abzug automatisch auf den Kugellauf um.

WELCHER ABZUG FÜR WELCHEN LAUF?

Bei heutigen Drillingen ist es notwendig, einen Abzug für zwei Schlosse zu benutzen. Dies ist meist der vordere Abzug, der für den Kugellauf und den rechten Schrotlauf benutzt wird. Der hintere Abzug bedient in der Regel den linken Schrotlauf – zumindest beim normalen Flintendrilling mit einem Kugellauf und zwei Schrotläufen. Bei Doppelbüchsdrillingen ist das oft anders, hier bedienen die beiden Abzüge die Kugelläufe und der vordere Abzug nach dem Umschalten den Schrotlauf. Das ist sinnvoll, denn bei einer Drückjagd müssen beiden Kugelläufe wie bei einer Doppelbüchse abzufeuern sein. Zwischen den Kugelschüssen umzuschalten, kostet zu viel Zeit.

Zum Umschalten des vorderen Abzuges gibt es zwei Möglichkeiten. Entweder wird der Abzug durch einen Umschalthebel, der meist auf der Scheibe liegt, auf den gewünschten Lauf gestellt, oder er wird bei Modellen mit separater Kugelspannung automatisch auf Kugel gestellt, wenn der Spannschieber nach vorn gedrückt wird.

Um den vorderen Abzug auf Schrot zu stellen, muss der Spannschieber aber wieder zurückgenommen werden. Bei den meisten Modellen hat das manuell zu geschehen, da der Spannschieber vorn bleibt. Das ist sinnvoll, damit bei einem eventuell notwendigen zweiten Kugelschuss nicht nochmals das Schloss von Hand gespannt werden muss, aber zu bedenken, wenn der rechte Schrotlauf, oder ein meist darin eingebauter Einstecklauf, benutzt werden soll.

STECHER IM VORDEREN ABZUG

Der vordere Abzug wird in der Regel mit einem Stecher ausgestattet. Das schafft die Möglichkeit, das Abzugsgewicht auf wenige Gramm zu reduzieren. Hierzu wird ein eigenes Schloss mit Schlagstück gespannt, das beim Auslösen des Abzuges gegen die Abzugsstange geschleudert wird und das gespannte Schloss auslöst.

Konstruktiv ist hier nur ein Rückstecher möglich. Beim Rückstecher wird das Abzugszüngel zum Stechen nach vorn gedrückt. Die meisten Drillinge haben, wie oben erwähnt, Blitzschlosse. Der bei ihnen notwendige Abzugswiderstand lässt sich für einen präzisen Kugelschuss nicht niedrig genug justieren. Hier ist ein Stecher zwingend.

Einabzugdrilling von Krieghoff ein Ausnahmefall

DIE SICHERUNG

Bei Selbstspannerschlossen eines Drillings sind als Grundtypen, unabhängig von der Schlosskonstruktion, die drei Sicherungsarten Abzugssicherung, Abzugsstangen- und Schlagstücksicherung möglich. Grundsätzlich werden beim Abkippen der Läufe die meist drei Schlosse eines Drillings gespannt (Selbstspannerschlosse). Die Sicherung der Waffe soll dafür sorgen, dass sich kein Schuss lösen kann. Noch einmal: Nie sollte man sich blind auf eine Sicherung allein verlassen, denn Mängel können auftreten und die Waffe zur Gefahr werden lassen. Grundsätzliche Regeln, wie das Entladen der Waffe vor dem Überqueren von Hindernissen oder den Lauf nie auf Menschen zeigen zu lassen, sind immer zu beachten.

ABZUGSSICHERUNG

Üblich bei den meisten Drillingen ist eine Abzugssicherung. Sie kann als Greener-Sicherung seitlich am Schafthals in Höhe der Abzüge ausgeführt sein. Bei dieser früher favorisierten

Drilling mit Handspannerschloss für die große Kugel und Schiebesicherung für die Seitenschlosse. Die Sicherung wirkt auf die Abzüge.

Lösung sitzt auf der Scheibe nur noch der Laufwahlschalter, und so ist dessen Verwechslung mit der Sicherung weitgehend ausgeschlossen. Ferner kann man ohne Probleme blitzschnell im Anschlag die Schlosse umschalten. Auch das Verschieben des seitlich in einer Vertiefung sitzenden Sicherungsknopfes geht recht schnell und ist im Anschlag möglich.
Bei der Greener-Sicherung werden die Abzüge mittels einer Welle gesichert. Sehr selten findet man bei dieser Sicherung eine Stangensicherung.
Moderne Drillinge haben eine Schiebesicherung auf der Scheibe und etwas höher darüber den Laufwahlschalter. Solche Schiebesicherungen wirken in der Regel auf die Abzüge. Sie können aber auch die Abzugsstangen blockieren.

AUSNAHMEN

Zwei Abzüge für drei Schlosse sind bei Drillingen die Regel – von Krieghoff gab es aber auch schon einen Drilling mit Einabzug, und auch Einzelanfertigungen mit drei Abzügen sind bekannt. Bei den heute gebräuchlichen Konstruktionen findet man das aber nicht mehr.

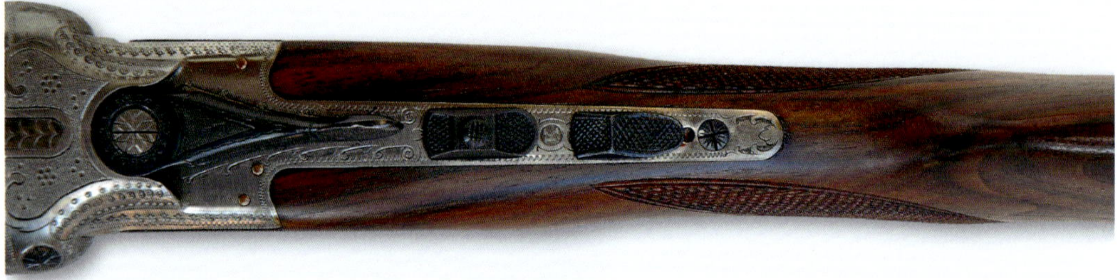

Auf diesem Kolbenhals sitzen ein Laufwahlschalter (oben) und die auf die Abzüge wirkende Schiebesicherung.

Der Krieghoff-Drilling mit Laufumschaltung hat für alle Läufe Handspannerschlosse.

SCHLAGSTÜCKSICHERUNG

Nur recht selten findet man an Drillingen Schlagstücksicherungen, die die Schlagstücke blockieren. Obwohl auch bei Seitenschlossen die Abzugssicherung üblich ist, installieren manche Hersteller bei dieser Schlossart aber auch eine Schlagstücksicherung, was technisch aufwendig ist.
Seitenschlosse für oben liegende Läufe sind in der Regel mit Fangstangen ausgestattet, die durch die Abzüge deaktiviert werden.

HANDSPANNUNG UND SICHERUNG

Eine Handspannung für das Kugelschloss ist bei vielen Drillingen üblich. Dadurch wird der vordere Abzug automatisch auf das Kugelschloss umgeschaltet. Die Schrotläufe werden weiterhin mittels Selbstspannerschlossen bedient, die im Regelfall eine Abzugssicherung aufweisen. Diese Auslegung ermöglicht es, den Kugellauf bei gesicherten Schrotschlossen abzufeuern oder die Schrotläufe bei entspanntem Kugelschloss.

DIE VISIERUNG

Bei einer Waffe, die sich sowohl für den Kugel- als auch den Schrotschuss eignen soll, ist die Frage der offenen Visierung entsprechend schwierig, denn die Anforderungen daran sind beim Schrot- und Kugelschuss grundverschieden. Für den schnellen Schrotschuss wird wie bei einer Flinte lediglich ein Korn und die Laufschiene benötigt, eine Kimme würde, zumindest beim schnellen Schuss auf laufende oder fliegende Ziele, nur stören.

MERKELS SPEZIALLÖSUNG

Merkel hat sich hier eine spezielle Lösung einfallen lassen. Die Bedienung von Sicherung für Schrotläufe und Kugelschlossspannung geschieht mit dem Spannschieber. Steht er hinten, sind die oberen Läufe gesichert und das Schloss für den unteren Lauf entspannt. In mittlerer Stellung sind die oberen Läufe entsichert und das Schloss für den unteren Lauf ist entspannt. In vorderster Stellung ist das Schloss für den unteren Lauf gespannt und der obere Lauf entsichert. Gleichzeitig wird der erste Abzug auf den unteren Lauf umgeschaltet. Der hintere Abzug bedient den linken oberen Lauf.

EINKLAPPBARE KIMME

Bei einem normalen Flintendrilling mit zwei Schrotläufen und einem Kugellauf ist daher zwar stets eine Kimme vorhanden, sie lässt sich aber bündig in die Laufschiene einklappen, wenn mit Schrot geschossen wird. Bei vielen Modellen geht das automatisch, denn die Kimme ist über eine in der Laufschiene untergebrachte Schubstange mit dem Kugelumschalter oder dem Spannschieber für das Kugelschloss verbunden. Wird der vordere Abzug auf Kugel geschaltet, richtet sich die Kimme automatisch auf, wird wieder auf Schrot geschaltet, verschwindet sie in der Laufschiene. Die Form der offenen Visierung ist hier für den präzisen Kugelschuss ausgelegt und entweder eine U-Kimme, kombiniert mit einem Perlkorn, oder eine Rechteckkimme mit Balkenkorn.

Das eingeklappte Kimmenblatt des Drillings schließt bündig mit der Visierschiene ab und stört beim Schrotschuss nicht. Wird auf Kugel umgestellt, richtet es sich automatisch auf.

FLUCHTVISIER BEIM DOPPELBÜCHSDRILLING

Der Doppelbüchsdrilling wird hauptsächlich für den schnellen Kugelschuss eingesetzt, seine Visierung ist daher von der Doppelbüchse abgeleitet. Bei manchen Modellen lässt sich die Kimme nicht mehr in die Laufschiene einklappen, sondern ist so ausgelegt, dass sie zwei unterschiedlich große Öffnungen hat und von Hand in die jeweilige Position geklappt wird: Eine weite Kimmenöffnung ist für den Schrotschuss gedacht, eine engere für den Kugelschuss.

Oft wird aber beim Doppelbüchsdrilling konsequent eine reine Drückjagdvisierung für den Kugelschuss montiert, die sich auch nicht mehr einklappen lässt – der Schrotschuss ist hier nebensächlich. Das kann sich beim Schuss auf den flüchtigen Fuchs anlässlich einer Drückjagd allerdings als nachteilig erweisen. Wird der Schrotlauf aber mit einem Flintenlaufgeschoss geladen, können alle drei Schüsse über die Fluchtvisierung abgegeben werden.

Auch beim Bockdrilling findet sich oft eine feste Kimme. Sie allerdings ist für den präzisen Kugelschuss gedacht und fällt entspre-

Bei diesem Klappvisier kann zwischen einem groben Ausschnitt für den Schrot- und einem feinen für den Kugelschuss gewählt werden. Bündig in die Schiene lässt es sich nicht versenken.

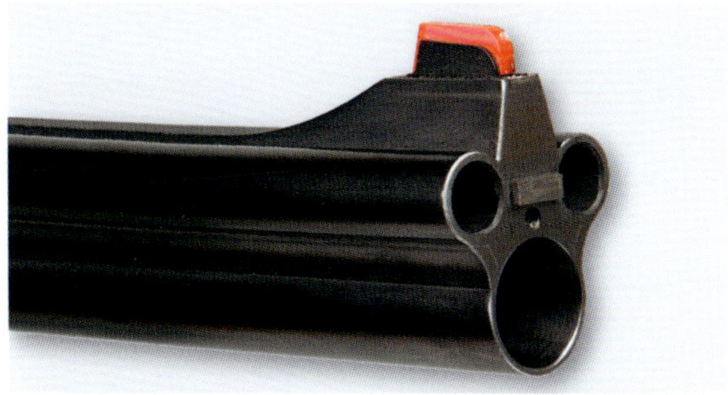

Viele Doppelbüchsdrillinge werden auf der Drückjagd geführt. Ein rotes Korn – im Bild ein Kunststoff-Balkenkorn – macht hier Sinn.

chend fein aus. Der Schrotschuss mit einem Bockdrilling ist eher selten und wird auch meist gezielt auf sitzendes Wild abgegeben, etwa auf den Fuchs am Luderplatz, den Ansitzhasen, den aufgebaumten Tauber oder den Birkhahn am Balzplatz. Hier ist der Schuss über Kimme und Korn sogar vorteilhaft.

„KUGELSCHÄFTE"
Die Drilling-Hersteller trugen den zeitlichen Anforderungen mit einem Schaftkompromiss Rechnung. Heutige Drillingschäfte sind stärker für den Schuss über das Zielfernrohr ausgelegt, als es früher der Fall war.

DER SCHAFT

HINTERSCHAFT

Ein Schaft, der sich für den rauen Schuss und einen Kugelschuss gleich gut eignet – eigentlich ein „Unding". Als noch keine Zielfernrohre üblich waren, legte man den Schaft vernünftigerweise natürlich für den Flintenschuss aus. Eine niedrige Kimme und ein niedriges Korn auf der Schiene erforderten für den gezielten Kugelschuss kaum eine Anschlagsänderung gegenüber dem Schuss mit den Schrotläufen. Zu Zeiten guter Niederwildjagden wurde der Drilling ja oft auch auf Treibjagden eingesetzt. Das erforderte eine Schäftung, die mehr für den Flintenschuss als den Kugelschuss über das Zielfernrohr geeignet war. Heute hat sich das Einsatzgebiet eines Drillings jedoch stark geändert. Es wird mehr Wert auf den Kugelschuss gelegt und auch die meisten Schrotschüsse werden über ein Zielfernrohr abgegeben, auf den Hasen beim Ansitz etwa oder den Fuchs bei der Luderjagd. Auch Rabenvögel – wo gesetzlich erlaubt – werden eher vom Ansitz aus mit dem Schrotlauf übers Zielfernrohr erlegt als mit flüchtigem „Flintenschuss". Hinzu kommen die zunehmend beliebteren Spezialformen des Drillings, bei denen die Schalenwildjagd und der Kugelschuss im Vordergrund stehen wie z. B. der Doppelbüchs- und Bockbüchsflintendrilling. Mit ihnen wird ein Schrotschuss nahezu ausnahmslos über das Zielfernrohr abgegeben. Drillinge mit englischer Schäftung, also ohne Pistolengriff, gibt es nicht standardmäßig. Üblich ist ein nicht zu steiler Pistolengriff, der es gut erlaubt, beide Abzüge vernünftig bedienen zu können. Wie bei starkkalibrigen Büchsen sollte er nach unserem Geschmack eher etwas länger gezogen als zu steil sein. Viele Drillingsschäfte werden dem zeitlichen Geschmack angepasst. Es gibt Hinterschaft mit Bayerischer Backe mit einem oder mehreren Falzen und solche mit Deutscher Backe. Eine Monte-Carlo-Backe ist seltener an Drillingen. Fast alle Hinterschäfte weisen einen

Der ideale Drillingschaft: Schweinsrücken, Pistolengriff und Kunststoffschaftkappe

Schweinsrücken auf. Wer einen geraden Rücken bevorzugt, ist auf eine Handschäftung angewiesen.

DER IDEALE DRILLINGSCHAFT

Der unserer Meinung nach ideale Drillingschaft hat einen Schweinsrücken, einen Pistolengriff, aber keine Backe. Er sollte schlank gehalten sein und mit einer eher glatten Kunststoffschaftkappe abschließen. Übliche Gummischaftkappen, etwa im „Old English Style" sind vor allem dann weniger geeignet, wenn man den Drilling auch als „Doppelflinte" einsetzen möchte. Wer es edler mag, kann auch für den Drilling eine lederüberzogene Gummischaftkappe, am besten aus glattem Schweinsleder, wählen. Er ist außerdem leicht für Rechts- oder Linksschützen geschränkt.

Dass auch beim Drilling die Schaftlänge unbedingt zum Schützen passen muss und vor allem nicht zu groß ausfallen darf, bedarf wohl keiner Erwähnung mehr. Mit Blick auf dicke Winterkleidung gilt auch hier wieder: Lieber etwas kürzer als zu lang!

VORDERSCHAFT

Wie bei Flinten und Doppelbüchsen gehört zum Vorderschaft der Eisenvorderschaft mit den Lagern für die Spannstangen und einem Schnäpper zur Demontage des Vorderschaftes vom Laufbündel. Anstatt eines Schnäppers kann auch bei Drillingen ein Drücker zur Vorderschaftentriegelung an dessen Ende installiert sein.

Der Vorderschaft ist schlank und schmiegt sich in der Regel über den unten liegenden

☞ TIPP

Einige Ölfinishes sind empfindlich gegenüber Regen. Man sieht auf ihnen schnell die Kalkablagerungen von den Regentropfen. Übliche Schaftpflege mit Schaftöl oder Schaftwachs kann dem abhelfen.

Vorderschaft eines Suhler Drillings mit Patentschnäpper und Deutscher Fischhaut

Kugellauf des Drillings. Dank einer etwas höheren Bauweise als der von Doppelflintenvorderschäften kann man den Drillingvorderschaft gut greifen. Seltener sind seitlich weiter hochgezogene Vorderschäfte in einer Art Halbbiberschwanzform.

Beim Blaser Drilling liegt der Kugellauf nicht unter, sondern über den beiden Schrotläufen. Das bedingt einen breiteren Vorderschaft mit leicht hochgezogenen Seiten.

An Pistolengriff und Vorderschaft findet man auch beim Drilling in aller Regel eine mittelfeine Fischhaut. Verschneidungen oder eine Schuppenfischhaut kann man individuell anbringen lassen. Ebenso Customwork sind Kunststoffschäfte wie z. B. ein Kohlefaserschaft oder Schichtholzschäfte für Drillinge. Auch der Drillingschaft besteht klassischerweise aus Nussbaumholz, dessen Maserung eine Geschmacks- und Kostenfrage ist. Der glatt geschliffene und mittels mehrmaliger „Ölung" wetterfest gemachte Nussbaumholzschaft hat auch am Drilling wie an jeder Gebrauchswaffe den Vorteil, weniger empfindlich gegenüber Kratzern zu sein, als ein lackierter Holzschaft.

Sehr selten findet man Drillinge mit Vorderschaft, der bis zur Mündung reicht. Krieghoff baut einen Stutzen-Drilling, der aber nicht sehr verbreitet ist. Durch den bis zur Mündung reichenden Vorderschaft wirkt das Laufbündel etwas klobig.

Der Abzugsbügel sollte groß genug sein, um auch eine Bedienung mit Handschuhen zu erlauben.

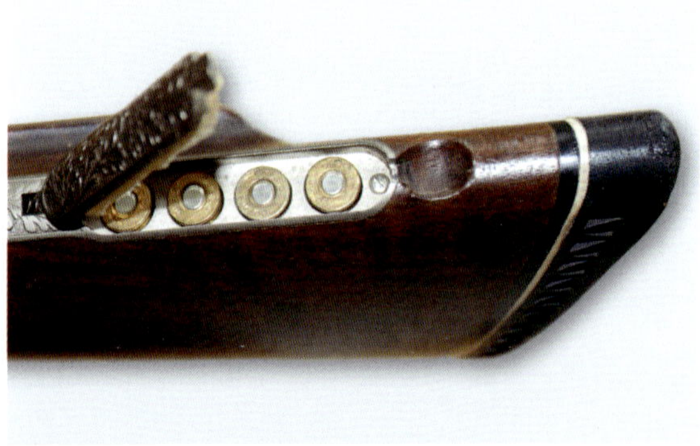

Schaftmagazin im Hinterschaft

SCHAFTMAGAZINE

Schaftmagazine sind gerade bei Drillingen oft zu finden. Vielfach sind sie in die Unterseite des Hinterschafts eingelassen und nehmen Patronen für Kugellauf und Einstecklauf auf – für Schrotpatronen sind diese Magazine nicht ausgelegt.
Im anderen Fall verbirgt sich das Magazin hinter einer abnehm- oder abklappbaren Schaftkappe im Hinterschaft. Bei dieser Variante steht so viel Platz zur Verfügung, dass sich sogar ein kurzer Einstecklauf in einem Schonzeitkaliber verstauen lässt.

DIE DRILLING-GARNITUR

Was zur Garnitur einer Kipplaufwaffe gehört, wurde im Kapitel Doppelbüchsen bereits genannt. Auch ein an Drillingen mitunter vorhandenes Schaftmagazin wird noch zur Garnitur gezählt. Wichtig sind auch hier vor allem wieder Schaftkappe, Abzugsbügel und Riemenbügel.

SCHAFTKAPPE JE NACH EINSATZZWECK

Neben den Aufgaben, den Rückstoß zu dämpfen und weich an der Schulter des Schützen anzuliegen, muss auch beim Drilling eine Schaftkappe gut gleiten, denn sowohl der normale Flintendrilling mit zwei Schrotläufen als auch der Doppelbüchsdrilling sind für den schnellen Schuss gedacht. Hier wird eine glatte, rutschige Schaftkappe gebraucht, damit der Schütze beim schnellen Anschlag nicht an der Kleidung hängen bleibt.
Auch hier ist die beste Lösung, besonders bei großkalibrigen Doppelbüchsdrillingen, wie bei Flinten und Doppelbüchsen eine Belederung der Kappe.
Am Bockdrilling finden sich dagegen meist Gummikappen, denn hier herrscht der gezielte, ruhige Schuss aus dem Anschlag vor.

ABZUGS- UND RIEMENBÜGEL

Gerade beim Drilling ist darauf zu achten, dass der Abzugsbügel groß genug ist, auch Raum für die Bedienung der Abzüge mit Handschuhen zu bieten. Der Drilling hat ja immer zwei Abzüge, und für die Bedienung des Rückstechers muss auch noch genug Patz vorhanden sein.
Die Riemenbügel des Drillings müssen wie die an anderen Waffen die Forderungen „Klapperfreiheit“ und „richtige Position“ erfüllen. Praktisch sind auch abnehmbare Riemenbügel, mittels derer sich der Tragegurt mit wenigen Handgriffen entfernen lässt. Auf dem Drückjagdstand oder der Kanzel stört der Riemen nur.

BOCKBÜCHSFLINTEN UND BERGSTUTZEN

Unter den kombinierten Jagdwaffen, die neben dem Kugelschuss auch noch den Schrotschuss gestatten, war der Drilling lange Zeit das Nonplus-Ultra für den Jäger – zumindest im deutschsprachigen Raum. Heute dagegen geht der Trend eindeutig in Richtung Spezialwaffen.

Ursache dieser Entwicklung ist nicht nur ein sich wandelnder Geschmack, sondern auch der Wandel der Jagdbedingungen und steigende Ansprüche an die Leistung der Jagdwaffen. Der Schrotschuss wird heute immer seltener gebraucht, auf Treibjagden ist ein Jäger mit einem Drilling heute schon fast ein Exot. Wenn eine kombinierte Jagdwaffe geführt wird, ist dies heute meist die Bockbüchsflinte. Der Bergstutzen verfügt nicht über einen Schrotlauf, sondern über zwei Kugelläufe unterschiedlichen Kalibers. Bockbüchsflinten und Bergstutzen haben überdies auch völlig andere jagdliche Einsatzschwerpunkte. Da sie sich technisch allerdings sehr ähnlich sind, sollen sie in diesem Kapitel gemeinsam beschrieben werden. Nicht selten wird zudem in den Schrotlauf der Bockbüchsflinte ein kleinkalibriger Kugellauf eingebaut, wodurch diese Waffe dann gleichsam zum Bergstutzen wird.

Grundsätzlich unterscheiden sich Bockbüchsflinten und Bergstutzen eigentlich nur im Laufbündel. Nachfolgend wird daher auch nur auf das Laufbündel separat eingegangen, die anderen Punkte gelten für beide Waffenarten, und ein Großteil der Verschluss- und Schlosstechnik wurde bereits bei den anderen Kipplaufwaffen ausführlich erklärt.

BOCKBÜCHSFLINTEN IM TREND

Mit der Bockbüchsflinte bietet sich dem Ansitzjäger wie beim – allerdings deutlich schwereren und weniger führigen – Drilling die Möglichkeit, einen Schrotschuss abzugeben, der dann meist dem Fuchs gilt. Oft wird aber auch dazu lieber eine kleine Kugel be-

Bockbüchsflinte von Merkel

TECHNISCH NAHEZU GLEICH

Bockbüchsflinten und Bergstutzen sind in technischer Hinsicht nahezu baugleich. Verschlusssysteme, Schlosse, Abzüge und die Schäftung sind identisch. Den Unterschied macht lediglich das Laufbündel.

nutzt: In vielen Bockbüchsflinten finden sich heute eben Einsteckläufe für eine kleine Kugel im Schrotlauf. Wer die Kombination aus großer und kleiner Kugel von Anfang an haben möchte, kann auch gleich einen Bergstutzen kaufen. Der ist eleganter, aber auch deutlich teurer.

BERGSTUTZEN – KLASSISCH UND MODERN

Es gibt sowohl klassische Bergstutzen als auch moderne Bergstutzen. Die Klassiker werden heute nur noch in Handfertigung, etwa in Ferlach, hergestellt. Bei ihnen trifft das Wort Bergstutzen zu, denn sie sind mit großer und kleiner Kugel ideal für die Bergjagd. Insbesondere deswegen, weil sie sehr führig und leicht sind. Ihr Gewicht liegt meist um die drei Kilogramm, oft sogar darunter (ca. 2,8–2,9 kg). Das prädestiniert sie für die Bergjagd. Ihr Laufbündel ist sehr schlank gehalten, der kleine Kugellauf ist in der erhöhten Laufschiene integriert.

Die moderneren, maschinell gefertigten Bergstutzen sind eher Allzweckwaffen. Wegen dicker, frei liegender Läufe oder eines Futterlaufs für den kleinen Kugellauf sind sie sehr schwer und deswegen weniger ideal für die Bergjagd. Sie wurden eher für die Schalenwildjagd in Flachlandrevieren geschaffen. Ihre Kennzeichen sind justierbare Läufe oder frei liegende Läufe, die voneinander unabhängig sind. Bergstutzen mit fest verlöteten Läufen eignen sich dagegen vor allem für den Einzelschuss aus kaltem Lauf.

BOCKBÜCHSFLINTEN – LAUFBÜNDEL UND VISIERUNG

Die übliche Laufanordnung bei einer Bockbüchsflinte ist ein oben liegender Schrotlauf und ein darunter angeordneter Kugellauf. Konventionell auf ganzer Länge miteinander verbundene Laufbündel lassen keine Höchstpräzision erwarten und gestatten auch keine Schussserien ohne Treffpunktlagenveränderung, also ohne das sogenannte „Klettern“. Diese Phänomen lässt sich einfach erklären: Durch den ersten Schuss erwärmt sich der Lauf erheblich und dehnt sich aus. Ist er jetzt an einem zweiten Lauf fest angelötet, hindert der kalte Lauf den warmen bei der Ausdeh-

Blaser Bergstutzen

Schrot- und Kugellauf werden in das Hakenstück eingeschoben und verlötet.

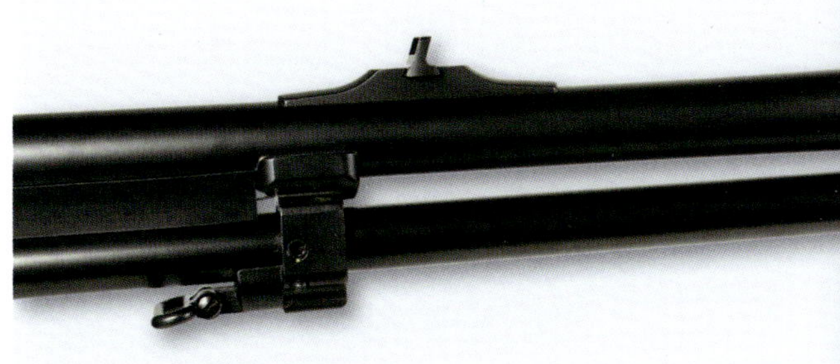

Der Kugellauf liegt hier frei und hat eine Verstelleinrichtung.

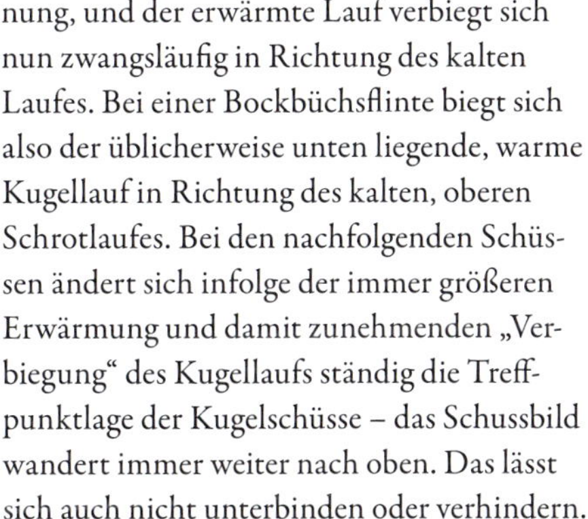

nung, und der erwärmte Lauf verbiegt sich nun zwangsläufig in Richtung des kalten Laufes. Bei einer Bockbüchsflinte biegt sich also der üblicherweise unten liegende, warme Kugellauf in Richtung des kalten, oberen Schrotlaufes. Bei den nachfolgenden Schüssen ändert sich infolge der immer größeren Erwärmung und damit zunehmenden „Verbiegung" des Kugellaufs ständig die Treffpunktlage der Kugelschüsse – das Schussbild wandert immer weiter nach oben. Das lässt sich auch nicht unterbinden oder verhindern.

„THERMOSTABIL"

Um die heutigen Ansprüche an die Präzision zu befriedigen, haben sich die Hersteller eine Menge einfallen lassen. Es gibt technisch nur einen Weg, um aus einer kombinierten Waffe mehrere Kugelschüsse hintereinander abzufeuern, ohne dass sich die Treffpunktlage verändert: Der Kugellauf muss sich frei ausdehnen können und darf nicht fest mit dem Flintenlauf verbunden sein. Der Kugellauf kann dann außerdem wie bei einer einläufigen Büchse frei schwingen, was seine Präzision abermals steigert.
Das haben die Hersteller kombinierter Waffen erkannt und bieten deshalb sogenannte „thermostabile" Modelle an. Dieser Begriff ist zwar ein geschütztes Markenzeichen der Firma Krieghoff, trifft technisch aber auch auf die Modelle anderer Hersteller zu. Solche Waffen gestatten problemlos mehrere präzise Kugelschüsse in Folge.

Auch vorn ist der Kugellauf nicht mit dem Schrotlauf verbunden – die Kunststoffschiene hat nur optische Gründe.

„THERMOSTABIL" – DIE VORTEILE

Der Kugellauf thermostabiler Bockbüchsflinten kann sich nicht nur ungehindert ausdehnen, sondern ist in der Regel auch noch mit einer Verstelleinrichtung ausgestattet, die eine Justierung der Treffpunktlage zum Schrotlauf ermöglicht. Werden Kugel- und Schrotlauf richtig justiert, hat dann auch der Schrotlauf beim Visieren durch das Zielfernrohr die gleiche Treffpunktlage wie der Kugellauf. Auch das Flintenlaufgeschoss lässt sich mit dem Kugelschuss in Deckung bringen. Viele Jäger sehen daher zu Recht solche modernen und technisch ausgereiften Bockbüchsflinten als die modernen Universalwaffen an.

KIMME UND KORN

Die Visierung klassischer Bockbüchsflinten-Modelle besteht aus eine Klappkimme, die sich bündig in die Schiene einklappen lässt, damit sie beim Schrotschuss nicht stört. Eingeklappt wird von Hand und nicht, wie beim Drilling, über den Umschalter. Vervollständigt wird die offene Visierung durch ein Siberperlkorn wie bei der Flinte.
Moderne Bockbüchsflinte haben auch sehr oft Drückjagdkimmen mit Farbeinlagen in Hausdachform in Kombination mit einem roten Leuchtkorn. Solche Kimmenblätter lassen sich dann auch nicht mehr umlegen.

Mündung eines Bergstutzens Blaser BS 97. Der kleine Kugellauf liegt weitgehend frei in einem Futterlauf und kann an der Mündung justiert werden.

BERGSTUTZEN – LAUFBÜNDEL UND VISIERUNG

VERLÖTET

Das klassische Laufbündel eines Bergstutzens ist mit Reifen bzw. Schienen fest verlötet. Die Läufe sind sehr dünn, um das Gewicht gering zu halten. Sie werden so garniert, dass die Läufe aus jeweils kaltem Lauf auf in der Regel 100 m zusammenschießen. Somit sind sie nur für den Einzelschuss aus kaltem Lauf geeignet. Da sich auch hier die Läufe gegenseitig beeinflussen, kann sicher jeweils nur ein Schuss abgegeben werden. Wer einen Bergstutzen führt, muss individuell prüfen, ob Folgeschüsse mit seiner Waffe noch jagdlich vertretbar sind.
Ein Bergstutzen wird für den Einzelschuss gebaut, entweder mit großer oder mit kleiner Kugel.
Die Läufe werden in der Regel in einem Monoblock gefasst. Nur selten wird eine Laufjustiermöglichkeit etwa nach Fortner für den kleinen Kugellauf an der Mündung angebracht. Fest verlötete Läufe ergeben ein extrem schlankes Laufbündel. Oft findet man eine Viertel-/Drittelvisierschiene auf dem oberen Lauf.

KLEINE KUGEL IM FUTTERLAUF

In modernen Bergstutzen ist der kleine Kugellauf oft teilweise in einem starken Futterlauf verlötet. Der vordere Laufteil liegt frei und kann sich frei ausdehnen. Im Mündungsbereich kann der kleine Kugellauf mittels Feder- und Schraubsystem verstellt werden. Ideal ist eine Dreipunktverstellung, gut eine Zweipunktverstellung und problematisch eine Einpunktverstellung, wie es sie an alten Bergstutzen von Blaser gab.
Der Futterlauf der kleinen Kugel und der große Kugellauf sind miteinander verlötet. Eine Schussfolge kleine – große Kugel ist ohne Treffpunktverlagerung möglich, umgekehrt gilt das nicht.
Folgeschüsse sind mit dem kleinen Kugellauf problemlos möglich. Wie viele Folgeschüsse mit dem großen Kugellauf vertretbar sind, ist von Waffe zu Waffe unterschiedlich – oft nicht einmal einer.

BEIDE LÄUFE FREI LIEGEND

Bei manchen Bergstutzen, wie etwa dem von Krieghoff, liegen beide Läufe frei und der untere Lauf kann in etwa am Vorderschaftende zum oberen Lauf hin justiert werden. Beide Läufe können sich frei ausdehnen und sind voneinander unabhängig, sodass sie unabhängig voneinander in beliebiger Folge geschos-

sen werden können. Auch Folgeschüsse sind problemlos.
Die Läufe sind im Monoblock gefasst, der Zwischenraum zwischen den zwei Läufen wird meist mit einer Schiene verblendet. Ideal ist es, wenn der Monoblock wie beim Blaser Bergstutzen auch die komplette Montage aufnimmt. Andernfalls muss der Vorderfuß einer Montage auf dem oberen Lauf oder in der Visierschiene installiert werden.

OFFENE VISIERUNG

Auf dem oberen Lauf (oder Visierschiene) wird auf Sätteln eine offene Visierung installiert. Sie ist eine Behelfsvisierung und sollte möglichst niedrig sein. Ideal sind eine Kimme mit Rechteckausschnitt und ein buntmetallhinterlegtes Balkenkorn. Ansonsten sind alle offenen Visierungen wie auf anderen Büchsen möglich. Der offenen Visierung kommt beim Bergstutzen eine untergeordnete Bedeutung zu.
Am unteren Lauf oder einer hufeisenförmig am oberen Lauf befestigten Laufführung für den unteren Lauf mit Verstellmechanismus sollte eine Riemenbügelöse installiert sein.

ABZÜGE

Bergstutzen werden eigentlich immer mit zwei Abzügen ausgestattet. Der vordere Abzug bedient den unteren Lauf (große Kugel), der hintere Abzug den oberen Lauf (kleine Kugel). Ideal sind trocken stehende Feinabzüge mit Widerständen zwischen 400 und 600 g. Schließlich werden mit Bergstutzen hochpräzise Einzelschüsse abgegeben. Da kommt es auf gute Abzüge an. Ansonsten kommen Abzüge mit Rückstecher zum Einsatz.
Ideal ist es, wenn beide Abzüge mit einem Rückstecher ausgerüstet sind, obwohl dies bei Zweischlosswaffen ein gewisses Gefahrenpotenzial darstellt: Sind beide Abzüge eingestochen, ist ein Doppeln bei Auslösung des ersten Schusses zwangsläufige Folge. Oft wird deshalb nur im vorderen Abzug ein Rückstecher installiert.
Unter den Bockbüchsflinten finden sich auch Modelle mit nur einem Abzug und einem Umschalter. Für den Kugelschuss wird fast immer ein Rückstecher eingebaut. Bei Modellen mit zwei Abzügen bieten auch hier manche Hersteller an, den hinteren Abzug ebenfalls mit einem Rückstecher auszustatten, sodass auch bei eingelegtem Einstecklauf gestochen geschossen werden kann.

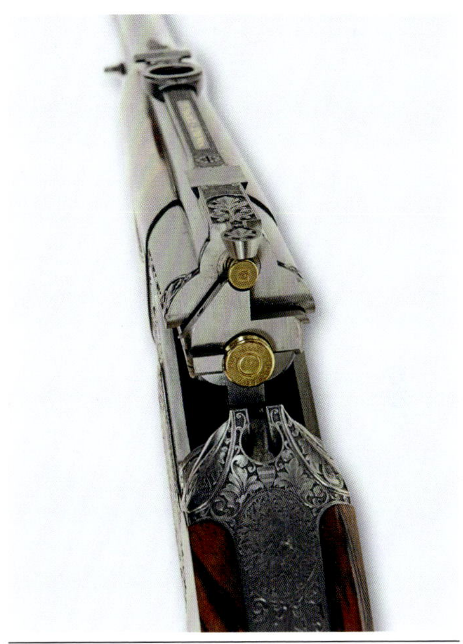

Im Monoblock gefasste Läufe eines Bergstutzens

SICHERUNGEN

Bei Bockbüchsflinten und Bergstutzen kommen dieselben Sicherungen wie bei Doppelbüchsen zum Einsatz. Sehr sicher sind natürlich auch an diesen Waffen Handspannerschlosse. Ideal ist auch eine Schlagstücksicherung, die man jedoch selten findet. Eine reine Abzugssicherung ist nicht ratsam. Die Sicherung auf der Scheibe sollte zumindest die Abzugsstangen festlegen.

KURZWAFFEN

DER REVOLVER

Obwohl heute fast „narrensichere" Pistolen angeboten werden, bevorzugen die meisten Jäger nicht von ungefähr immer noch den Revolver: Trotz moderner Technik erfordern Pistolen einfach mehr Handgriffe, bis sie schussbereit oder wieder entladen sind.

Abgesehen von der größeren Störanfälligkeit beim Einsatz von Teilmantel- oder Hohlspitzmunition – für den Fangschuss unbedingt zu empfehlen – lassen Pistolen auch mehr Spielraum für „menschliches Versagen". Der Schütze vergisst z. B. das Durchladen, die Sicherung ist eingelegt oder das Magazin kann sich unbemerkt lösen. Der Revolver dagegen funktioniert mit jeder Patronensorte. Sind seine Trommelkammern gefüllt, ist er einsatzbereit.

BAUARTEN

Die Unterscheidung der einzelnen Bauarten beim Revolver bezieht sich auf die Art, die Trommel zu laden. Wir unterscheiden hier drei unterschiedliche Bauweisen.

LADEKLAPPENMODELLE

Die ersten Revolver waren Vorderladerwaffen mit Perkussionszündung. Bei ihnen wurden die einzelnen Trommelkammern von vorn mit Pulver und Kugel geladen, am hinteren Ende wurde dann ein Zündhütchen auf das Piston gesetzt.

Als die Ära der Patronenmodelle begann, erfuhren diese Waffen eine Veränderung. Die Trommel wurde komplett durchbohrt, um die Metallpatronen von hinten in die Trommel zu laden. Um dies zu ermöglichen, musste das Rückstoßschild an einer Seite so weit aus-

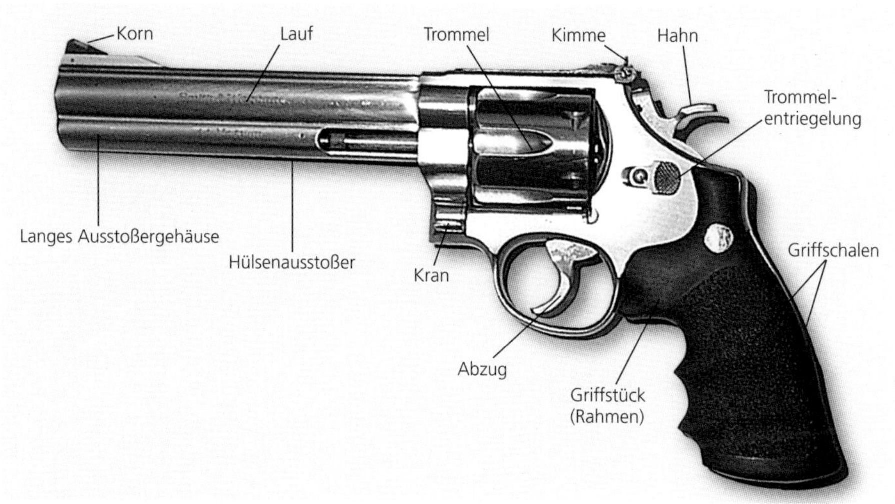

Die Bezeichnungen beim Revolver

Single-Action-Revolver mit Ladeklappe. Die Trommel lässt sich hier nicht ausschwenken.

Kipplaufrevolver

gefräst werden, dass sich eine Patrone daran vorbei in eine Trommelkammer schieben ließ. Die Trommel wurde dann jeweils um eine Rast weitergedreht, bis alle sechs Kammern geladen waren. Um zu verhindern, dass die Patrone, die in der Kammer vor der Ladeöffnung lag, nach hinten herausfiel, wurde eine bewegliche Klappe angebracht, die genau das verhinderte.

KIPPLAUFREVOLVER

Bei einem Kipplaufrevolver sind Trommel und Lauf miteinander verbunden und diese Einheit ist mit einem Gelenk am Rahmen befestigt. Die Verriegelung erfolgt über einen Verriegelungsbügel an der Oberseite des Rahmens. Zum Laden wird der Lauf samt Trommel abgekippt. Alle sechs Trommelbohrungen liegen dann frei und können gefüllt werden.

Das Entfernen der Hülsen geht noch schneller, denn die meisten Modelle haben einen automatischen Ausstoßer, der beim Abkippen aktiviert wird und alle sechs Hülsen auf einmal aus den Lagern befördert. Laden und Entladen geht hier wesentlich schneller als bei den Ladeklappenmodellen. Einen Nachteil stellt der offene Rahmen dar. Er ist nicht sehr stabil und mit modernen Magnumpatronen überfordert. Moderne Waffen werden daher kaum noch mit Kipplaufsystem gebaut.

ENTLADEN AUF EINEN RUTSCH

Ladeklappenrevolver werden heute noch gebaut. Viele Firmen, wie etwa Colt, Casull oder Ruger, bieten solche Modelle an. Nachteil dieser Bauart ist, dass jede Patrone einzeln geladen wird, jeweils die Trommel weiter gedreht und auch jede leere Hülse einzeln ausgestoßen werden muss. Daher wurde nach Möglichkeiten gesucht, schneller laden und die Hülsen möglichst auf einen Rutsch entfernen zu können. Das funktioniert bei den Kipplauf- und Schwenktrommel-Revolvern.

SCHWENKTROMMELREVOLVER

Um einen geschlossenen Rahmen für starke Gasdrücke einsetzen zu können und trotzdem den Lade- und Entladevorgang zu beschleunigen, wurden die Revolver mit Schwenktrommel entwickelt. Sie werden heute fast ausschließlich gebaut. Die Trommel ist bei ihnen auf einem seitlich ausschwenkbaren Arm, dem sogenannten Trommelkran, befestigt und lässt sich nach links aus dem Rahmen klappen, sobald die Trommelarretierung gelöst wird. Die Kammern liegen dann wie beim Kipplaufrevolver völlig frei und können geladen werden.

Zum Entfernen der leeren Hülsen werden bei ausgeklappter Trommel der Auswerfer von Hand betätigt und alle Hülsen zeitgleich ausgestoßen. Das geht zwar nicht ganz so schnell wie bei der Automatik des Kipplaufrevolvers, doch ist der Zeitunterschied sehr gering. Revolver mit Schwenktrommel verdauen wegen ihres geschlossenen Rahmens auch gasdruckstarke Patronen.

Moderner Schwenktrommelrevolver

SCHLOSSSYSTEME

Das Schlosssystem eines Revolvers entscheidet darüber, in welchem Modus bzw. in welchen Modi man die Waffe schießen kann. Das heißt, was zu tun ist, um einen Schuss auslösen zu können.

SINGLE ACTION

Die ersten Revolver waren mit einem Single-Action-(SA-)Schloss und SA-Abzug ausgestattet. Das Ziehen des Abzugs ist nur mit einem Vorgang verbunden. Der Hammer oder Hahn wird aus seiner Rast gelöst, damit er die Patrone zündet.
Beim SA-Schloss muss der Hammer vor jedem Schuss manuell mit dem Daumen gespannt werden. Er besitzt eine Sicherheitsrast. Liegt er darin, kann der Revolver gefahrlos geführt werden. Dazu zieht man den Hahn aus der vorderen Stellung etwas zurück, bis er einrastet. Will man schießen, dann muss der Hahn ganz zurückgezogen werden.
Zum Entspannen wird der Hammer gehalten und dann der Abzug gezogen. Bei gezogenem Abzug lässt man anschließend den Hammer langsam nach vorn gleiten.
SA-Schlosse haben den Vorteil, dass stets derselbe Abzugswiderstand gegeben ist. Er ist mit meist zwischen 1,4 und 1,8 kg sehr gering.

Single-Action-Revolver

Double-Action-/Single-Action-Schloss mit Blattfeder und mit außen liegendem Hahn von Smith & Wesson

Double-Action-Only-Revolver ohne außen liegenden Hahn

Zudem steht der Abzug trocken und hat keinen langen Weg. So lässt es sich sehr präzise schießen.
Im Gegensatz zu alten SA-Revolvern haben moderne SA-Revolver eine Innensicherung, die eine Schussauslösung nur bei gespanntem Hahn ermöglicht. Befindet sich der Hahn in der Sicherheitsrast, ist auch bei Rastbruch und Krafteinwirkung auf den Hahn kein Schuss möglich. Moderne SA-Revolver mit Transfer Bar-Innensicherung (s. weiter u.) haben keine Sicherheitsrast, da sie nicht nötig ist.

DOUBLE ACTION

Die meisten Jäger werden einen Revolver mit Double-Action-(DA-)Schloss vorziehen. Double Action bedeutet, dass beim Ziehen des Abzugs zwei Vorgänge ausgeführt werden. Beim Durchziehen des Abzugs wird zunächst das Schloss gespannt. Steht er in hinterer Stellung, wird der Hammer oder Hahn beim weiteren Ziehen des Abzugs ausgelöst. Ein DA-Abzug spannt also das Schloss und löst den Hahn aus. Das erfordert einen längeren Abzugsweg von etwa zwei Zentimetern. Zudem ist der Abzugswiderstand sehr hoch. Er liegt in der Regel zwischen 4,5 und 6 kg. Hier existieren verschiedene Abzugscharakteristiken: Bei manchen Revolvern steigt der Abzugswiderstand bis zur Hahnauslösung kontinuierlich. Beim Smith & Wesson-Schloss hingegen steigt der Widerstand bis zu etwa 80 Prozent des Abzugsweges, danach wird er vor der Schussauslösung etwas geringer. Das vermeidet ein Verreißen und soll zu einem präziseren Schuss verhelfen. Erfahrungsgemäß muss man sich an den DA-Abzug der eigenen Waffe gewöhnen, erst dann ist schnelles, präzises Schießen möglich.
Bei einem DA-Schloss ist auch das manuelle Spannen des Hahns mit dem Daumen möglich. Dann steht ein trockener SA-Abzug (Widerstand 1,4 bis 1,8 kg) zur Verfügung. Das DA-Schloss beinhaltet vom Prinzip her das SA-Schloss.
Auch DA-Schlosse haben eine Innensicherung, die eine Schussauslösung nur bei gespanntem Hahn (manuell oder mit DA-Abzug gespannt) erlaubt. Der DA-Revolver hat den Vorteil, nur durch Ziehen des Abzugs schussbereit zu sein. Er ermöglicht ein sehr schnelles Schießen und eine schnelle Schussfolge.
Üblich als Innensicherung ist eine über den Abzug verschiebbare Metallplatte, die bei Ruhestellung des Hahns vor diesem liegt und eine Vorwärtsbewegung verhindert. Transfer Bar nennt man diese Platte, wenn sie sich bei

der Auslösung des Schlosses vor den Schlagbolzen im Rahmen legt und der Hammer darauf schlägt. Die Platte bzw. Transfer Bar wirkt dabei direkt auf den Schlagbolzen als Übertragungsstück der Schlagkraft. In der Regel sind heute die Schlagbolzen im Rahmen des Revolvers montiert. Früher befand sich der Schlagstift – oft beweglich – am Hahn.

DOUBLE ACTION ONLY

Bei dieser Schlossvariante kann der Schuss nur über den langen DA-Abzugsweg ausgelöst werden. Er besitzt hinten keine Rast, die den Hahn festhält. Neben dem langen Abzugsweg von rund 20 mm ist ein stets gleicher Abzugswiderstand von rund 3,5 bis 5 kg kennzeichnend. Üblich ist hier ein verdeckter Hammer unter einem geschlossenen Rahmen, der so vor Verschmutzung und Hängenbleiben beim Ziehen geschützt ist.
Hintergrund dieser Schlossvariante war der Wunsch nach größtmöglicher Sicherheit vor einer unbeabsichtigten Schussauslösung unter hohem Stress. DAO-Revolver eignen sich für kurze, maximal mittlere Kurzwaffenentfernungen. Sie sind schnell einsetzbar und ermöglichen eine schnelle Schussfolge.

BLATT- ODER SCHRAUBENFEDERN

Bei Revolverschlossen wird die Schlagkraft des Hammers entweder von einer Blattfeder oder einer Schraubenfeder im Griffrahmen gewährleistet. Blattfedern sind sehr schnell, ermüden nicht und liefern eine sehr gleichmäßige Kraft. Bei Bruch ist die Waffe nicht mehr funktionsfähig. Schraubenfedern auf Führungsstangen sind sehr zuverlässig und bruchsicher. Kommt es dennoch zum Bruch, kann meist weitergeschossen werden.

REVOLVERVISIERUNGEN

Das Visier beim Revolver besteht aus Kimme und Korn. Es besteht zwar auch die Möglichkeit, ein optisches Visier, bevorzugt ein kleines Rotpunktvisier, zu montieren, aber das wird fast ausschließlich für verschiedene sportliche Disziplinen getan oder aber in den Ländern, in denen mit Faustfeuerwaffen auch gejagt wird. Für im deutschsprachigen Raum üblichen Einsatz des Revolvers als Fangschusswaffe bringt das keine Vorteile, denn hier wird auf kürzeste Distanz, meist auf nicht mehr als drei bis fünf Meter, geschossen. Bei Kimme und Korn gibt es die verschiedensten Formen und Bauarten, die auf den ursprünglichen Einsatzzweck der Waffe abgestimmt sind.

Präzisionsvisierungen Revolver, die auch zum Präzisionsschießen auf dem Schießstand ausgelegt sind, haben eine in Höhe und Seite verstellbare Kimme und ein entsprechendes Scheibenkorn, ausgelegt meist als Rechteckkimme und hinterschnittenes Balkenkorn, um ein klares und sauber abgegrenztes Visierbild zu erhalten. Diese an sich erstklassigen Visiere sind aber nur sinnvoll, wenn der Revolver auch über einen

Höhen- und seitenverstellbare Revolvervisierung für sportliches Scheibenschießen

entsprechend langen Lauf und damit ausreichend lange Visierlinie verfügt, um auch auf größere Distanz präzise schießen zu können.

Visierungen für die Jagdpraxis Fangschussrevolver haben meist kurze Läufe, damit sie führig sind. Hier finden sich Scheibenvisierungen kaum. Dazu kommt, dass eine verstellbare Mikrometer-Kimme für Präzisionsschüsse auch sehr empfindlich ist und sich bei rauer Behandlung schnell verstellt.

Bei ausgesprochenen Taschenrevolvern finden sich daher oft feste, nicht verstellbare Visierungen, die nur aus einem Einschnitt in der Rahmenbrücke und aus einem aus dem vollen Laufmaterial herausgearbeiteten oder fest aufgelöteten Korn bestehen. Das Korn wird in der Regel als Schleppkorn ausgelegt, damit es sich nicht in der Tasche verhaken kann und sich gut aus dem Holster ziehen lässt. Diese äußerst robusten Gebrauchsvisiere reichen für Kurzdistanzen aus, auch wenn sie kein so gutes Visierbild liefern. Die Waffe muss aber Fleck schießen, denn verstellen kann man hier nichts – allenfalls das Korn etwas abfeilen, wenn der Revolver Tiefschuss hat.

Praktisch sind weiße Kimmenumrandungen oder ein rotes Leuchtkorn, damit das Visier auch bei schlechtem Licht gut sichtbar ist.

SEITENVERSTELLBARE KIMME – WECHSELBARES KORN

Besser als unveränderliche Gebrauchsvisierungen sind an Revolvern Visierungen, die sich zumindest in der Seite verstellen lassen oder ein auswechselbares Korn haben. Dann kann die Treffpunktlage angepasst werden. Hier spielt auch die verwendete Munition eine Rolle.

Gebrauchsvisierung mit weiß umrandeter Kimme und rotem Leuchtkorn

Schleppkorn an einem Taschenrevolver. Hier lässt sich das Korn wechseln.

DIE PISTOLE

Selbstladepistolen sind technisch mit Selbstladeflinten und -büchsen vergleichbar. Wie bei den halbautomatischen Langwaffen erfolgt der Ladevorgang nach dem Schuss selbsttätig aus einem Magazin, das sich im Griffstück der Pistole befindet.

Wie weiter oben erwähnt, ist die Selbstladepistole grundsätzlich etwas komplizierter in der Handhabung als der Revolver. Dafür ist sie flacher, hat eine höhere Magazinkapazität und schießt nach dem ersten Schuss ohne weitere Manipulationen mit vorgespanntem Hahn- oder Schlagbolzenschloss. Bei Selbstladepistolen muss geprüft werden, ob sie mit der gewünschten Munition störungsfrei funktionieren. Nicht jede Geschossform und Laborierung wird sicher zugeführt. Moderne Konstruktionen sind aber sehr funktionssicher.

VERSCHLUSSSYSTEME

Für Pistolen wurden schon zu Anfang des 20. Jahrhunderts verschiedene Verschlusssysteme entwickelt. In der zweiten Jahrhunderthälfte kam wenig Neues hinzu.

FEDER-MASSEVERSCHLUSS

Der einfachste Verschluss ist sicherlich der Feder-Masseverschluss. Die Masse des Schlittens (Oberteil einer Pistole) mit dem Schlagstift und oft auch einer manuellen Sicherung,

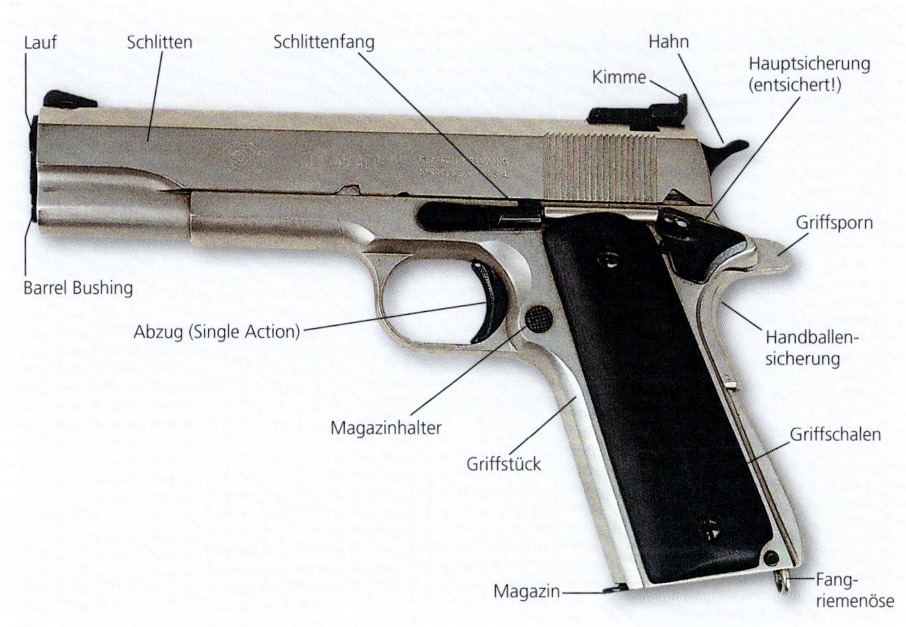

Bezeichnungen an einer Pistole

Masseverschluss an Walther PP

Kniegelenkverschluss an Luger 08

reicht zusammen mit der Verschlussfeder aus, um den Verschluss beim Rücklauf genügend abzubremsen: Die Kräfte werden also von der Masse des Verschlusses zusammen mit der Feder bewältigt. Eine Verriegelung von Lauf und Verschluss gibt es bei diesen Pistolen nicht. Die Verschlussfeder für das Abbremsen des Verschlusses ist von erheblicher Bedeutung, und sie holt den Verschluss wieder in die Ausgangsstellung zurück.
Masseverschlüsse findet man an Pistolen bis zum Kaliber 9 mm kurz (z. B. .22 lfB, 6,35 mm, 7,65 mm Browning).

FEDER-MASSEVERSCHLUSS – VOR- UND NACHTEILE

Der große Vorteil des Feder-Masseverschlusses ist, dass die Pistole mit einem feststehenden und solide am Griffstück befestigten Lauf ausgestattet werden kann. Dieser Lauf ist starr und bewegt sich nicht. Das trägt zu einer hohen Schussleistung bei. Der Nachteil dieses Verschlusses besteht darin, dass er mit stärkeren Kalibern überfordert und für sie nicht verwendbar ist.

GASGEBREMSTER MASSEVERSCHLUSS

In den 1970er-Jahren konstruierte Heckler und Koch seinen gasgebremsten Masseverschluss bei der P7M7/13 in 9 mm Luger. Die P7 hat einen ebenfalls feststehenden Lauf. Sie schießt hochpräzise.
Am Verschluss befindet sich ein Stab mit spiralförmigen Windungen. Dieser Stab ist in einem Zylinder unter dem Lauf gelagert. In dem Lager wird Gas beim Schuss abgeleitet, der Stab bremst den Verschluss ab. Hier wirken Verschlussmasse, Verschlussfeder und Gasbremse zusammen.

KNIEGELENKVERSCHLUSS

Stärkere Kaliber ab 9 mm Luger erforderten in den ersten Jahrzehnten des 20. Jahrhunderts auch stärkere Verschlüsse als den Masseverschluss. Einer der ersten war der Kniegelenkverschluss, wie man ihn an der Mauser Pistole P08 findet. Auch diese Pistole hat einen feststehenden Lauf. Ausgestreckt verriegelt der Verschluss, im Schuss wird er unter Federdruck ähnlich einem angezogenen Bein abgewinkelt. Der Kniegelenkverschluss erfordert sehr genaue Passungen – P08 ist vom Prinzip her eine Rolex unter den Pistolen. Mit nicht zu starken Patronen ist die Funktion dieser Pistole gewährleistet, sehr starke Laborierungen dagegen führten oft zu Ladehemmungen.

VERRIEGELTES BROWNING-SYSTEM

Für wirklich starke Pistolenmunition brachte John Moses Brownings verriegelter Verschluss schließlich den Durchbruch. In zahlreichen Varianten findet man dieses Verschlusssystem noch heute in den allermeisten Pistolen ab Kaliber 9 mm Luger aufwärts. Nachteil ist der abkippende, bewegliche Pistolenlauf, der zweifelsohne die Schussleistung mindern kann.
In der klassischen Form befinden sich auf dem Lauf Kämme – eine Art Warzen –, die im verriegelten Zustand in Lager des Schlittens greifen. Ein bewegliches Kettenglied am Patronenlager wird im Griffstück verstiftet. Vorne sitzt der Lauf möglichst stramm in einer eingesetzten sowie herausnehmbaren Laufbuchse (Barrel Bushing) oder einfach in einer Schlittenöffnung.
Im Schuss wird durch auf den Stoßboden wirkende Kraft der Hülse der Schlitten etwas zurückbewegt und der Lauf hinten über das Kettenglied nach unten gezogen. Das hebt die Verriegelung auf und der Verschluss (Schlitten) kann zurückgleiten. Die Verschlussfeder bremst den Verschluss ebenfalls ab. Sie befindet sich unter dem Lauf und ist vorn mit dem Verschluss verbunden. Hinten stützt sie sich – zumindest teilweise – an einem Lager am Patronenlagerblock ab.

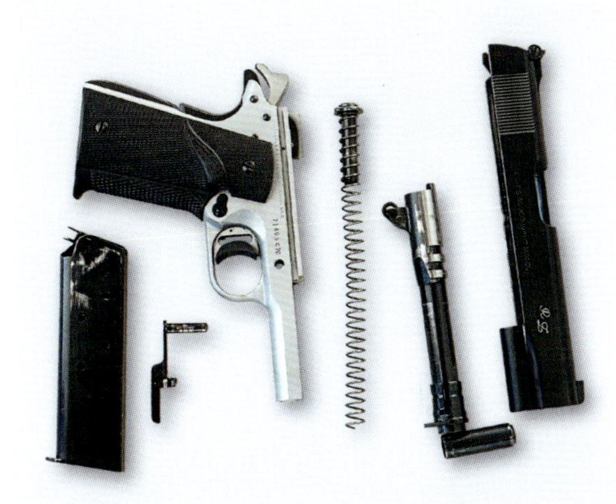

Single-Action-Colt Government mit Browning-Verschluss mit 2 Kämmen auf Lauf und Kettenglied

Drehlaufverschluss an Beretta-Pistole

WEITERE PISTOLEN-VERRIEGELUNGEN

Die Pistole Desert Eagle in den Kalibern .50AE und auch .44 Mag. ist mit einem Drehwarzenverschluss ausgestattet. Er verriegelt direkt im Lauf. Bei der Pistole handelt es sich um einen Gasdrucklader.
Beretta bietet bei seinen Pistolen wie der PX4 eine Drehlaufverriegelung. Verriegelt wird per Laufrotation über eine ringförmige, warzenartige Verstärkung am Lauf im Auswurffenster und einer Ausfräsung im Schlitten. Über eine Steuerkurve wird ent- und verriegelt. Dieser Verschluss ermöglicht eine niedrige Bauhöhe.

BROWNING-SYSTEM MODERN

Moderne Versionen des verriegelten Browning-Systems weisen kein Kettenglied auf. Am Patronenlager befindet sich ein massives Steuerstück, das sein Lager im Griffstück findet. Über eine Steuerkurve wird der Lauf angesteuert und entriegelt. Außerdem wird bei modernen Systemen der Lauf nicht mehr durch Kämme im Verschluss verriegelt. Das geschieht vielmehr mittels eines kantigen Patronenlagerblocks im Hülsenauswurffenster: Die Kontur des Patronenlagerblocks liegt im Auswurffenster an der Verschlusswand an, sodass Lauf und Verschluss verriegelt werden.

Kantige Blöcke verriegeln im Auswurffenster (Art Browning).

Klassisches Pistolengriffstück mit aufgesetzten Holzgriffschalen

Doppelreihige Magazine brauchen Platz. Der Griff nimmt an Umfang zu.

Einschüssige Pistolen haben einen Laufhakenverschluss, Kipplaufpistolen – wie die Thompson/Center Contender – einen Blockverschluss oder einen Drehzylinderverschluss mit Warzenverriegelung im Hülsenkopf.

FEDERN

Je nach Waffe und Kaliber fungieren in Pistolen einfache Schraubenfedern, doppelte Schraubenfedern oder Flachstahlfedern als Verschlussfedern. Bei den verriegelten Verschlüssen sitzen die Federn auf einer kurzen oder durchgehenden Federführungsstange.

DAS GRIFFSTÜCK

Bei einer Pistole hat das Griffstück mehrere Funktionen. Neben der Aufgabe, dem Schützen eine möglichst bequemen Handhabung der Waffe zu ermöglichen, nimmt es den Abzugsmechanismus auf, dient als Halterung für das Magazin und ist die Plattform, auf der sich der Schlitten beim Selbstladevorgang vor- und zurückbewegt.

STAHL UND ALUMINIUM

Traditionell wurden Pistolengriffstücke zunächst aus Stahl gefertigt. Um Gewicht zu sparen, kam dann Aluminium in Mode, geriet aber schnell in Verruf, weil die zunächst eingesetzten Legierungen nicht optimal waren. Bei den stärkeren Kalibern kam es zu Rissen im Griffstück und zum Verschleiß an der Schlittenführung, wo Stahl und Aluminium aufeinandertrafen. Diese Probleme haben moderne Aluminiumlegierungen nicht mehr, wie viele großkalibrige Dienstpistolen beweisen, die bei Militär und Polizei im Einsatz sind. Bestes Beispiel ist hier die Beretta 92, die von der US-Armee geführt wird.

POLYMERGRIFFSTÜCKE

Mit dem Aufkommen doppelreihiger Magazine, die deutlich mehr Raum im Griffstück brauchten, kam als Griffstückmaterial dann Kunststoff, besser gesagt Polymer, auf. Ein herkömmliches Griffstück aus Stahl oder Aluminium mit genug Innenraum für ein dickes 13- oder 15-Schuss-Magazin hat mit den dazugehörigen, aufgeschraubten Griffschalen aus Holz oder Kunststoff schon einen gehörigen Umfang: Für Schützen mit kleinen Händen ist so ein Griff fast nicht zu handhaben. Schnelle Schussfolgen sind kaum möglich, wenn nach jedem Schuss nachgefasst werden muss, weil das Griffstück verrutscht.
Ein Polymergriffstück braucht keine Griffschalen und ist daher wesentlich schlanker. Bei vielen Pistolenmodellen lassen sich auch die Griffrücken austauschen, sodass das Griffstück der Hand angepasst werden kann. Auch hinsichtlich des Gewichts ist Kunststoff klar im Vorteil. Bekanntester Pistolenvertreter ist hier wohl die Glock, deren Griffstück trotz ihres 19-Schuss-Magazins noch sehr schlank ausfällt.

ABZUGSSYSTEME

Ein wesentliches Kriterium bei der Wahl der Pistole ist das Abzugssystem. Bei den Pistolen gibt es wie bei Revolvern Modelle mit Single-Action-Abzug (SA), Double-Action-Abzug (DA) und Double-Action-Only-Abzug (DAO) sowie teilvorgespanntem Sicherheitsabzug.

Modernes Polymergriffstück mit austauschbaren Griffrücken

SINGLE ACTION

Bei den Modellen mit Single-Action-Abzug muss vor dem ersten Schuss der Hahn gespannt werden, entweder wie beim Revolver durch manuelles Spannen mit dem Daumen oder durch die Durchladebewegung, wenn durch Zurückziehen des Schlittens die erste Patrone aus dem Magazin in das Patronenlager befördert wird. Bei einigen Modellen, etwa den Walther-Modellen PP, PPK, TPH oder der P 38, muss die Waffe dabei aber entsichert sein, sonst gleitet der Hahn wieder in die Ruheposition zurück.

POLYMERGRIFFSTÜCKE – HALTBAR UND PFLEGELEICHT

Polymergriffstücke haben Stahleinlagen an den Stellen, wo die Reibung beweglicher Teile stattfindet. Von der Haltbarkeit her sind sie heute über jeden Zweifel erhaben und haben sich weltweit durchgesetzt. Ihr weiterer großer Vorteil ist die Pflegeleichtigkeit. Rosten können Polymergriffstücke nicht, und unschöne blanke Kratzer wie bei brünierten Stahlgriffstücken oder schwarz eloxierten Aluminiumgriffstücken treten auch nicht auf. Dank dieser Vorteile - und wohl auch durch die kostengünstige Fertigung – gehört den Polymergriffstücken wohl die Zukunft. Auf optisch schöne Holzgriffschalen muss man dabei allerdings verzichten.

Pistole mit Single-Action-Abzug. Vor dem ersten Schuss muss der Hahn gespannt werden.

Beim Double-Action-Abzug kann der erste Schuss auch durch kräftiges Zurückziehen des Abzuges ausgelöst werden.

Safe-Action-Abzug an einer Glock-Pistole. Das Schloss ist nur teilgespannt, der Abzugswiderstand liegt deutlich unter dem eines Double-Action-Abzugs, die Waffe ist aber trotzdem sicher.

Durch Sichern kann die Waffe sicher entspannt werden. Verschiedene Modelle haben auch einen separaten Entspannhebel. Hier bezieht sich das Spannen des Hahns aber immer nur auf den ersten Schuss. Nach dem ersten Schuss ist der Hahn automatisch durch den zurückgleitenden Schlitten gespannt.

DOUBLE ACTION

Bei Double-Action-Pistolen kann der Hahn entweder manuell vorgespannt werden, oder aber es wird einfach wie beim Double-Action-Revolver der Abzug durchgezogen und so der erste Schuss abgegeben. Der Abzugswiderstand ist hierbei entsprechend hoch. Nach der Schussabgabe bleibt der Hahn wie bei der Single-Action-Pistole in der Feuerposition und es kann mit verringertem Abzugswiderstand im Single-Action-Modus geschossen werden.

DOUBLE ACTION ONLY

Neuerdings gibt es auch DAO-Pistolen, also Pistolen mit permanentem Spannabzug. Sie können auch ein hahnloses Schlagbolzenschloss haben. Bei diesen Pistolen bleibt das Schloss nach dem ersten Schuss nicht gespannt. Solche Modelle sind nicht zu empfehlen, da hier eine präzise Schussabgabe mit vorgespanntem Hahn und reduziertem Abzugsgewicht nicht möglich ist. Es muss immer mit dem hohen Abzugswiderstand des Spannabzuges geschossen werden.

TEILGESPANNTER SICHERHEITSABZUG

Deutlich besser und sehr handhabungssicher als DAO-Pistolen sind Pistolenmodelle mit teilgespanntem Sicherheitsabzug, wie etwa die Glock. Bei ihnen ist wie bei den DAO-Waffen ein gefahrloses Führen mit einer Patrone im Lauf möglich, da das Schloss nicht vollständig gespannt ist. Erst bei Betätigung des speziellen Safe-Action-Abzugs spannt sich das Schloss vollständig und der Schuss wird

ausgelöst. Nach dem Schuss ist der Schlagbolzen wiederum nur teilgespannt und die Waffe damit sicher.
Solche Pistolenmodelle haben den Vorteil, keine manuelle Sicherung zu brauchen und auch stets mit dem gleichen Abzugswiderstand geschossen werden zu können. Dafür ist der Abzugsweg deutlich länger als bei einer Single-Action-Pistole oder eine Double-Action-Pistole mit gespanntem Hahn.

MAGAZINE

Magazine bevorraten die Patronen in der Pistole. Sie sind entscheidend für die reibungslose Funktion der Waffe. Magazine sind nicht nur relativ teuer, sondern auch sehr empfindlich – schnell kann man durch Unachtsamkeit die Magazinlippen verdrücken.

QUALITÄTSKRITERIEN

Magazine müssen sehr maßhaltig sein, damit eine zuverlässige Patronenzufuhr gegeben ist. Über einen schnellen Magazinwechsels kann bequem und in Sekundenschnelle nachgeladen werden. Dazu ist es aber erforderlich, dass die Magazinentriegelung gut mit dem Daumen erreichbar ist, sodass das Magazin ohne Griffänderung entriegelt werden kann.
Nach dem Entriegeln soll das Magazin schnell aus dem Magazinschacht herausrutschen. Glatte Magazine sind deshalb von Vorteil. Ideal ist ein Druckknopf zur Magazinentriegelung am Griff in etwa Abzugsbügelhöhe. Sehr umständlich sind Verriegelungen am Magazinboden und somit an der Pistolengriffunterseite.

STAHL UND KUNSTSTOFF

Es gibt Magazine aus Stahlblech, aber auch welche aus Kunststoff. Stahlmagazine werden glatt geschliffen und brüniert, gelegentlich aber auch vernickelt. Magazine aus faserverstärktem Kunststoff haben im Bereich der Magazinlippen meist Stahleinsätze.

Einreihiges (o.) und doppelreihiges Magazin

Die Böden von Pistolenmagazinen sind etwas größer als das Magazin selbst. Sie reichen vorn meist weit über den Magazinkörper hinaus. Dies dient der sicheren Anlage am Magazinschacht und einer leichteren Handhabung.
Der Magazinboden sollte leicht abnehmbar sein, damit man den Innenraum des Magazins reinigen kann. Im Magazinkörper befindet sich die Magazinfeder, die auf den sogenannten Zubringer wirkt. Er kann aus Stahlblech oder Kunststoff sein. Es gibt sowohl einreihige als auch zweireihige Magazine.

MAGAZINSCHUHE

„Magazinschuhe" sind kräftig ausgebildete, oft abgeschrägte Magazinböden, mit denen manche Magazine ausgestattet sind. Solche Böden erhöhen die Griffigkeit des Magazins und auch dessen Gewicht: Das Magazin fällt nach dem Entriegeln schneller heraus. Mit einem Magazinschuh lässt sich auch die Magazinkapazität – in der Regel um eine Patrone – erhöhen.

Zwei doppelreihige Magazine (l. und M.) mit Ladeanzeige durch Bohrungen und einreihiges Magazin für .22 LfB mit seitlicher Ladehilfe

Einreihige Magazine Diese Magazine fassen natürlich weniger Patronen als zweireihige. In der Regel liegt ihre Kapazität zwischen fünf und acht Patronen. Seitliche Schlitze lassen meist ihren Ladezustand erkennen. Einreihige Magazine lassen sich in der Regel leichter laden als zweireihige, da ihre Magazinfeder schwächer ist. Vorteilhaft ist, dass bei einreihigen Magazinen die Griffe der Pistolen sehr schmal gehalten werden können und sich die Waffen dann auch mit kleinen Händen gut fassen lassen. Außerdem tragen solche Pistolen kaum auf. Sie lassen am Griffstück auch Raum genug für individuelle Griffschalen.
Zweireihige Magazine Wer eine hohe Feuerkraft benötigt, muss zu zweireihigen Magazinen greifen. In ihnen bringt man viel mehr Patronen unter, je nach Waffe 13 bis 19 Stück. Es gibt auch überlange „Zweireiher", die aus dem Griff herausragen. Den Ladezustand doppelreihiger Magazine erkennt man durch Löcher auf der Magazinrückseite.
Der Nachteil doppelreihiger Magazine ist ihr großes Volumen. Das erfordert dicke Griffe. Oft sind diese so stark, dass ihre Griffigkeit nur mäßig ist und die Bedienelemente, Magazinentriegelung sowie Schlittenfang mit den Fingern nur umständlich erreicht werden können. Kurze Finger gelangen unter Umständen nur schlecht an den Abzug.
Die Hersteller versuchen daher natürlich, die Griffe so dünn wie möglich zu halten. Am besten gelingt dies mit Kunststoffgriffstücken, die ohne zusätzliche Griffschalen auskommen.

FEST EINGEBAUTE MAGAZINE

Pistolen früherer Zeiten hatten auch fest eingebaute Magazine. Ein Beispiel dafür ist die Mauser Armeepistole C96. Ihr Magazin lag vor dem Abzugsbügel und wurde mittels Ladestreifen bestückt. An modernen Pistolen findet man heute keine solchen fest eingebauten Magazine mehr.

VISIERUNGEN

Egal, ob man auf die Scheibe schießt, einen Fangschuss auf Wild abgibt oder sich mit der Kurzwaffe verteidigen muss: Auf die Visierung kommt es genauso an wie auf Griffergonomie und Abzug.

ROTPUNKT- UND REFLEXVISIERE

In der Regel werden Pistolen mit offener Visierung geschossen, beim sportlichen Schießen werden jedoch auch Rotpunkt- oder Reflexvisiere verwendet. Auch diese Zieleinrichtungen erlauben ein sehr schnelles Schießen. Sehr kleine Rotpunktvisiere wie das nur 84 g schwere Micro von Aimpoint eignen sich auch für Pistolen, die ständig geführt werden, und sind für den Fangschuss und zur Verteidigung brauchbar. Der Vorteil von Rotpunktvisieren besteht darin, dass sich Rotpunkt und Ziel in einer fokalen Ebene bzw. Bildebene befinden. Bei hoher Schusszahl anlässlich des Übungsschießens verschmutzt die Optik aber stark. Zudem erfordern sie intensives Training.

ALLES SCHARF GEHT NICHT

Kein Auge kann beim Schießen über die offene Visierung drei verschiedene Ebenen, also Kimme, Korn und Ziel, scharf sehen. Der Schütze sollte das Korn scharf sehen. Die Kimme darf ebenso etwas unscharf sein wie das Ziel, in der Regel also die Scheibe.

LASERVISIERUNGEN

Laservisierungen, die als Zusatzgerät an Pistolen angebracht oder in deren Griffschale integriert werden, sind in Deutschland und vielen anderen Ländern verboten. Wo das nicht der Fall ist, erfordert auch die sichere Handhabung solcher Visierungen ein intensives Training.

OFFENE VISIERUNG

Üblich ist bei Pistolen jedoch die offene Visierung. Wegen der nur kurzen Visierlinie – Abstand zwischen Kimme und Korn also – fällt präzises Visieren schwer.
Die Ausführungen der offenen Pistolenvisierungen variieren stark. Sie müssen sich nach Aufgabe und Zweck der Waffe richten. Eine Scheibenpistole benötigt eine andere offene Visierung als eine Selbstverteidigungs- oder Fangschusswaffe.
„Out" sind schmale V-Kimme und spitzes Dachkantkorn, wie man sie früher an der P08 fand. Ein Rechteckausschnitt in der Kimme ist heute Standard bei Pistolen.
Für das Scheiben- und Präzisionsschießen eignet sich ein großes Kimmenblatt mit Rechteckausschnitt, kombiniert mit einem Balkenkorn. Eine Scheibenvisierung sollte mittels Klickrasterung in Seite und Höhe verstellbar sein.

FANGSCHUSSVISIERUNGEN

Für Selbstverteidigung und Fangschuss werden andere Anforderungen an die Visierung gestellt als beim Scheibenschießen. Das Visierbild muss schnelles und präzises Schießen möglich machen, doch darauf allein kommt es nicht an. Wichtig ist auch eine große Robustheit. Das Visier muss Stöße

Rotpunktvisier Aimpoint Micro

Niedriges Stahlvisier

genauso aushalten wie die Belastung beim Führen im Holster. Ferner sollte es keine scharfen Kanten haben, denn man darf keinesfalls beim Ziehen der Waffe an der Kleidung hängen bleiben.

Manuell justierbar muss ein Visier für den jagdlichen Alltag nicht sein. Viele Justierungen sind für die raue Praxis viel zu filigran und empfindlich, und Schrauben können sich unbeabsichtigt lösen. Ideal ist deshalb eine stabile Stahlkimme im Schwalbenschwanz. Auch damit ist zumindest eine seitliche Verstellung beim Einschießen möglich. Die Ecken sollten abgerundet und so entschärft sein. Eine nicht zu hohe Bauhöhe ist von Vorteil.

Das Korn sollte scharfe Kanten haben, damit man es gut erkennt. An Pistolen findet man seltener ein Schleppkorn. Bei starrer Visierung stehen Korne mit unterschiedlicher Bauhöhe zum Wechseln zur Verfügung. Auch das Korn steckt meist in einem Schwalbenschwanz. Die Visierung sollte unverrückbar in ihren Lagern stecken.

Neben Stahlvisieren gibt es auch sehr gute Visierungen aus faserverstärktem Kunststoff.

JUSTIERBARE KIMMEN

Auch für Fangschusspistolen gibt es gute, justierbare Kimmen. Die Justierung muss gut in die Kimme integriert sein, am besten versenkt. Die Visiere von Glock-Pistolen sind diesbezüglich eine gelungene Lösung.

QUALITÄTSMERKMALE UND VISIERUNGSBEISPIELE

Wichtiger als jeder Kontrast ist, dass zwischen Kimme und Korn genug Licht steht. Das ist besonders bei geringem Licht sehr wichtig. Bei Tageslicht sollte zwischen dem Korn und dem Rand des Kimmenausssschnitts ein möglichst großer Lichtspalt bestehen. Weiterhin ist ein Kontrast sinnvoll, der bei schwindendem Licht gut zu erkennen ist und sich gut vom dunklen Ziel (Wildkörper) abhebt.

Sehr gut brauchbar ist z. B. eine weiße Umrandung des Kimmenausschnitts. An Kornen sind auch rote oder weiße Perlkorne gebräuchlich, also Stahlkorne mit eingesetzter roter oder weißer Kugel. Ebenso gibt es eingesetzte Neusilberkugeln.

In Schleppkorne für Pistolen werden oft rote Kunststoffeinlagen eingesetzt. Sie sind allerdings nicht so gut wie weiße Kontrastmarkierungen.

Lichtbündelnde Fiberglasstäbe als Korn bieten zweifelsohne eine guten Kontrast, sind aber zu bruchempfindlich.
Bei seiner „Jägerpistole" (P237) installierte SIG-Sauer eine weite, flache Schmetterlingskimme mit weißem Mittelstrich, die mit einem übergroßen, weißen Perlkorn kombiniert war. Das eignet sich aber nur auf kurze Schussdistanzen. Viel bessere Erfahrungen machten die Verfasser bei Fangschüssen in der Praxis mit SIG-Sauers Standard 3-Dot-Visierung (s. Kasten). Auch die Trapezvisierung der Steyr M9, bestehend aus einem trapezförmigen, weiß umrandeten Kimmenausschnitt und einem Dachkorn mit passender Dreiecks-Einlage, ermöglicht eine sehr schnelle Zielerfassung und ist auch für größere Distanzen geeignet.

EINSCHIESSEN UND ÜBEN

Wichtig ist, jede Pistole mit der offenen Visierung genau einzuschießen. Je nach Waffe ist ein Fleckschuss auf 10, 15 oder 25 Meter sinnvoll. Bei kurzläufigen Pistolen empfehlen die Verfasser 15 m und bei Standardwaffen 25 m. Ist das Einschießen erfolgt, macht es Sinn, die Kimme festzukleben, um einer neuerlichen Dejustierung vorzubeugen.
Wer eine Kurzwaffe benutzen möchte, muss unbedingt damit üben, muss sich auf „seine" Visierung einschießen und deren Treffpunktlage auf unterschiedliche Entfernung kennen. Nur dann lässt sich in der Aufregung ein Fangschuss zielsicher antragen.

3-DOT-VISIERUNG

Die Verfasser sind Fans der sogenannten 3-Dot-Visierung (Drei-Punkt-Visierung). Auf der Kimme dieser Visierung stehen zwei weiße Punkte und auf dem Korn ein weißer Punkt. Zu klein dürfen die Punkte nicht sein. Diese Visierung ist ideal für den Fangschuss, auch bei schlechtem Licht. Anstatt weißer Punkte sind auch Tritiumpunkte auf Kimme und Korn möglich. Sie leuchten in Dämmerung und Dunkelheit grün.

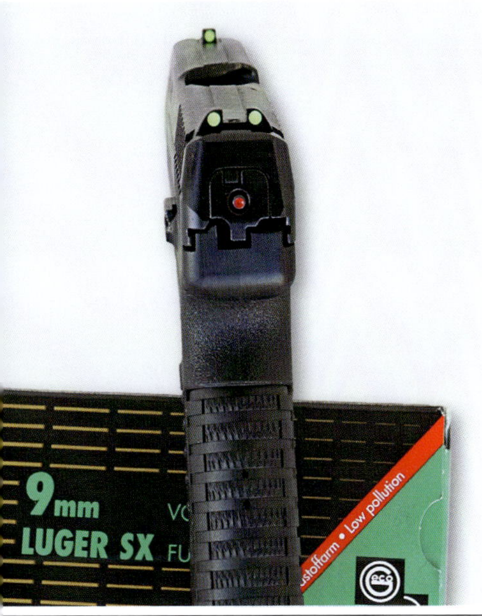

Fluoreszierendes „Nachtvisier" mit drei Dots

Drei-Dot-Visier und Visier mit Punkt auf Korn sowie weißer Kimmenausschnittumrandung

MONTAGEN UND OPTIK

SCHALLDÄMPFER

Den Schussknall zu reduzieren und das eigene Gehör sowie das der Mitjäger und Hunde zu schützen, ist ein Gebot der Gesundheitsvorsorge. Das geschieht am besten durch einen Schalldämpfer. Er bekämpft das Übel dort, wo es entsteht – an der Mündung der Waffe.

Die Erkenntnis, dass von Schalldämpfern in Jägerhand keine Gefahr ausgeht, scheint sich so langsam durchzusetzen, einige Bundesländer erlauben sie bereits und stellen Waffenbesitzkarten dafür aus, eine entsprechende Änderung des Bundesjagdgesetztes ist absehbar.

SINN UND ZWECK

Schalldämpfer für Jagdbüchsen reduzieren den Mündungsknall auf ein für den Schützen angenehmes und nicht mehr gehörschädigendes Niveau. Der Schussknall einer Jagdbüchse erreicht über 150 dB, sodass schon ein Schuss das Gehör dauerhaft schädigen kann. Unterhalb von 135 dB ist der Knall unschädlich: Aufgabe eines Jagdschalldämpfers ist also, den Schussknall unter diese Grenze abzusenken. Im europäischen Ausland wie England oder Schweden gehören daher Schalldämpfer schon lange zur Grundausstattung vieler Jäger.

ZWEI BAUARTEN

Schraubt man einen Schalldämpfer auf eine Jagdwaffe mit normaler Lauflänge, wird es schnell unhandlich und sperrig, denn je nach Bauart des Schalldämpfers wird die Waffe um 150 bis 300 mm länger.
Grundsätzlich unterscheiden wir zwei Bauarten von Schalldämpfern, die Einfluss auf die Waffenlänge haben.

Der normale *Standard-Schalldämpfer* wird einfach vorn auf den Lauf geschraubt. Die Lauflänge wächst also mit einem Standard-Schalldämpfer um dessen Länge.
Günstiger sind sogenannte *Reflex-Dämpfer*, auch *Over-Barrel-* oder *Teleskop-Dämpfer* genannt. Sie umschließen den Lauf teilweise, sodass sich die Gesamtlänge der Waffe nicht so stark erhöht wie bei einfach aufgeschraub-

Schalldämpfer im Praxiseinsatz. Spätestens in höherem Alter dankt das Gehör des Jägers die Verwendung eines Knallreduzierers.

NICHT NUR GERÄUSCH-REDUKTION

Hauptaufgabe eines Schalldämpfers ist natürlich, den Geräuschpegel des Schnussknalls zu senken. Daneben bietet so ein Dämpfer jedoch noch weitere Vorteile: Er unterbindet das Mündungsfeuer, reduziert den Rückstoß reduziert und steigert die Schusspräzision der Waffe.

ten Standard-Dämpfern. Zusätzlich sitzen Schalldämpfer dieser Bauart auch stabiler auf dem Lauf, da sie über einen am Schalldämpferende angebrachten und auf den Laufdurchmesser abgestimmten Führungsring vom Gewehrlauf gestützt werden. Gegen Hebelkräfte ist der Reflex-Dämpfer dadurch deutlich unempfindlicher. Der größte und für Jäger praktische Vorteil ist jedoch die kürzere Gesamtlänge der Waffe, besonders, wenn deren Lauf Normallänge besitzt.

KALIBER UND LAUFLÄNGE

Bauweise hin oder her – länger werden Lauf und Waffe aber auf jeden Fall. Wenn ohnehin ein Mündungsgewinde auf den Lauf geschnitten werden muss, ist also zu überlegen, ob zuvor der Lauf nicht auch gleich gekürzt wird. Die Mehrkosten dafür sind gering.
Um wie viel ein Lauf gekürzt werden kann, ist kaliber- und einsatzabhängig. Patronen wie .308 Winchester, .30-06, 8 × 57 IS, 8,5 × 63, 7 × 57 oder 9,3 × 62 vertragen Laufkürzungen recht gut und die Leistungseinbußen sind unter jagdpraktischen Gesichtspunkten kein großes Problem. Läufe dieser Kaliber kann man durchaus bis auf etwa 45 cm Länge einkürzen. Durch den Schalldämpfer bekommt das Geschoss auch noch etwas zusätzlichen Schub, wenn es sich im Dämpferrohr befindet. Bei Magnumpatronen wie der .300 Winchester Magnum oder der 8 × 68 S sieht es schon

Standard-Schalldämpfer verlängern die Waffe um genau ihre eigene Länge.

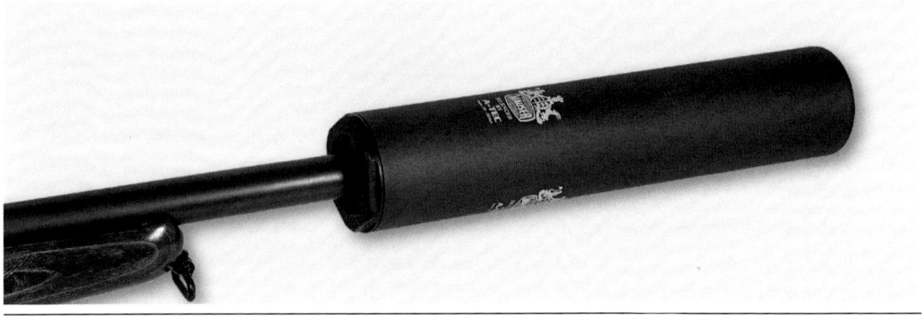

Over-Barrel-Dämpfer umschließen den Lauf teilweise, verlängern die Waffe weniger stark und sitzen stabiler.

anders aus: Für sie ist ein Kurzlauf kaum zu empfehlen. Unter 56 cm sollte man hier nicht gehen, es sein denn, man schießt ausschließlich auf kurze Distanzen.

WAFFENARTEN UND MÜNDUNGSGEWINDE

Um den Schalldämpfer am Lauf zu befestigen, ist ein passendes Mündungsgewinde erforderlich. Klemmvorrichtungen, wie sie bei Kleinkaliberbüchsen mitunter eingesetzt werden, sind bei einem Großkaliber-Schalldämpfer nicht möglich.
Ein Schalldämpfer kann damit auch nur an einer einläufigen Waffe angebracht werden. Bei kombinierten Jagdwaffen wie Drillingen, Bergstutzen oder Bockbüchsflinten ist ein Schalldämpferanbau nicht möglich oder würde erhebliche Umbauarbeiten erfordern. Selbstladebüchsen mit einem Schalldämpfer auszustatten, ist nicht unproblematisch, denn der Dämpfer kann sich auf die Waffenfunktion auswirken. Und hier gilt „learning by doing", denn vorher lässt sich nicht sagen, ob der Halbautomat auch mit Dämpfer sicher funktioniert.

MÜNDUNGSGEWINDE SCHNEIDEN LASSEN

Im günstigsten Fall hat die Büchse bereits ein Mündungsgewinde, etwa für eine Mündungsbremse. Moderne Büchsen werden schon sehr oft mit Mündungsgewinde geliefert oder können gegen Aufpreis so bestellt werden. Beim Kauf einer Neuwaffe kann nur empfohlen werden, gleich das Mündungsgewinde mit zu ordern. Ist kein Gewinde vorhanden, wird es schon schwieriger.
Das Mündungsgewinde ist die Verbindung zwischen Gewehrlauf und Schalldämpfer, und es hat eine größere Bedeutung als man auf den ersten Blick annimmt. Das Gewinde muss genau zur Seelenachse des Laufes fluchten und darf nicht etwa nach dem Außenprofil ausgerichtet werden. Das ist nur maschinell möglich und erfordert Erfahrung. Berührt das Geschoss beim Durchgang durch den Schalldämpfer die Lamellen, kann das den Dämpfer zerstören, beeinflusst aber zumindest die Präzision negativ.
Ein Mündungsgewinde muss von einem qualifizierten Büchsenmacher und darf nicht von einem Kumpel mit Zugang zu einer Dreherei oder gar in Heimarbeit in den Lauf geschnitten werden!

Innenliegendes Gewinde eines Reflex- oder Over-Barrel-Schalldämpfers

MÜNDUNGSGEWINDE UND RECHT

Dass ein Mündungsgewinde nur von einem gelernten Büchsenmacher angebracht werden darf, ergibt sich schon aus den rechtlichen Vorschriften: Gemäß Waffenverwaltungsvorschrift ist das Ändern wesentlicher Teile einer Schusswaffe eine „Waffenherstellung". Hierfür ist eine Erlaubnis erforderlich (§21 oder §26 Waffengesetzt). Das Anbringen eines Mündungsgewindes fällt darunter, denn es handelt sich hierbei um das Ändern eines höchst beanspruchten Teils der Waffe. Nach dem Anbringen des Gewindes muss nach §3 Beschussgesetz die Waffe neu beschossen werden.

PASSEND ZUM LAUF

Das Mündungsgewinde braucht eine Länge von etwa 12 bis 15 mm. Hat die Waffe eine offene Visierung, muss der Kornträger entfernt und, soll die offene Visierung auch zukünftig zur Verfügung stehen, weiter hinten auf dem Lauf wieder angebracht werden. Läufe sind konisch, das heißt, sie werden zur Mündung hin dünner. Wird das Korn weiter hinten angebracht, ist in der Regel eine Höhenkorrektur notwendig, damit die Waffe über Kimme und Korn wieder Fleck schießt.

Europäische und skandinavische Länder setzten für Mündungsgewinde metrische ISO-Feingewinde ein. Der Durchmesser eines Gewindes muss passend zur Laufstärke gewählt werden. Das ist wichtig, denn zum einen ist eine ausreichende Schulter von mindestens einem Millimeter für die Zentrierung des Schalldämpfers nötig und zum anderen darf natürlich die Wandstärke des Laufes nicht zu gering werden.

Bei normalen dünnen Jagdläufen mit 15 bis 16 mm Mündungsdurchmesser und einem Kaliber bis .30" ist ein M14×1-Gewinde eine gute Wahl, während bei einem Mündungsdurchmesser von 16 bis 17,5 mm und bis Kaliber 9,3 mm M15×1 zu empfehlen ist. Semi-Weigt-oder Varmintläufe mit 19 bis 22 mm Durchmesser können mit einem M17×1- oder M18×1-Gewinde versehen werden.

Mündungsgewinde und schützende Abdeckkappe

GEWINDESCHUTZ

Soll die Büchse auch ohne Schalldämpfer eingesetzt werden, ist unbedingt eine passende Abdeckkappe notwendig, um das empfindliche Gewinde zu schützen, wenn der Dämpfer nicht montiert ist. So eine Schutzkappe muss passend zum Außendurchmesser des Laufes angefertigt werden.

ZIELFERNROHRMONTAGEN

Die präziseste Büchse, das beste Zielfernrohr und die teuerste Munition sind nutzlos, wenn die Verbindung von Waffe und Zieloptik nicht von ebenso hoher Qualität ist. Die Zielfernrohrmontage ist für eine konstant präzise Schussleistung von ausschlaggebender Bedeutung.

Viele Präzisionsprobleme an Jagdwaffen haben ihre Ursache nicht etwa im Lauf der Waffe, sondern in dem kleinen Bauteil der Zielfernrohrmontage. Heute gibt es eine Vielzahl von Montagesystemen, die sich in Bauart und Preis stark unterscheiden.

FEST- UND AUFSCHUBMONTAGEN

Relativ einfach und effizient ist es, Waffe und Zielfernrohr zu einer festen Einheit zu verbinden. Solche Festmontagen werden heute in aller Welt in großer Stückzahl eingesetzt. Die Vorteile liegen auf der Hand. Die Verbindung ist schussfest, preiswert und es werden fast alle Fehlerquellen ausgeschaltet. So gesehen sind eigentlich Festmontagen die optimale Lösung, zumindest für einläufige Kugelwaffen. Auf Sportwaffen findet sich daher diese Montageart auch sehr häufig. Benchrestwaffen, die als die präzisesten Büchsen überhaupt gelten, werden so gut wie ausschließlich mit Festmontagen ausgestattet.
Diese Montagen sind zum Verbleib des Zielfernrohrs auf der Büchse entwickelt worden. Eine Zielfernrohrabnahme ist meist nur mit Werkzeug möglich. Eine hohe Wiederholgenauigkeit der Treffpunktlage nach Abnahme und Wiederaufsetzen des Zielfernrohrs ist hier nicht zu erwarten. Dafür sind diese Montagen extrem robust und sehr schussfest.

PRISMENSCHIENE

Die Montage wird am Zielfernrohr mit Ringen oder über eine Schiene am Zielfernrohr befestigt und dann auf die Montagebasis an der Waffe aufgekippt oder aufgeschoben.
Als Montagebasis dient eine Prismenschiene, die entweder aus dem vollen Material des Waffensystems ausgefräst oder auf die Systemoberseite aufgeschraubt wird. Die gebräuchlichsten Breiten der Prismenschienen sind 11 oder 16 mm. Die 11-mm-Schiene findet sich gern bei Kleinkaliberbüchsen und Luftdruckwaffen. Die Verbindung vom Montageoberteil zur Schiene erfolgt über seitliche Klemmbacken. Um ein Verschieben des Montageoberteils auf der Prismenschiene zu

Sako-Aufschubmontage auf Prisma auf Hülse

verhindern, sind an den Montagesockeln oft sogenannte „Stoppstifte" in Form eines Bolzens oder einer Schraube vorhanden, die in eine Ausfräsung der Schiene eingreifen und das Oberteil in Längsrichtung festlegen.

WEAVER- UND PICATINNY-SCHIENEN

Aufschub- oder Aufkippmontagen benötigen ebenfalls eine Schienenbasis auf der Waffe. Auch sie kann integraler Bestandteil der Waffe sein. Meist wird aber eine durchgehende Schiene oder getrennte Schienenstücke für Vorder- und Hinterfuß der Montage auf Hülsenkopf und Hülsenbrücke aufgesetzt. Sie werden in der Regel verklebt und verschraubt. Hier werden vor allem Weaver- oder Picatinny-Schienen verwendet.

Die Picatinny-Schiene wird offiziell als MIL-STD-1913 bezeichnet und wurde mit dieser Spezifikation in der NATO als STANAG 2324 übernommen. Am 3. Februar 1995 wurde die Spezifikation offiziell verabschiedet. Die Norm definiert die Form und Abmessungen des Schienenkopfes und damit der eigentlichen Aufnahme für das Zubehör. Die Schiene selbst ist 0,617" (15,67 mm) und der Schienenkopf 0,835" (21,20 mm) breit und entspricht in diesen Abmessungen weitestgehend der Weaver-Schiene.

Die in regelmäßigen Abständen angeordneten, rechteckförmigen Quernuten haben eine Breite von 0,208 Zoll (5,28 mm) und einen Mitte-zu-Mitte-Abstand von 0,394" (10,01 mm). Der Querschnitt der Schiene hat ungefähr die Form eines breiten „T", sodass Montageoberteile von einem Ende hinaufgeschoben und befestigt werden können. Die Quernuten nehmen effektiv die Rückstoßkräfte durch die formschlüssige Verbindung auf und verhindern so ein Wandern der Zieloptik.

Vom Prinzip her sind Picatinny-Schienen und Weaver-Schienen identisch. Die Picatinny-Schiene hat aber etwas breitere Ausfräsung. Daher lassen sich Montageoberteile, die für eine Weaver-Schiene gedacht sind, problemlos auf einer Picatinny-Schiene verwenden, was umgekehrt meist nicht funktioniert.

Festmontage MAK mit durchgehender Schiene – stabiler geht es nicht. Die Montage ist auch mit Vorneigung erhältlich.

RINGE ODER DURCHGEHENDES OBERTEIL

Diese Montagen arbeiten nahezu ausschließlich mit Ringen. An den Ringen sind die Aufkippteile integriert. Mittels Klemmbacken werden die Montagen festgelegt. Es gibt sowohl vertikal als auch horizontal geteilte Ringe. Ideal ist es, wenn Ring und Fuß aus einem Stück bestehen. Das gewährt eine optimale Stabilität. Nur einige mitteleuropäische Hersteller bieten auch Aufkippmontagen für Zielfernrohre mit Schienen an.
Es gibt auch Aufkippmontagen mit durchgehendem Oberteil, das dann mit Ringen oder Klemmsockeln für Innenschienen bestückt werden kann. Dadurch wird eine hohe Stabilität und Robustheit erreicht und eine optimal fluchtende Zielfernrohrlage in beiden Ringen gewährleistet.

VORNEIGUNG

Picatinny- und Weaver-Basisschienen werden auch mit einer Vorneigung hergestellt. Das macht es möglich, den kompletten Verstellweg eines Zielfernrohrs ab der untersten Absehenstellung zu nutzen. Bei einer nicht geneigten Montage steht nur der Weg ab Mittelstellung zur Verfügung: Bei großen Distanzen ist man da schnell am Ende der Höhenverstellung angelangt. Kommt eine vorgeneigte Montagebasis zum Einsatz, verdoppelt sich der nutzbare Verstellweg nahezu und die Treffpunktlagekorrektur über die Höhenverstellung des Zielfernrohres ist auf viel weitere Distanzen möglich.
Sinnvoll sind solche Montagen, wenn weiter als etwa 800 Meter mit Magnumkalibern und 600 Meter mit Standardkalibern geschossen werden soll. Die Vorneigung der Montage wird entweder in Grad oder MOA-Werten angegeben. Vorneigungen von 20, 25, 30 und 40 Grad sind üblich. Recknagel hat beim Montagemodell ERA TAC sogar schon eine justierbarer Vorneigung von 0-70 MOA in 10 MOA Stufen.

Aufschubmontage auf Prismen

SCHWENKMONTAGEN

Montagen, die nach dem Schwenkprinzip arbeiten, nehmen heute einen großen Raum ein und sind in Europa die meistbenutzten Montagen. Grundsätzlich unterscheiden wir hier zwei Bauarten.

SCHWENKMONTAGE UND HEBELSCHWENKMONTAGE

Bei der klassischen EAW-Schwenkmontage sitzt das den Hinterfuß verriegelnde Schlösschen auf der Waffe. Diese Montageart wird meist für Repetierbüchsen benutzt.
Bei der zweiten Variante wird der auf der Waffe angebrachte Hinterfuß lediglich

STD-MONTAGE VON LEUPOLD

Von Leupold gibt es noch die sogenannte STD-Montage, die ebenfalls zu den Festmontagen zu rechnen ist, auch wenn sie schwenkbar ist. Dazu wird aber Werkzeug benötigt. Sie besteht aus einer durchgehenden Schiene, die auf der Waffe verklebt und verschraubt wird. Am vorderen Ring befindet sich ein Pivotzapfen, der in eine Ausfräsung der Fußplatte im 90-Grad-Winkel eingeschwenkt wird. Der Hinterfuß wird mittels zweier Schrauben in der Schiene lediglich seitlich fixiert. Diese Montage ist ebenfalls sehr robust und schussfest.

Das Glas wird im 90°-Winkel aufgesetzt und eingeschwenkt. Bei dieser EAW-Schwenkmontage verriegelt der Hinterfuß nach dem Einrasten automatisch.

Die Verriegelungselemente der Hebelschwenkmontage sind am Zielfernrohr befestigt. Nach Abnehmen des Glases ragen keine Montageteile in die Ziellinie.

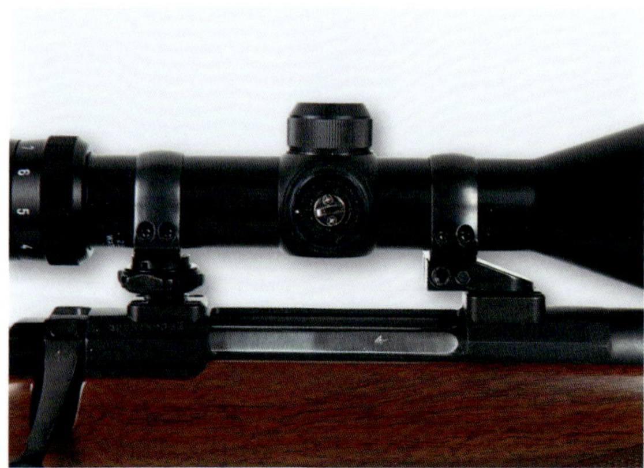

Bei der MAK-Schwenkmontage wird der Hinterfuß über einen Drehring festgelegt.

durch ein flaches Prismenstück gebildet. Der komplette Verriegelungsmechanismus befindet sich am Zielfernrohr. Nach diesem Prinzip arbeiten die EAW-Hebelschwenkmontagen, die über einen Drehring verriegelnden Montagen nach MAK, Blaser, Bock und Recknagel sowie die mit einem Schieber ausgerüsteten Modelle von Steyer und AKAH.
Mit Ausnahme der für Repetierbüchsen dieses Herstellers konzipierten Steyr-Montage wird diese Montageart gern bei Kipplaufwaffen eingesetzt, da bei abgenommenem Glas hier keine Montageteile in die Visierlinie ragen. Vorderplatte und Prismenstück lassen sich bündig in die Visierschiene einsetzen. In der Bauhöhe steht die Hebelschwenkmontage der Suhler Einhakmontage dadurch nicht nach, denn es muss lediglich die Zapfenhöhe von fünf Millimeter berücksichtigt werden. Das eigentliche Verbindungselement zwischen Glas und Waffe ist der Vorderfuß. Er nimmt die gesamten Rückstoßkräfte auf. Je nach Konstruktion des Zielfernrohres ist er mit einem Prisma für ein Zielfernrohr mit Schiene, einer Aufnahme für eine Innenschiene oder einem Ring ausgestattet.

HANDHABUNG

Die Handhabung einer Schwenkmontage ist recht einfach: Der am Vorderfuß der Zielfernrohrmontage angefräste Zapfen wird in einem Winkel von 90 Grad in die passende Ausfräsung der auf der Waffe befestigten Vorderplatte eingesetzt und geschwenkt. Wenn das Glas parallel zum Lauf ausgerichtet ist, rastet entweder der Drehbolzenverschluss automatisch ein und legt das Glas fest, oder es wird ein Drehring, Schieber oder Hebel manuell betätigt. Um das Glas wieder auszuschwenken, muss die Verrieglung des Hinterfußes gelöst werden. Jetzt lässt sich das Glas seitlich aus dem Schloss drücken, ausschwenken und in der 90-Grad-Position abnehmen.

VORTEILE DER SCHWENKMONTAGE

Diese Montageart ist überaus stabil und wird auch mit rückstoßstarken Kalibern problemlos fertig. Der massive Vorderzapfen hat gegenüber den kleinen Füßen der Suhler Einhakmontage einen dreimal so großen Scherquerschnitt. Dazu kommt die Möglichkeit, ohne großen Aufwand ein Zweitglas, auch mit anderer Baulänge und anderem Objektivdurchmesser, montieren zu können. Bei der Schwenk- oder Hebelschwenkmontage ist im Gegensatz zur z. B. Suhler Einhakmontage der Objektivdurchmesser zweitrangig, da das Glas eingeschwenkt und nicht gekippt wird. Die unterschiedliche Baulänge zweier Zielfernrohre lässt sich durch einen gekröpften Fuß ausgleichen. Es sind also lediglich zwei neue Oberteile erforderlich.
Im Vergleich zur Einhakmontage fallen bei einer Schwenkmontage auch die Passarbeiten – und damit die Zahl potenzieller Fehlerquellen – durch den Büchsenmacher deutlich geringer aus. Außerdem ergeben sich kurze Werkstattzeiten und damit geringere Lohnkosten, weil die Montageteile vom Hersteller bereits fertig zusammengepasst geliefert werden. Das alles macht eine Schwenkmontage wesentlich preisgünstiger als eine Einhakmontage.

EINHAKMONTAGE UND ZWEITGLAS

Mancher Jäger möchte seine Waffe sowohl mit einem kleinen Glas zum Flüchtigschießen als auch einem lichtstärkeren Zielfernrohr führen. Bei der alten Suhler-Einhakmontage kommt man da um einen zweiten Vorderfuß nicht herum. Nach dessen Montage fallen dazu noch aufwendige Pass- und Brünierarbeiten an. Eventuell muss sogar noch das Visier versetzt werden.

EINHAKMONTAGEN

Einhakmontagen waren noch vor 20 bis 30 Jahren weit verbreitet. Vor und nach dem Zweiten Weltkrieg war es die übliche, hochwertige Montage, die ein schnelles Abnehmen des Glases ermöglichte.
Nach dem Abnehmen und erneuten Wiederaufsetzen des Zielfernrohrs bleibt die Treffpunktlage gleich. Vor allem bei der Benutzung kombinierter Waffen schätzte man diese Möglichkeit. Bei den früheren Niederwildbesätzen kam der Schrotschuss deutlich häu-

Suhler Einhakmontage (SEM) mit jeweils zwei Hakenfüßchen vorn und hinten

Die Fußplatten der Vierfuß-SEM

figer vor als heute. So fand man auf Drillingen oder Bockbüchsflinten fast ausschließlich eine Einhakmontage. Zudem sahen diese Montagen gut aus und das Zielfernrohr wurde niedrig montiert. Einhakmontagen wurden erst in den letzten 20 bis 30 Jahren durch Schwenkmontagen verdrängt.
Einhakmontagen gibt es mit und ohne Support. Das Zielfernrohr lässt sich sehr niedrig montieren. Am Zielfernrohr können die Montagefüße an Schienen oder mittels Ringen am Mittelrohr und Objektivkonus befestigt sein.

SUHLER EINHAKMONTAGE

Der typische Vertreter der Einhakmontagen ist die Suhler Einhakmontage (SEM). Sie ist eine sogenannte Vierfußmontage: Sowohl am Vorder- als auch am Hinterfuß des Zielfernrohrs befinden sich jeweils zwei kleine Hakenfüßchen. Auf den Lauf bzw. das Laufbündel werden Fußplatten aufgelötet, in die die Füße am Zielfernrohr eingehakt und verriegelt werden. In der Vorderplatte werden zwei an der Vorderseite hakenförmig ausgekehlte und hinten gerundete Füßchen eingehakt und anschließend das Zielfernrohr hinten heruntergedrückt. Die hinteren Füße werden mittels Schlösschen in der hinteren Fußplatte verriegelt.
Beim Schuss nehmen nur die Füße die Kräfte auf. Sorgfältige Passarbeiten müssen dafür sorgen, dass die Montage „saugend“ geht und die Hakenfüße in der Vorderplatte möglichst vollflächig anliegen – sowohl mit der Auskehlung an der Vorderseite, als auch der Rundung an ihrer Hinterseite und an den Seiten. Die Platte des Montagefußes am Zielfernrohr liegt dann auf der Fußplatte auf der Waffe auf.
Die hintere Fußplatte auf der Waffe enthält ein federbelastetes Schlösschen, das man seitlich zurückziehen kann. Dadurch werden die Hinterfüßchen am Zielfernrohr entriegelt, sodass Letzteres hochgezogen und abgenommen werden kann.
Die SEM kann sowohl ohne als auch mit einer geringen Spannung gefertigt werden. Sichtbar wird diese Spannung gegebenenfalls, wenn sich das Zielfernrohr nach Entriegelung der Hinterfüße selbstständig etwas hebt.
Es existieren auch Einhakmontagen mit drei Füßen. Hinten sitzt dann wie bei der Krieghoff Einhakmontage nur ein zentrischer Hakenfuß.
Einhakmontagen mit zwei Füßen waren eine Zeitlang, etwa bei Repetierern, gebräuchlich:

NACHTEILE DER EINHAKMONTAGE

Ein Nachteil von Einhakmontagen ist deren hohe Fehlerquote: Da die Passarbeiten äußerst penibel ausgeführt werden müssen, kommt es hier schnell zu Abweichungen, die natürlich negative Auswirkungen auf die Funktionstauglichkeit der Montage haben. Außerdem macht die Montage einer Einhakmontage Lötarbeiten notwendig, sodass das Laufbündel anschließend in der Regel neu brüniert werden muss. Zuletzt erfordern Einhakmontagen eine sehr sorgfältige Handhabung, da sich die für diese Montagen typischen kleinen Füßchen schnell verbiegen.

Die Fußaufnahmeplatten wurden hier seitlich an der Hülsenwand montiert. Holland & Holland fertigt diese Montagen noch heute.

KONTRA-EINHAKMONTAGE

Bei der Kontra Einhakmontage wird der Fuß vorne verriegelt und das Zielfernrohr zuerst hinten aufgesetzt – also genau umgekehrt wie bei der Suhler Einhakmontage. Da der vordere Fuß die Rückstoßkräfte nicht oder kaum aufnimmt, hat diese Montage erhebliche Nachteile. Der Rückstoß fördert die Tendenz zum Hochschuss. Dies ist für eine Montage nicht förderlich. Kontra Einhakmontagen werden deshalb heute kaum noch gefertigt. Eine Ausnahme stellt die bewährte Ziegler Kontra-Einhakmontage dar.

ZP-EINHAKMONTAGEN VON ZIEGLER

Die Firma Ziegler Präzisionsteile in Georgensgemünd in Bayern setzte sich zum Ziel, die bekannte Suhler Einhakmontage und die Kontra-Einhakmontage zu verbessern und die Montage des Zielfernrohrs damit zu erleichtern, sodass Montagefehler nicht mehr auftreten können. Selbst ein Laie soll in Kürze eine Suhler ZP-Einhakmontage montieren können. Dies gilt vor allem für Repetierer, bei denen in der Regel die Hülse schon Bohrungen für eine Zielfernrohrmontage enthält. Mit modernen Fertigungs- und Messmethoden hat Ziegler „Althergebrachtes" revolutioniert.
Nachdem Ziegler zunächst die Stärken und Schwächen üblicher Montagen mittels aufwändiger Messtechnik und Schießversuchen erforscht hatte, entschied man sich, die Einhakmontage als Suhler ZP-Einhakmontage in den Ausführungen Suhler- Einhakmontage (Classic) und Kontra-Einhakmontage (für Repetierer) zu fertigen. Zunächst wurde die Teilgeometrie der herkömmlichen Einhakmontagen fundamental verändert, damit bei einer vereinfachten Zielfernohrmontage und der Vermeidung von Montagefehlern den-

Die feinen Hakenfüße der Suhler Einhakmontage. Diese Montage erfordert äußerst exakte Passarbeiten.

ZP-Einhakmontage Classic von Ziegler auf einer BBF 7×65 R

ZP Kontra-Einhakmontage von Ziegler auf einer Sauer 202: Zuerst werden Hinterfüße eingesetzt.

noch die positiven Eigenschaften der Suhler Einhakmontage erhalten und der Kostenansatz nennenswert reduziert werden konnte. Schließlich stimmte Ziegler die Winkel der Füße, die Materialstärken und die Gestaltung der Anlageflächen aufeinander ab. So sind die tatsächlich tragenden Flächen der Ziegler ZP-Einhakmontagen größer als bei den Zapfen einer üblichen Schwenkmontage. Passarbeiten müssen vom Büchsenmacher nicht mehr ausgeführt werden. Bei der Ausführung Classic wird nach wie vor am Objektiv montiert. Die ZP-Einhakmontagen von Ziegler verwenden ein bisher einmaliges Konstruktionsprinzip. Es ermöglicht, dass Schussimpulse dauerhaft unbeschadet absorbiert werden können.

SCHUSSFEST UND WIEDERHOLGENAU

Die Montageteile kommen als fertiges Gesteck, einschließlich Brünierung. Lediglich die Fußplatten sind noch zu montieren. In der Regel werden sie aufgeschraubt und verklebt. Ferner müssen Ringe oder Füße am Zielfernrohr befestigt werden. Hierzu können Innenschienen genutzt werden. Bei der Suhler Einhakmontage ist nach wie vor ein Objektivring erforderlich. Auch er wird geklebt.
In zahlreichen Schießtests der Verfasser erwiesen sich die Suhler ZP-Einhakmontagen als ausgesprochen schussfest, hervorragende Trefferbilder waren kein Problem.
Die ZP-Montagen sind sehr geräuscharm und problemlos zu handhaben. Das Zielfernrohr kann schnell und ohne Hilfe abgenommen werden. Die Treffpunktlage blieb nach Abnahme und Wiederaufsetzen des Zielfernrohrs stets gleich.

Die Blaser Sattelmontage greift direkt in Ausfräsungen an der Laufoberseite ein.

HERSTELLER-MONTAGEN

Immer mehr Waffenhersteller gehen dazu über, für ihre Waffen eigene Montagen anzubieten. Das hat den technischen Vorteil, dass die Montagegestecke für das jeweilige Modell maßgeschneidert werden können, und den wirtschaftlichen Vorteil, dass der Käufer praktisch gezwungen ist, zur neuen Büchse auch die passende Montage des jeweiligen Herstellers zu kaufen. Theoretisch könnte man zwar auch Fremdfabrikate verwenden, aber die haben dann weder technische Vorteile, noch sind sie preisgünstiger.
Besonders interessant sind hier Montagen, die so ausgelegt sind, dass keine separaten Montageunterteile auf der Waffe montiert werden müssen, sondern die Oberteile in Ausfräsungen der Büchse eingreifen. Das sieht schnittig aus und spart eine Menge Montagearbeit. Solche Montagen haben Blaser, Sauer und Merkel im Programm.

BLASER SATTELMONTAGE

Mit der Sattelmontage hat die Waffenfirma Blaser einen genial einfachen und simpel aufgebauten Montagetyp geschaffen. Die Klauen der einteiligen Montagebrücke greifen in die halbrunden Ausfräsungen des Hakenstückes oder Repetierbüchsenlaufes ein und werden über zwei Schwenkhebel verriegelt. Die Schwenkhebel lassen sich anklappen und stören so nicht beim Gebrauch der Waffe. Auch ein unbeabsichtigtes Lösen

wird sicher verhindert, da die Hebel erst ausgeklappt werden müssen, bevor eine Drehbewegung möglich ist.
Die Blaser Sattelmontage ist schussfest und baut sehr niedrig. Die Waffen von Blaser sind für diese Montageart vorbereitet. Büchsenmacherarbeit ist, wenn nicht gerade ein Glas mit Schiene montiert wird und Löcher für die Querstifte gebohrt werden müssen, nicht nötig.

Für die Merkel Suhler Aufkippmontage (SAM) werden ebenfalls keine separaten Montageunterteile benötigt.

MERKELS SUHLER AUFKIPPMONTAGE

Auch bei der Suhler Aufkippmontage der Firma Merkel (SAM) handelt es sich um eine Art Sattelmontage, die direkt in die Ausfräsungen des Laufes eingreift und keine aufgesetzten Unterteile benötigt. Das Prinzip ist der Blaser Sattelmontage sehr ähnlich, nur arbeitet Merkel mit Klemmbacken, die über zwei Hebel in nach oben hinterfräste Schlitze in den Lauf eingreifen. Werden die beiden Verriegelungshebel in die hintere Stellung gezogen, pressen sich die Klemmbacken in die Schlitze. Um das Zielfernrohr zusätzlich gegen Verrutschen in Längsrichtung zu sichern, hat der Lauf oben einen Querschlitz, in den wie bei der Weaver-Montage ein an der Montageunterseite angefräster Steg eingreift. Damit sitzt das Glas immer an exakt der gleichen Stelle. Die Montage ist einteilig und kann wahlweise mit Ringen oder für Gläser mit Innenschiene geordert werden. Die Klemmhebel werden über einen Drücker zusätzlich gesichert. Er verhindert, dass sich die Hebel unbeabsichtigt lösen. Zum Abnehmen des Zielfernrohres müssen die Hebel mit eingedrücktem Sicherungsdrücker nach vorn geschwenkt werden. Das Glas lässt sich dann einfach nach oben abnehmen.

Die Sauer ISI-Mount ermöglicht es, den Augenabstand leicht zu verändern, indem das Glas weiter vorn oder hinten eingesetzt wird.

SAUER-MONTAGE

Auch die ISI-Mount Montage von Sauer & Sohn kommt ohne Unterteile aus. Das Systemgehäuse hat oben vorn drei und hinten zwei aus dem Vollen gearbeitete Nuten, in die die Montage eingreift. Die Montageteile weisen Querrippen auf, die in diese Nuten eingesetzt werden. Durch Umlegen der beiden Verriegelungshebel wird das Glas festgeklemmt. Die Hebel können nach vorn eingeklappt werden, damit sie nicht abstehen.
Das Zielfernrohr lässt sich in den hinteren beiden Nuten wahlweise einsetzen, wodurch sich der Augenabstand um einen Zentimeter verringert oder vergrößert. So lässt sich das Glas mit zwei Handgriffen nach hinten setzen, wenn bei kaltem Wetter eine dicke Jacke getragen wird und ein kürzerer Augenabstand erforderlich ist. Die Treffpunktlage verändert sich dadurch nicht.

Leupold Quick Release (QR) Montage

LEUPOLD QUICK RELEASE

Die Quick Release Montage von Leupold gibt es für die allermeisten Repetierer und Selbstladebüchsen in sehr maßhaltiger Fertigung. Sie besteht aus zwei Basen für Vorder- und Hinterfuß. Die QR-Montage existiert aber auch mit einer durchgehenden Schienenbasis. Das hat die Vorteile erheblich erhöhter Stabilität sowie exakter Fluchtung der Ringe zueinander.

Heutige Waffen werden extrem maßhaltig gefertigt. Das ermöglicht ein problemloses Aufbringen der Basen auf Hülsenkopf- und Hülsenbrücke. Die Auflage der Base auf der Waffe ist in aller Regel vollflächig. Die Basen werden mit Torxschrauben aufgeschraubt.

WIEDERHOLGENAU UND SCHUSSFEST

Die Quick Release Montage von Leupold gehört zu den wiederholgenauesten Montagen für eine Demontage des Zielfernrohrs am Weltmarkt. Sie gewährleistet exakt gleichbleibende Treffpunktlagen, ist außerdem spannungsfrei und extrem schussfest. Allerdings schießt sie sich sehr fest. Hilfsmittel sind dann oft nötig, um den Verriegelungsknebel zu lösen.

In den meisten Fällen genügt das. Zu empfehlen ist jedoch ein zusätzliches Verkleben mit einem Zweikomponentenkleber.

An den Basen befinden sich seitlich Knebel, die eine Welle zum Festklemmen des Fußes bedienen. Das Oberteil der QR-Montage besteht aus Ringen, die es wahlweise für 25,4 und 30 mm Mittelrohr gibt. Die Innenflächen sind gerillt. Die Ringe sind mittig geteilt und werden hier mit einer Torxschraube je Seite verschraubt. In der Regel halten sie das Zielfernrohr ohne Klebstoff fest. Aber auch hier ist ein Verkleben mit Zweikomponentenkleber anzuraten.

An den Ringen befindet sich ein Bolzen mit einer Auskehlung. Er wird in das Loch der Base gesteckt. Mit dem Knebel wird eine Welle in die Fußauskehlung geschwenkt und die Montage verriegelt. Es sei angemerkt, dass Basen bei ungenau gefertigten Waffen wie der Mauser 98 nachgearbeitet werden müssen. Es gibt auch Büchsenmachersets, die eine individuelle Waffenanpassung ermöglichen. Man kann sie dann auch auf einer Kipplaufbüchse montieren. Die Ringe gibt es in drei verschiedenen Höhen. Die gesamte QR-Montage ist aus Stahl.

Zielfernrohre mit Schienen können mit der Leupold QR allerdings nicht montiert werden.

MAUSER DOUBLE SQUARE MONTAGE

Die Mauser Double Square Montage ist eine Montage für den Repetierer Mauser M03. Sie kommt in einer Bauhöhe und kann mit Aluminiumringen (25,4 oder 30 mm) oder mit Klemmstücken für verschiedene am Markt befindlichen Innenschienen geliefert werden. Diese Montage ist eine Schienenmontage mit durchgehender Schiene, auf der das Zielfernrohr befestigt wird. Sie besitzt zwei Drehfüße mit je drei Flügeln. Die Füße werden in Prismen bzw. Lager gesetzt, die Bestandteil von Hülsenkopf und -brücke sind.

Mit einem seitlichen Verschlusshebel wird der Fußkranz gedreht und in den Basen verriegelt. Der federbelastete Verschlusshebel wird teilweise versenkt und so arretiert. Die Montage ist ohne Hilfsmittel schnell und bequem handhabbar. Nach Zielfernrohrabnahme gewährleistet sie gleichbleibende Treffpunktlage. Sie erweist sich selbst bei Großwildkalibern als sehr schussfest. Auch sie ermöglicht eine spannungsfreie Montage.

HEXALOCK MONTAGE

Sauer und Mauser verwenden die hauseigene Hexalock-Montage mit Drehverschlüssen. Nach Lösen zweier Schwenkhebel kann das Zielfernrohr abgenommen werden. In Tests der Verfasser blieb die Treffpunktlage nach Ab- und Aufsetzen des Zielfernrohrs gleich. Die Montage arbeitet mit drei Warzen und baut niedrig. Das Zielfernrohr wird von oben aufgesetzt und mittels eines Schwenkhebels, der die drei Warzen dreht, verriegelt. Die Warzen lassen sich einstellen, weisen jedoch keine Sicherung auf. Im üblichen Jagdbetrieb konnten die Verfasser kein unbeabsichtigtes Lösen feststellen.

MONTAGESYSTEM DENTLER BASIS

In der Einfachheit liegt die Würze. Das dachten wohl auch die Konstrukteure der modularen Zielfernrohrmontagesystem Dentler BASIS. Die Montage ist einfach und problemlos zu montieren, ihre Handhabung ist schlüssig und unkompliziert, sie ist also rundherum benutzerfreundlich.

Die Montage besteht aus zwei schienenartigen Bauteilen, die in jeglicher Kombination kompatibel miteinander sind. Die Grundschiene wird auf die Waffe montiert, die Montageschiene an das Zielfernrohr. Beim Zusammensetzen ergibt sich eine formschlüssige Einheit aus den Einzelkomponenten. Das Konstruktionsprinzip mit durchgängigen Schienen wurde insbesondere mit Blick auf 100 %-ige Präzision beim Optikwechsel, Kompatibilität des Systems sowie hohe Verwindungsfestigkeit, Stabilität und Schussfestigkeit gewählt. Gleichzeitig ermög-

Hebelschwenkmontage

Hexalock-Montage von Sauer und Mauser mit Drehverschlüssen an beiden Montagefüßen

Die Montageschiene auf der Waffe sorgt bei der Dentler BASIS für Spannungsfreiheit.

licht es eine größtmöglich spannungsfreie und damit für das Zielfernrohr stressfreie Montage.

MIT INNENSCHIENE ODER ALURINGEN

Die untere Schiene wird je nach Waffenmodell auf der Waffe entweder verschraubt und verklebt oder geklemmt. Sie gibt es passgenau für viele Waffentypen. Auf der oberen Schiene wird das Zielfernrohr befestigt – entweder per Klemmung bei Zielfernrohren mit Innenschienen oder aber per Aluminiumringen, die im unteren Drittel geteilt sind. Die Montageschiene für Ringe hat sechs Bohrungen, sodass sich die Ringe unterschiedlich – je nach Bedarf – platzieren lassen. Die Ringe fluchten exakt zueinander. Ungenauigkeiten der Waffe wirken sich hier nicht aus, da die Ringe ja auf der Schiene und nicht direkt auf der Waffe sitzen.
Schließlich werden die Grundschiene und die Montageschiene zur Dentler BASIS vereint. Dazu sitzt in etwa Mitte der oberen Schiene die Sperrwelle, ein rundum gefluteter Bolzen, der auch zur spielfreien Einstellung des Oberteils zum Unterteil dient. Die Welle wird in eine dafür vorgesehene Bohrung der unteren Schiene eingelassen, die auch den Klemmmechanismus beinhaltet. Anschießend dreht man den seitlichen Klemmhebel an der unteren Schiene um 180 Grad, sodass die Klemmwelle in die geflutete Auskerbung der Sperrwelle greift und das obere Teil mit der Grundschiene verriegelt. Gleichzeitig wird die Montageschiene über diesen Mechanismus in alle Achsen zentriert und steht somit immer wieder in exakt derselben Position – das Geheimnis der absoluten Wiederholgenauigkeit. Zusätzlich befinden sich in der Oberschiene zwei Querstollen, die formschlüssig und passgenau in Ausnehmungen der Unterschiene greifen. Der Vordere liegt nach dem Klemmen mit bestem Kontakt vorne an und der hintere dient zur seitlichen Ausrichtung.

FLEXIBEL VERWENDBAR

Das modulare Zielfernrohrmontagesystem Dentler BASIS ermöglicht damit einerseits den Einsatz mehrerer Zielfernrohre auf einer Waffe, andererseits kann man natürlich auch ein Zielfernrohr auf mehreren Waffen verwenden. Dann ist das Zielfernrohr natürlich auf jeweilige Waffe umzuschießen. Bei hochpräzis arbeitenden Absehenverstellungen kann man sich die nötige Absehenkorrektur für die jeweilige Waffe notieren und nach Umsetzen des Zielfernrohrs die entsprechende Korrektur des Absehens vornehmen. Eine abweichende Treffpunktlage liegt dann sicherlich nicht an der Montage.

Ein mittiger Bolzen verriegelt, für die Montageringe sind verschiedene Bohrungsabstände vorhanden.

Der Zielfernrohrwechsel ist bei der Deuther BASIS Montage ein Kinderspiel, eine Treffpunktabweichung dabei zu 100 % ausgeschlossen.

MAK-SPEZIAL-MONTAGEN

MAK MAGNETIK UND MAKFLEX

Die Firma MAK bietet einige Spezialmontagen an, mit denen sich kleine Rotpunktvisiere ohne großen Montageaufwand in vorhandene Montageunterteile einer Schwenkmontage oder auch direkt auf die Laufschiene einer Kipplaufwaffe befestigen lassen.

MAKNETIC-MONTAGE

Diese MAK-Montage erlaubt es, ein Rotpunktvisier auf eine Flinte zu montieren, ohne an der Waffe Veränderungen vornehmen zu müssen. Das ist ideal, um die Treffsicherheit mit Flintenlaufgeschossen zu verbessern. Die MAKnetic-Montage ist für Mini-Rotpunktvisiere wie Docter Sight, Burris Fast Fire, Meopta Meosight oder das neue Zeiss Mini-Rotpunktvisier ausgelegt. Als Aufnahme wird die Laufschiene der Flinte benutzt. Die Flinte muss also eine erhöhte Schiene haben, wie bei Bockflinten und Selbstladeflinten üblich. Bei Querflinten mit flachen Hohlschienen funktioniert die Sache nicht.

MAK fertigt die Montage für 6, 8 und 10 mm breite Schienen. Die Oberseite ist flach und mit zwei Gewindebohrungen für die Befestigung des fraglichen Rotpunktvisiers ausgestat-

Docter Sight II, mit einer MAKnetic-Montage auf der Laufschiene einer Bockflinte befestigt. An der Waffe selbst wird nichts verändert.

MaKlick-Monage, in der Vorderplatte einer EAW-Schwenkmontage befestigt

tet. Passende Schrauben werden mitgeliefert. Die Grundplatte ist genauso groß wie das kleine Visier, nichts steht über. Die Unterseite verfügt über zwei magnetische Klemmbacken, die über einen rechtsseitigen Hebel bedient werden.

Wird die Montage auf die Schiene gesetzt, hält sie schon allein durch die Kraft der beiden starken Magneten und richtet sich so aus. Um Toleranzen an den Laufschienen auszugleichen, lässt sich der Klemmhebel justieren. Der Hebel wird durch eine kleine, gefederte Stahlkugel gesichert und kann so nicht unbeabsichtigt gelöst werden. Nach der Montage muss nur noch das Rotpunktvisier eingeschossen werden. Das kleine Visier lässt sich künftig nur durch Lösen des Klemmhebels abnehmen und mit einem Handgriff auch wieder aufsetzen: Hebel umlegen und fertig.

MAKLICK-MONTAGE

Die MAKlick-Montage lässt sich auf Schwenkmontage-Vorderplatten aller Fabrikate aufsetzen. Wer sich mit Zielfernrohrmontagen auskennt, wird jetzt zunächst einmal stutzen, denn die Montageunterteile der einzelnen Hersteller wie EAW, Recknagel oder MAK sehen zwar auf den ersten Blick gleich aus und auch die Funktionsweise ist identisch, aber kombinierbar sind sie dadurch noch lange nicht. In der Regel ist es nicht möglich, einen Vorderfuß von Recknagel in eine Vorderplatte von EAW einzuschwenken und umgekehrt.

Um dieses Problem zu lösen, hat die Firma MAK einen einstellbaren Vorderzapfen entwickelt und patentieren lassen. Dadurch ist es möglich, die Montage an die jeweilige Unterplatte anzupassen. Bei der MAKlick wird nicht, wie bei Schwenkmontagen üblich, die gesamte Montage mit aufgesetzter Zieloptik im 90-Grad-Winkel in die Unterplatte gesetzt und dann eingeschwenkt, vielmehr ist der Zapfen selbst drehbar in der Montageplatte gelagert. Die Drehung des Zapfens erfolgt über einen vorn aus der Grundplatte herausschauenden Hebel. Einmal richtig eingestellt, lässt sich das Rotpunktvisier mit einem Handgriff nur mittels kurzer Drehung am Schwenkhebel abnehmen und aufsetzen.

JAGDOPTIK

Um das Wild genau anzusprechen, benötigt der Jäger ein Fernglas und für weite Distanzen ein Spektiv. Für den Einsatz bei schlechtem Licht werden Gläser mit großem Objektivdurchmesser benötigt, während Pirschgläser für den Gebrauch bei Tageslicht kleiner und dadurch leichter und kompakter sein können.

Die genaue Schussentfernung ist bei weiten Schüssen, die über die GEE der Patrone hinausgehen, wichtig, um den Haltepunkt entsprechend zu korrigieren. Im fremden Gelände und ohne feste Vergleichspunkte ist es nicht einfach, die Distanz bis zum Ziel zu schätzen. Wer sich nicht auf das eigene Augenmaß oder die Fähigkeiten des Jagdführers verlassen möchte, kann die Schussentfernung auch messen. Dazu stehen heute digitale Entfernungsmesser in verschiedener Form zur Verfügung. Auch wenn es so dunkel ist, dass mit der normalen Jagdoptik nichts mehr zu erkennen ist, gibt es heute Möglichkeiten, auch hier noch zu beobachten. Moderne Nachtsichtgeräte machen es möglich.

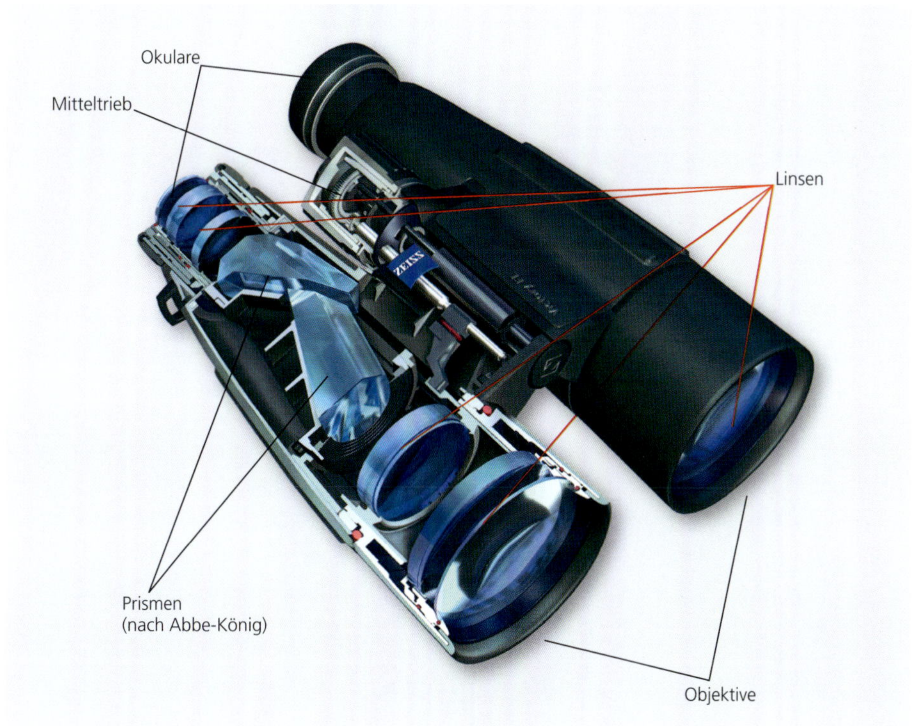

Der Innenaufbau eines Fernglases – im Bild ein Dachkant-Modell – ist eine kleine Wissenschaft für sich.

Die Bildqualität einer Optik lässt sich im Labor „ermessen", den Praxistest ersetzt das aber nicht.

QUALITÄTSKRITERIEN OPTIK

Um die optische Leistung eines Fernglases, Spektivs oder Zielfernrohrs beurteilen zu können, genügt es nicht, bei gutem Licht hindurchzuschauen. Vielmehr sollte man verschiedene Produkte nebeneinander bei unterschiedlichen Lichtverhältnissen in der Praxis vergleichen, aber auch etwa nachts damit auf Lichtquellen wie Straßenlampen schauen.
Die optische Leistung ist immer ein Zusammenspiel aus mehreren Parametern – insbesondere aus Lichttransmission, Kontrast und Schärfe. Neben einem hellem Bild ist vor allem auf den Kontrast zu achten und auf die Frage, wie gut das Objekt zu erkennen ist. Zeichnete es sich scharf und kontrastiert ab, ist es hoch aufgelöst, sind also kleine Details gut zu erkennen? Auch eine möglichst unverfälschte Farbwiedergabe spielt eine Rolle. Auf Bildfehler wie Koma oder Farbsäume ist zu achten. Messtechnisch geben etwa interferometrische Messungen oder eine MTF-Messung (Modulation Transfer Function) Aufschlüsse über die Bildqualität. Die Angabe der Lichttransmission genügt dabei nicht.
Im Gesamtpaket der Geräteleistung ist nicht zuletzt die mechanische Beschaffenheit wichtig – also etwa Robustheit, Dichtheit, Ergonomie der Bedienung, Bedienbarkeit bei sehr großer Kälte oder Hitze. Nicht zu vernachlässigen sind außerdem die Zuverlässigkeit und die Genauigkeit von Justiereinrichtungen.

FERNGLÄSER

Das Fernglas ist wohl eines der wichtigsten Ausrüstungsgegenstände des Jägers – hier muss auf gute Qualität geachtet werden. Die maßgeblichen Kriterien der Bildqualität sind

- Auflösung und Kontrast,
- Bildhelligkeit,
- Streulicht,
- Randschärfe und
- Farbtreue.

Lichttransmissionen, Kontrast und Schärfe ergeben erst im Zusammenspiel eine hochwertige Optik.

AUFLÖSUNG

Unter Auflösung versteht man das Vermögen der Optik, zwei dicht nebeneinander liegende Punkte für den Betrachter noch deutlich trennbar abzubilden. Sie ist ein wichtiges Kriterium für die Qualität der Optik. Die Auflösung wird in Winkelsekunden angegeben. Bei einer gemessenen Auflösung von „4“ wäre der Betrachter beim Blick durch die Optik in der Lage, auf 1000 Meter zwei etwa zwei Zentimeter voneinander entfernte Punkte als Einzelobjekte wahrzunehmen. Bei einer Auflösung von „10“ wären das zwei fünf Zentimeter voneinander entfernte Punkte auf 1000 Meter. Gut aufgelöste Bilder werden vom menschlichen Auge als scharf wahrgenommen, schlecht aufgelöste als trübe.

KONTRAST UND PARALLELITÄT

Kontrastverluste entstehen im Fernglas, wenn die verwendeten Prismen zu klein oder aus einem Glas mit zu geringer Brechzahl sind. Das lässt sich leicht überprüfen, wenn das Glas mit etwa 40 cm Abstand vor einem hellen Hintergrund vor das Auge gehalten wird. Die Austrittspupille wird dann als heller Fleck sichtbar. Ist sie nicht gleichmäßig rund und hell, sondern eckig mit abgedunkelten Rändern, hat der Hersteller am Glas gespart. Auch Streulicht beeinflusst den Kontrast. Reflexionen und Streuungen an den Grenzflächen von Gläsern und Luft innerhalb des Fernglaskörpers mindern den Kontrast, da hier das einfallende Licht überlagert wird. Eine gute Streulichtabschottung ist also besonders wichtig.

Große Auswirkungen hat die einwandfreie Parallelität der optischen Achsen beider Fernglashälften. Selbst kleine Dejustierungen ermüden die Augen schnell. Eine grobe Überprüfung lässt sich durchführen, indem eine waagerechte Linie beobachtet und abwechselnd ein Auge geschlossen wird. Die Linie darf jetzt nicht springen oder sich verschieben.

INNENFOKUSSIERUNG

An Gläsern früherer Bauart wurden die Okulare zur Scharfeinstellung mit dem Verstellrad gegen den Fernglaskörper verschoben, um die Brennweite der Entfernung anzupassen. Moderne Ferngläser verfügen über eine Innenfokussierung: Hier wird lediglich eine verschiebbare Zwischenlinse im Innern des Fernglaskörpers bewegt. Dieses System gewährleistet eine viel bessere Abdichtung des Fernglases gegen Staub und Wasser. Ferngläser mit Innenfokussierung sind meist wirklich wasserdicht und nicht nur spritzwassergeschützt. Eine Stickstofffüllung im Innern des Fernglases verhindert den Innenbeschlag.

Lichtstarkes 8 × 56 für den Nachtansitz

Kleines, leichtes Pirschglas für die Bergjagd und die Tagespirsch

GUMMIARMIERUNG UND BRILLENTRÄGEROKULARE

Vorteilhaft ist eine Gummiarmierung des Fernglaskörpers, der nicht nur die Optik schützt, sondern auch störende, metallische Geräusche schluckt.

In jedem Fall sollte ein Modell gewählt werden, das über Brillenträgerokulare verfügt. Auch wer im Alltag keine Brille braucht, wird sein Fernglas auch mit einer Sonnenbrille ohne Einbußen beim Sehfeld benutzen wollen. Waren früher Stülpmuscheln aus Gummi üblich, geht heute der Trend eindeutig zu versenkbaren Okularen, die entweder als Schiebe- oder Drehokulare ausgeführt sind. Praktisch sind Okularmuscheln, die sich abnehmen und damit einfacher reinigen lassen.

Allrounder mit 42 mm Objektivdurchmesser; leicht, aber schon dämmerungstauglich

Früher übliche Stülpmuscheln (l.) und versenkbare Okulare für Brillenträger

VERGRÖSSERUNGSFAKTOR

Für den Jagdgebrauch eignen sich Doppelgläser mit 7- bis 10-facher Vergrößerung. Stärkere Vergrößerungen bilden die Unruhe der Hand zu sehr ab: Das Bild wackelt so stark, dass die Detailerkennbarkeit verloren geht. Lichtstarke Dämmerungsgläser haben Objektivdurchmesser von 50 bis 65 mm, leichte Pirschgläser von 30 bis 42 mm. Ferngläser mit 42 mm Objektivdurchmesser sind universell einsetzbar, vor allem von älteren Jägern, deren Pupillen sich nicht mehr so weit öffnen, dass sie die großen Objektivdurchmesser der Nachtgläser noch ausnutzen können.

BILDSTABILISIERTE FERNGLÄSER

Ein Fernglas wird in der Regel in den Händen gehalten, wenn man es benutzt. Das führt zwangsläufig immer dazu, dass das Bild ein wenig verwackelt. Dieser Umstand geht auf Kosten der Detailerkennbarkeit – mag dessen Optik des Fernglases noch so gut sein – und führt aber auch dazu, dass die Augen ermüden.

Um mehr erkennen und ermüdungsfrei beobachten zu können, muss das Bildwackeln also ausgeschaltet werden. Das geht behelfsweise, indem das Fernglas abgestützt oder aufgelegt wird. Es gibt aber noch eine dritte Möglichkeit, um ein ruhiges Bild zu erzielen: ein Fernglas, das über ein Stabilisatorsystem verfügt.

MECHANISCHE BILDSTABILISIERUNG

Bereits 1990 brachte Zeiss das 20 × 60 S mit Bildstabilisator auf den Markt. Eine technische Meisterleistung, denn mit dieser Optik war trotz 20-facher Vergrößerung ein wackelfreies Beobachten möglich. Diese Spitzenoptik wird bis heute gebaut. Aus zwei Gründen sind diese Ferngläser allerdings nicht oft in deutschen Revieren zu sehen: Einmal wiegt das 20 × 60 S stolze 1660 g, zum zweiten schreckt der hohe Preis von über 6000 € doch ein wenig ab. Das Zeiss arbeitet dazu mechanisch und gilt auch als etwas empfindlich gegenüber Stößen, wenn der Bildstabilisator eingeschaltet ist.

SENSOR UND MIKROPROZESSOR

Heute geht eine Bildstabilisierung auch deutlich kostengünstiger und leichter. Bei Fotoobjektiven sind Bildstabilisatoren heute kaum noch wegzudenken. Fast jedes moderne Teleobjektiv hat diese Technik, um auch bei hohen Vergrößerungen gute Bilder zu ermöglichen. Japanische Hersteller wie Canon, Nikon und Fujinon verbauen diese Technik auch in Ferngläsern.

Diese Bildstabilisatorsysteme arbeiten elektronisch mit Sensoren und einem Mikroprozessor, Batterien sind daher notwendig. Die Systeme erkennen und analysieren kleinste Verwacklungen und korrigieren den Winkel des einfallenden Lichts durch sofortige Linsenverschiebungen im entsprechenden Maß, sodass ein klarer und ruhiger Blick gewährleistet wird.

Der Bildstabilisator erkennt neben dem klassischen Handwackler auch viele andere unerwünschte Bewegungen, wie sie beispielsweise durch ein fahrendes Fahrzeug oder ein Boot hervorgerufen werden. Er kann sogar die langsame Bildbewegung kompensieren, die beim Blick durch das Fernglas infolge des Atmens verursacht wird. Der Effekt ist verblüffend – man scheint sich ein Foto anzusehen. Sogar einhändiges Beobachten ist kein Problem, auch hier gleicht der Stabilisator die Handunruhe vollkommen aus. Es ist faszinierend, bei einer kleinen Pirschfahrt morgens durch das Revier einhändig aus dem langsam fahrenden Auto heraus bei völlig ruhigem Bild beobachten zu können.

CANON-IS-Fernglas mit Bildstabilisator

SPEKTIVE

Spektive oder Teleskope sind hochvergrößernde, monokulare Beobachtungsgeräte. Sie werden zum genauen Ansprechen im Jagdbetrieb eingesetzt. Wird mithilfe eines Spektivs stark vergrößernd fotografiert, sprechen wir von Digiscoping.

AUSZIEHSPEKTIVE

Man unterscheidet die Bauarten Ausziehspektive und Festkörperspektive.
Ausziehspektive kann man auf ein sehr kompaktes Transportmaß zusammenschieben. Ausgezogen lassen sie sich sehr gut am Bergstock angestrichen oder auf dem Rucksack aufgelegt handhaben. Spektive sind bei der Gebirgsjagd unerlässlich. Sie leisten aber auch

WACKELN MACHT MÜDE

Beim Blick durchs Fernglas wird unser Hirn infolge des Verwackelns mit einer Vielzahl von Einzelbildern „versorgt". Es vermag diese Bilder zwar zusammenzusetzen – das aber ist anstrengend. Vergleichbar ist das einem Computerbildschirm mit niedriger Auflösung – wer längere Zeit darauf starrt, fühlt sich unweigerlich unwohl.

Ausziehspektiv von Optolyth mit unterschiedlich starken Objektiven und fixen sowie variablen (Mitte) Okularen

Einfaches Festkörperspektiv von Nikon mit Winkeleinblick

bei der Rehbockjagd im Feld hervorragende Dienste.

In der Regel sind Ausziehspektive mit einem fixen Okular ausgestattet. Es gibt aber auch Modelle mit Okularwechselmöglichkeit und solche mit variablem Okular. Die üblichen Objektivdurchmesser liegen zwischen 70 und 85 mm. Gebräuchliche Ausziehspektive haben Kenndaten wie 25 × 70, 30 × 75, 30 × 80, 30 × 85 oder 15–45 × 80.

Beim Ausziehen saugen diese Spektive Luft an und müssen daher, trotz eingebauten Filters, innen gelegentlich gereinigt werden. Wie bei den Festkörperspektiven sind echte Brillenträgerokulare üblich, damit man auch mit Brille das gesamte Sehfeld nutzen kann. Ausziehspektive haben den Nachteil, nie wasserdicht zu sein. Sie erreichen auch nicht die Bildschärfe und Bildbrillanz eines Festkörperspektivs.

FESTKÖRPERSPEKTIVE

Festkörperspektive, oft auch Teleskope genannt, bestehen aus einem festen, hermetisch verschlossenen Grundkörper und sind daher wasserdicht. Meist können die Okulare mit Bajonettverschluss oder Feingewinde gewechselt werden. Sie gibt es mit Gerade- und Winkeleinblick. Die Objektivdurchmesser liegen zwischen 60 und 85 mm, seltener bei 100 mm. Variable Okulare an Festkörperspektiven verfügen in der Regel über einen 2- bis 3-fachen Zoom. Zeiss hat ein Okular mit 3,5-fachem Zoom (Vario D 20-75×/15-56×) im Programm. Ein Vergrößerungsbereich von 20- bis 60-fach ist beliebt. Es gibt aber auch fixe Okulare mit meist rund 30-facher Vergrößerung.

Hochwertige Festkörperspektive erbringen eine sehr hohe Auflösung (Schärfe), beste Farbtreue und hohen Kontrast. Die Bildbrillanz ist hervorragend. Wer höchste Bildgüte wünscht, muss ein Festkörperspektiv mit

SPIEGELTELESKOPE

Weniger sperrig als herkömmliche Festkörperspektive sind kompakte Bauweisen wie z. B. die Leupold-Spektive Golden Ring 12–40 × 60 und 12–40 × 80. Sie sind als Spiegelteleskope aufgebaut: Über einen Spiegel im Inneren des Spektivs wird das Licht umgeleitet. Das erlaubt eine sehr kurze Bauweise. Eine Besonderheit bot das Zeiss Spiegelteleskop 30–60, das heute leider nicht mehr gefertigt wird. Mithilfe eines angesetzten Elektromotors konnte es über Drucktasten fokussiert werden.

fluoridhaltigen Objektiven wählen. Solche Objektive tragen meist Zusatzbezeichnungen wie HD (High Definiton), FL (Fluorid Linsen) oder ED (Extra Low Dispersion). Das Fluorid verhindert Farbsäume.
Zum Fokussieren ist eine Dualfokussierung mit Schnell- und Feinfokussierung auf dem Spektivkörper ideal. Es existieren aber auch andere Fokussiermöglichkeiten wie z. B. mittels Fokussierring in Spektivkörpermitte.
Festkörperspektive sind meist etwas schwerer und sperriger als Ausziehspektive. Sie bieten die bessere Bildgüte und sind ideal für das Digiscoping.
Eine Besonderheit stellen die Swarovski Festkörperspektive ATX/STX mit Winkel- oder Geradeeinblick dar. Ihre HD-Objektive sind austauschbar, sodass man mit einem Okular über Objektivtausch die Spektive 25–60 × 65, 25–60 × 85 oder 30–70 × 95 erhalten. Fokussiert wird mittels großen Rades in Spektivmitte. Zum Transport kann man das zerlegte Spektiv sehr kompakt mitführen. Im Test zeigte das ATX eine exzellente Bildqualität mit hoher Lichttransmission, höchster Auflösung und bestem Kontrast. Es ist sicherlich derzeit das wohl beste Spektiv am Weltmarkt.
Das Nikon Spektiv EDG Fieldscope 85A/VR weist als Besonderheit eine elektronische Bildstabilisation auf, die Unruhe des Spektivs beim Beobachten ausschaltet. Es bietet eine sehr hochwertige Optik mit ausgezeichneter Schärfe, sehr gutem Kontrast und hoher Lichttransmission. Dafür hat es aber ein hohes Eigengewicht, was besonders bei der Bergjagd, einem der Haupteinsatzgebiete eines Spektivs, sehr hinderlich ist.

SPEKTIVE IM JAGDALLTAG

Im Jagdbetrieb lassen sich auch Festkörperspektive, gut auf dem Rucksack aufgelegt, handhaben. Angestrichen sind sie schwerer und weniger gut zu verwenden als Ausziehspektive. Ideal ist für alle Spektive eine Stativbefestigung.

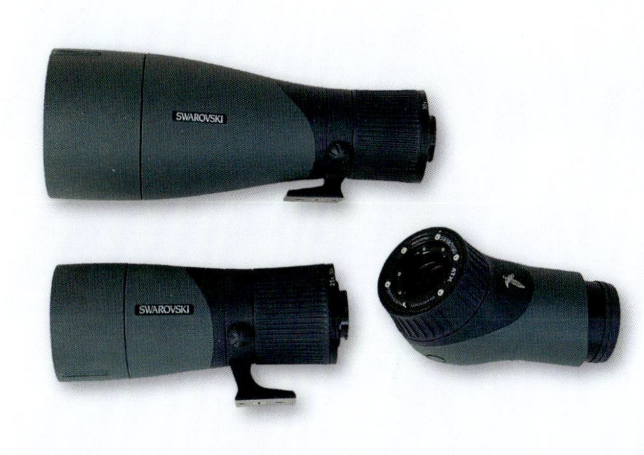

Das Swarovski ATX bietet die Möglichkeit des Objektivwechsels, z. B. von 95 mm auf 65 oder auch 85 mm Objektiv.

Nikon EDG mit 85-mm-Objektiv und elektronischer Bildstabilisierung

Wer's kann ... Einfacher geht es mit einem Stativ.

Die meisten Entfernungsmesser arbeiten monokular.

Binokulare Geräte liefern ein plastischeres Bild, sind aber größer als monokulare.

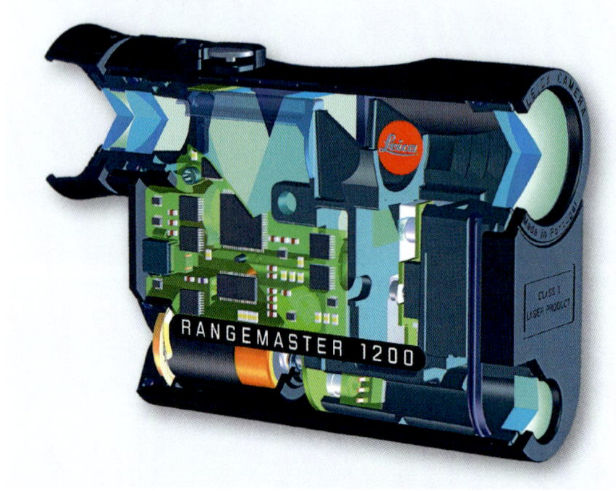

Entfernungsmesser sind randvoll mit Hightech.

Für die meisten Jagdgelegenheiten genügt ein Objektivdurchmesser zwischen 60 und 85 mm, in der Dämmerung sind 80 mm oder 85 mm anzuraten. Bei schwindendem Licht bringt allerdings eine geringere Vergrößerung sehr viel mehr als ein Plus von 10 oder 20 mm beim Objektivdurchmesser – variablen Okularen ist deshalb der Vorzug zu geben.
Alle Spektive sollten dämpfend gummiarmiert sein. Ein Stativanschluss ist selbstverständlich, eine Gegenlichtblende wünschenswert. Ferner bieten die Hersteller noch mehr oder weniger praktische Tragegeschirre, Köcher oder Bereitschaftstaschen an.

LASER-ENTFERNUNGS-MESSER

Entfernungsmessgeräte gibt es schon seit vielen Jahren. Früher wurden für den zivilen Gebrauch hauptsächlich Schnittbild-Entfernungsmesser angeboten.
Wesentlich genauer und wesentlich unkomplizierter zu handhaben, sind heute übliche Entfernungsmesser, die mittels Laserstrahl auf Knopfdruck die genaue Distanz ermitteln. Solche Hightech-Geräte waren lange Zeit nur dem Militär vorbehalten und meistens in Fahrzeugen eingebaut. Dank moderner Mikroelektronik wurden diese Entfernungsmesser aber immer kleiner und auch preiswerter. Unterschieden wird hier zwischen Geräten in monokularer und in binokularer Bauweise.

FUNKTIONSWEISE

Diese Hightech-Messgeräte sind angefüllt mit verwirrender Elektronik und der Messvorgang ist ziemlich kompliziert. Vereinfacht ausgedrückt, besteht ein Laser-Entfernungsmesser aus einer Sende- und Empfangsoptik sowie einer Zeitmesseinrichtung. Der Lichtimpuls eines Lasers wird ausgesandt, vom anvisierten Objekt reflektiert und vom Gerät wieder aufgefangen. Die Zeitspanne zwischen Senden und Empfangen wird gemessen und daraus

SCHNITTBILD-ENTFERNUNGSMESSER

Diese früher im Zivilbereich üblichen Entfernungsmesser lieferten dem Benutzer ein doppeltes Bild, das in Deckung gebracht werden musste. Die entsprechende Entfernung kann dann an einer Stellscheibe abgelesen werden. Diese Geräte waren umständlich in der Handhabung und mit zunehmender Entfernung auch nicht sonderlich präzise: Je nach Gerätetyp mussten hier mit zehn Prozent Abweichung gerechnet werden.

Die gemessene Entfernung wird digital angezeigt.

errechnet sich die Entfernung bis zum Ziel. Der Messbereich beginnt bei 20 oder 25 m und endet bei etwa 1500 m. Unter besonders guten Bedingungen sind sogar weitere Messungen möglich. Viele Geräte sind mit einer Nahbereichsunterdrückung ausgestattet. Sie verhindert, dass Äste oder Zweige direkt vor dem Benutzer das Ergebnis verfälschen. So kann der Jäger auch aus der Deckung von Sträuchern oder Büschen heraus sein Ziel anmessen und muss nicht ins Freie treten.

EINFLUSSFAKTOREN

Je nach Gerätetyp und Entfernung dauert der Messvorgang etwa zwischen 0,3 und drei Sekunden. Die korrekte Messung ist von der Entfernung, dem angemessenen Objekt, den Witterungsbedingungen und der Handruhe des Benutzers abhängig. Helle, große Objekte reflektieren den Messstrahl besonders gut, und der Winkel zum angemessenen Objekt ist für die Menge des reflektierten Lichts maßgeblich. Die Messdistanz ist auch von den atmosphärischen Bedingungen abhängig. Dunst ist ungünstig und verkürzt die Reichweite beträchtlich. Regen stört ebenfalls. Sehr wichtig ist auch eine ruhige Lage des Messgerätes. Um möglichst viele der im engen Winkel ausgesandten Messimpulse wieder aufzufangen, muss es möglichst bewegungslos gehalten werden. Trotz der kurzen Messzeit kommt diesem Punkt größte Bedeutung zu. Wird der Entfernungsmesser auf einem Stativ befestigt (Normanschluss ist bei allen Geräten vorhanden) oder nur auf das Autodach gelegt, können wesentlich größere Entfernungen gemessen werden. Je weiter gemessen wird, desto wesentlicher wirken sich die genannten Kriterien aus. Der neueste Laser-Entfernungsmesser von Nikon hat daher auch einen Bildstabilisator, um bessere Messergebnisse auf große Distanzen zu ermöglichen.

Laser-Entfernungsmesser sind heute schon recht preiswert zu haben und eine echte Hilfe, wenn die Schussdistanz die üblichen Entfernungen überschreitet.

FERNGLÄSER MIT ENTFERNUNGSMESSER

Das Fernglas ist das meistbenutzte Hilfsmittel des Jägers. Vor dem Büchsenschuss wird das Wild in aller Regel – außer bei Drückjagden – mit dem Fernglas beobachtet und angesprochen. Es ist deshalb jagdpraktisch sinnvoll, im Fernglas einen Entfernungsmesser zu haben. Dabei gibt es zwei Grundkonzepte. Bei manchen Ferngläsern (z. B. Leica, Steiner) mit Laser-Entfernungsmesser wird der Laserstrahl durch ein drittes, separates Objektiv ausgesandt. Dieses ist sinnvollerweise oft zwischen

Leica Geovid 10 × 42 HD-B

Steiner 8 × 30 LRF – ein extrem führiges Fernglas mit Laser-Entfernungsmesser

den beiden anderen Objektiven platziert. Bei den anderen Ferngläsern (z. B. Zeiss, Bushnell) wird der Laser durch eines der Fernglasobjektive ausgesandt.

MIT STRAHLENTEILERPRISMA UND FOTOZELLE

Gemeinsam haben beide Arten, dass das vom Ziel reflektierte Laserlicht durch ein Objektiv aufgefangen und mittels Strahlenteilerprisma zu einer Fotozelle geleitet wird. Ein Mikroprozessorenrechner berechnet anhand der vom Aussenden des Laserstrahls bis zum Empfang des reflektierten Laserlichts verstrichenen Zeit die Entfernung zum anvisierten Ziel mit sehr hoher Genauigkeit.
Es gibt Rangefinder-Ferngläser mit 30 mm, 42 mm, 45 mm, 50 und 56 mm Objektivdurchmesser. Bei 42 bis 45 mm liegt das Fernglasgewicht bei 880 bis 945 g.

MARGINALE QUALITÄTSEINBUSSEN

Zu erwähnen ist, dass die üblichen Linsenvergütungen bei Ferngläsern mit Laserlicht nicht eingesetzt werden können. Auch das Strahlenteilerprisma ist ein zusätzlicher Baustein in der Optik. Geringfügige Einbußen hinsichtlich Bildbrillanz und Lichttransmission müssen bei einem Fernglas mit Laser-Entfernungsmesser hingenommen werden.
Bei Qualitätsprodukten wie dem Leica Geovid HD 42 oder 56 oder dem Zeiss Victory 8/10 × 45/56 T* RF sind diese Einbußen in der Praxis allerdings kaum oder gar nicht festzustellen. Beide Geräte verwendeten die Verfasser über Jahre hinweg fast ausschließlich in der Praxis, auch beim Nachtansitz auf Sau und Fuchs. Sie ließen keine Wünsche offen. Bei diesen Qualitätsprodukten wird ein gestochen scharfes, sehr helles und kontrastreiches Bild geboten. Die Bildbrillanz ist hervorragend.

DIE ANZEIGE

Bei Ferngläsern mit integriertem Entfernungsmesser werden die Zielmarke und später die Entfernung in der Regel im rechten Okular eingeblendet (LED-Anzeige). Das Anzeigenlicht wird zum Auge hin abgeschirmt und stört nicht. Die gemessene Entfernung wird in Sekundenschnelle angezeigt. Im sogenannten Scan-Modus wird bei gedrücktem Knopf die Entfernung – zu ziehendem Wild etwa – permanent neu gemessen.

DACHKANT ÜBLICH – PORRO MÖGLICH

Laser-Entfernungsmesser werden überwiegend in Dachkantprismengläsern eingebaut, die Firma Steiner bietet aber auch ein sehr leichtes und führiges Porrofernglas mit nur 30-mm-Objektiven und einem Laser-Entfernungsmesser bis 1600 m Reichweite an. Dieses Steiner 8 × 30 LRF misst sehr zuverlässig auch auf große Entfernungen. Dank seiner extremen Führigkeit eignet sich dieses Fernglas für Extremjagden.

MITTELTRIEB UND DIOPTRIENAUSGLEICH

Ferngläser mit Entfernungsmesser verfügen meist über Mitteltrieb und einen beidseitigen Dioptrienausgleich an den Okularen. Das stellt eine stets scharfe Anzeige sicher. Die Anzeigenhelligkeit sollte sich automatisch dem Umgebungslicht anpassen.
In der Praxis erweisen sich diese Ferngläser als wasserdicht und sehr robust. Je nach Batterieart lassen sich mehrere tausend Messungen durchführen. Wild kann gut bis zu 500 m angemessen werden. Ideal ist noch ein wählbarer „First-Target-Modus": Dabei wird in jedem Fall das erste Objekt (z. B. Wild) in der Laserbahn angemessen und nicht etwa ein weiter entferntes Objekt (z. B. Wald).

INTEGRIERTES BALLISTIKPROGRAMM

Einen weiteren Zusatznutzen bringen im Fernglas integrierte Ballistikprogramme, wie das bei manchen Modellen von z. B. Bushnell, Leica, Swarovski und Zeiss der Fall ist. Sie zeigen nicht nur die Entfernung zum Ziel an, sondern berechnen noch den Tief- oder Hochschuss auf die gemessene Entfernung.
In der Regel können Fleckschussentfernungen (100 oder 200 m) und verschiedene Flugbahnkurven (je nach Rasanz der Laborierung) für verschiedene Kaliber-/Laborierungsgruppen programmiert werden. Diese ballistischen Berechnungen arbeiten zuverlässig und sind von hohem Praxiswert.
Swarovskis EL 8 × 42 bzw. 10 × 42 Range ist ein handliches Dachkantprismenfernglas mit mittigem Durchgriff und exzellenter Optik. Das Range misst Entfernungen bis zu 1375 m und wiegt um die 900 g. Es hat eine Winkelfunktion und zeigt zur tatsächlichen Entfernung bei einer Winkelmessung auch die Ebenengleiche (True Ballistic Range) an.
Das derzeit fortschrittlichste Fernglas mit Laser-Entfernungsmessung ist das Leica Geovid HD-B 8 × 42/10 × 42 mit Magnesiumgehäuse, mittigem Durchgriff und rund 980 g Gewicht. Es basiert auf einem neuen Prismensystem, das eine Mischung aus Porro- und Dachkantbauweise darstellt. Die Bildqualität ist brillant mit sehr hoher Auflösung und hohem Kontrast. Die Außenlinsen weisen die AquaDuro-Vergütung auf. Der Messbereich reicht bis zu 1825 m. Das Geovid ist mit dem Advanced Ballistic Compensation (ABC) System ausgestattet. Es zeigt neben der Entfernung auch die Haltepunktänderung an bzw. wahlweise die Klicks für eine Absehenverstellung. Verschiedene Fleckschussentfer-

Swarovski EL Range mit Anzeige der True Ballistic Range (ebenengleiche Entfernung) bei Winkelmessung

nungen (100 m, GEE, 200 m) können ebenso gewählt werden wie verschiedene ballistische Flugbahnkurven unterschiedlicher Kaliber und Laborierungen. Die Anzeige berücksichtigt Temperatur, Luftdruck (Höhenlage) und Winkel (True Ballistic Range). Neben vorgegebenen ballistischen Daten kann man per Chipkarte auch seine eigenen ballistischen Daten einspeisen bzw. vorgeben.
Auch in das oben bereits erwähnte Zeiss Victory 8/10 × 45/56 T* RF ist neben dem Entfernungsmesser eine Haltepunktberechnung integriert.

Handliches Wärmebildgerät zur reinen Beobachtung

NACHTSICHTTECHNIK

Nachtsichtgeräte sind eine große Hilfe bei der Jagd, denn sie ermöglichen es dem Jäger auch bei Lichtverhältnissen, die für normale Jagdoptik nicht mehr ausreichen, Wild zu erkennen, je nach Qualität der Optik anzusprechen und – wenn es sich bei dem Gerät um ein Dual-Use-Gerät und bei dem Wild um Schwarzwild handelt – auch zu erlegen.
Das Angebot wächst ständig und unaufhaltsam, es drängen neue Hersteller auf den Markt und sehr schnell wird ein gerade noch aktuelles Modell vom Nachfolger abgelöst. Kurz gesagt: Das Gerätespektrum ist langsam recht unübersichtlich und bei einer bemerkenswerten Preisspanne, die von unter 1000 bis über 7 000 reicht, fragen sich so manche Jägerinnen und Jäger: „Was brauche ich wirklich und was muss ich dafür ausgeben?“
Wir möchten in diesem Kapitel darstellen, was die Geräte für ihren Kaufpreis bieten und wofür sie einsetzbar sind. Anhand dieser Zusammenstellung sollte jeder an Nachtsichttechnik Interessierte ein passendes Gerät für sein Revier und seinen Geldbeutel finden. Angesichts der Größe des Marktes und ständig neuer Geräte und auch des Verschwindens älterer Modelle kann dabei kein Anspruch auf Vollständigkeit erhoben werden.

DUAL USE ODER REINE BEOBACHTUNG?

Zunächst ist zu entscheiden, ob das Gerät nur der Beobachtung dienen oder auch für den Schuss geeignet sein soll. Besonders bei Wärmebildkameras ist das ein wichtiger Punkt, denn hier sind reine Beobachtungsgeräte deutlich günstiger als Vorsatzgeräte. Bei Restlichtaufhellern mit Bildverstärkerröhre fällt das weniger ins Gewicht, denn das teuerste Bauteil, die Röhre, ist bei beiden identisch. Aus diesem Grund werden auch nur noch sehr wenige Restlichtverstärker als reine Beobachtungsgeräte verkauft.
Auch bei digitalen Nachtsichtgeräten ist der Preisunterschied gering. Ein Restlichtaufheller oder ein digitales Nachtsichtgerät wird daher sinnvollerweise als Dual-Use-Gerät gekauft, um sich alle Möglichkeiten offen zu halten.
Viele Jäger nutzen aber heute gern zwei Geräte, eines zur Beobachtung plus eines für den Schuss, das bereits auf dem Zielfernrohr montiert ist. Taucht nämlich plötzlich Schwarzwild auf und muss das Dual-Use-Gerät erst auf das Zielfernrohr aufgesetzt werden, kostet das wertvolle Zeit und kann Geräusche verursachen – zumal in einer dunklen Kanzel. Zeit, die einem die Sauen manchmal nicht lassen. Eine Wärmebildkamera zum Beobachten und Ansprechen plus ein Restlichtverstärker zum Schießen ist also die beste, aber

auch teuerste Lösung. Dafür kann bei der Wärmebildkamera dann ein günstiges Beobachtungsgerät gewählt werden.

PREISE

Grundsätzlich kann man sagen, dass gut 1300 € die unterste Preisgrenze sind, wenn es sich um ein jagdlich brauchbares Gerät handeln soll, sei dies nun ein Digitalgerät, ein Röhrengerät oder Wärmebildgerät ist. Nachtsichtgeräte, die beim Kaffeeröster oder Discounter für 200 bis 300 angeboten werden, sind Spielzeug und hinausgeworfenes Geld.

DIGITALE GERÄTE

Die Preisklasse bis 2 000 € ist die Domäne der digitalen Nachtsichtgeräte. Diese Vorsatzgeräte haben keine Bildverstärkerröhre, sondern benutzen einen hochempfindlichen, das Licht verstärkenden CCD-Chip, wie er sich auch in Videokameras mit Nachtmodus-Funktion

Montiertes digitales Vorsatzgerät

befindet. Diese Technik ist wesentlich einfacher, robuster und vor allem preisgünstiger als die anderen.
Ein CCD-Chip vermag aber Licht nicht in dem Maße zu verstärken, wie es eine Bildverstärkerröhre kann, und daher gehört zu einem digitalen Nachtsichtgerät eigentlich immer auch ein leistungsfähiger Infrarotaufheller. Damit haben dann auch digitale Nachtsichtgeräte eine Reichweite bis etwa 150 Meter und liefern ein helles Bild.

INFRAROT NICHT BEIM SCHUSS!

Beim Einsatz von Infrarot-Zusatzstrahlern ist die Gesetzeslage zu beachten! Nach dem bei Drucklegung des Buchs geltenden Waffengesetz sind *mit der Waffe verbundene* Zielscheinwerfer verboten. Wird ein Nachtsichtgerät als Beobachtungsgerät eingesetzt, kann der Infrarotaufheller am Gerät bleiben – wird es aber als Vorsatzgerät benutzt, muss er zuvor entfernt werden. Dann reduziert sich die Reichweite digitaler Geräte auf Kirrungsentfernung, und auch die von Röhrengeräte wird – je nach Qualität der Röhre – deutlich reduziert. Wärmebildgeräte brauchen dagegen keine Zusatzbeleuchtung.

Grundsätzlich sind bei den Digitalgeräten zwei Bauweisen zu unterscheiden: Es gibt sie einmal als sogenannte Vorsatzgeräte, die mittels Adapter vor das Objektiv des Zielfernrohres montiert werden und dann als Nachsatzgeräte, die, ebenfalls über einen Adapter, hinten auf das Okular gesteckt werden. Das Angebot an brauchbaren digitalen Nachtsichtgeräten ist derzeit allerdings nicht sehr groß.

RESTLICHTVERSTÄRKER

Auch restlichtverstärkende Dual-Use-Geräten gibt es als Vorsatzgeräte am Objektiv des Zielfernrohrs oder als Nachsatzgeräte bzw. sogenannte Okularaufheller hinten auf dem Okular. Bei allen Geräten ist die Bildverstärkerröhre das wichtigste und gleichzeitig auch teuerste Bauteil.
Bei Bildverstärkerröhren spricht man von Generationen, wenn es um die Qualitätsbewertung geht. Unterteilt wird grundsätzlich in Generation 1, 2, 2+, 2+Echo, 3, XD-4 und XR-5, wobei es noch verschiedene Zwischenstufen gibt, etwa 2 Supergen oder 2 Hypergen. Allerdings kursieren hier auch jede Menge Phantasiebezeichnungen, die von machen Hersteller oder Vertreibern der Nachtsichttechnik kreiert werden.

Montierter Dual-Use-Restlichtaufheller als Vorsatzgerät. Dual Use ist bei Restlichtverstärkern und digitalen Nachtsichtgeräte sinnvoll.

Bildverstärkerröhren für Nachtsichtgeräte stammen entweder aus den USA, der Gemeinschaft Unabhängiger Staaten oder von Photonis aus Europa. Nachtsichttechnik mit einer Generation-1-Röhre ist kaum noch gefragt und wenig leistungsfähig. Im Zivilbereich werden heute meist Geräte mit Röhren der verschiedenen Stufen der Genration 2 und 3 verwendet. Diese Röhren arbeiten mit Mikrokanalplatten (MCP), anstelle des davor verwendeten Anodenkegels. Grundsätzlich gilt natürlich: Je besser die Röhre ist, umso höher sind die Reichweite des Geräts und die Qualität des gelieferten Bildes. Das gilt aber grundsätzlich nur für die Verwendung der Röhrengeräte ohne Zusatzbeleuchtung. Für Geräte Generation 2+ sind solche Aufheller dagegen ideal, und sie steigern deren Reichweite beträchtlich.

Hier hat der zivile Anwender gegenüber dem Militär einen großen Vorteil, denn die fortschreitende Entwicklung, die zu den Röhren Gen. 4, XS-4 und XR-5 führte, diente hauptsächlich dem Ziel, auf zusätzliche Lichtquellen verzichten zu können. Für einen Soldaten lebenswichtig: Wird eine Infrarotlichtquelle eingeschaltet, ist sie deutlich sichtbar für jeden Gegner, der ebenfalls über Nachtsichttechnik verfügt. Mit einem Infrarotaufheller ist ein Soldat damit bei Nacht die ideale Zielscheibe.

Den Jäger stört das wenig. Er hat den Vorteil mit zusätzlichem Aufheller die Leistungsfähigkeit einer guten Gen.-2+-Röhre sichtbar steigern zu können. Zu beachten sind aber auch hier das bei Drucklegung des Buchs geltende Verbot des Einsatzes fest verbundener Zielscheinwerfer beim Schuss (s. Kasten S. 159).

Restlichtverstärker, die als Dual-Use-Geräte verwendbar sind, kosten ab etwa 2 000 € aufwärts. Hier spielt die Röhre die entscheidende Rolle. Die meisten Hersteller bieten daher auch wahlweise verschiedene Röhren im gleichen Gehäuse an. Maßgeblich bei der Wahl ist neben dem Geldbeutel der Einsatzbereich. Wer im Wald jagt oder damit rechnen muss, dass sich das Schwarzwild hautsächlich am Waldrand im Schatten aufhält, kommt um eine gute Photonis-Bildröhre Gen. 2 Echo oder eine GUS-Röhre Gen. 3 kaum herum. Dem Feldjäger reicht dagegen auch oft eine Gen.-2+-Röhre eines russischen Herstellers wie Katod, Ekran oder das europäische Gegenstück, die einfache 2+ von Photonis. Röhren aus US-Produktion sind sehr selten zu finden. Der zweite Vorteil der hochwertigen Röhren ist, dass sie mit einer höheren Vergrößerung des Zielfernrohres benutzt werden können. Bei günstigen Röhren ist meist bei 4- bis 5-facher Vergrößerung Schluss, danach wird das Bild zu pixelig. Top-Röhren können auch noch 8- bis 10-fache Vergrößerungen verarbeiten. Das ist aber mehr für das Ansprechen interessant als für das Schießen, denn gerade bei Nacht sollten die Schussdistanzen nicht

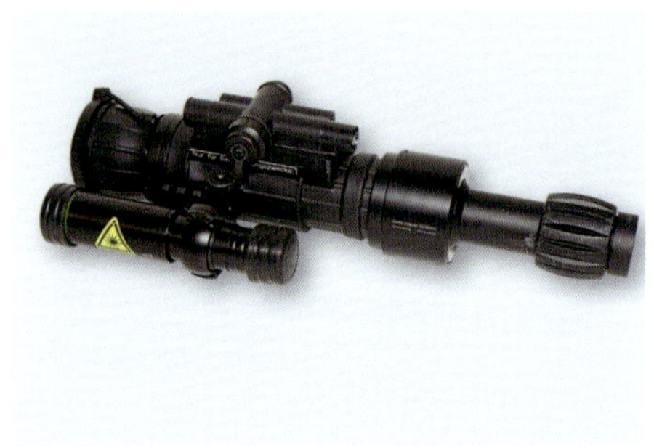

Dual-Use-Restlichtverstärker mit Laseraufheller und Okularaufsatz zur Nutzung als Handgerät

über 100 Meter betragen und dafür reicht eine 4- bis 5-fache Vergrößerung aus.

NACHSATZGERÄTE – VOR- UND NACHTEILE

Restlichtverstärker, die hinten auf das Okular des Zielfernrohres aufgeschoben werden sind deutlich kleiner, leichter und können keine Treffpunktlageveränderungen bewirken, weil sie lediglich das Bild des Zielfernrohres aufhellen, aber man hier nicht mit dem Zielfernrohr auf das Bild des Nachtsichtgerätes zielt, sondern wie sonst auch mit dem Zielfernrohr selbst. Die Belastung von Zielfernrohr und Montage ist äußerst gering, weil das kleine hinten angebrachte Gerät kaum Hebelkräfte auslöst. Außerdem können sie problemlos und schnell als Beobachtungsgeräte eingesetzt werden, weil bei ihnen nicht erst ein Okular angebracht werden muss. Das Okular ist hier immer fest am Gerät.

Als Okular-Aufsatzgeräte liefern Restlichtverstärker (im Bild) und digitale Nachtsichtgeräte ein dunkleres Bild als Vorsatzgeräte.

Sauen groß und klein, durch einen Restlichtverstärker betrachtet

Nachteil: Das Bild ist dunkler, denn es wird ja durch das Zielfernrohr mit einer Menge Linsen darin geschaut. Das Licht, das verstärkt werden soll, muss erst einmal durch eben dieses Zielfernrohr, und bei dunkler Nacht kommt da deutlich weniger an, als wenn das Gerät selbst vorn sitzt. Außerdem verlängert der Okularaufsatz das Zielfernrohr um zehn bis zwölf Zentimeter nach hinten, was den Hinterschaft der Waffe deutlich zu kurz werden lässt ist. Das gilt natürlich auch für digitale Nachsatzgeräte. Um beim gewohnten Anschlag zu bleiben, muss also der Schaft verlängert werden, was in der Regel mit einer aufsteckbaren Schaftkappe geschieht.

WÄRMEBILDKAMERAS

Wärmebildkameras werden immer beliebter, weil sie gegenüber den Restlichtverstärkern Vorteile bieten: Sie haben eine hohe Reichweite, brauchen keine Infrarotlicht-Verstärkung, und zu sehen ist mit ihnen auch bei Nebel oder Regen noch etwas.
Dafür haben Wärmebildkameras aber auch Nachteile, weil sie nur als Vorsatzgeräte einge-

setzt werden können. Sie müssen auf das Zielfernrohr abgestimmt werden, damit die Treffpunktlage der Zieloptik erhalten bleibt. Hierzu haben die Geräte ein entsprechendes Einstellmenü für den Bildschirm. Plug and Play wie bei restlichtverstärkenden Vorsatzgeräten und Okularaufhellern geht hier also in der Regel nicht. Auch als reine Beobachtungsgeräte sind Wärmebildkameras sehr beliebt, weil auch mit den preisgünstigen Modellen schnell zu sehen ist, ob sich eine Wärmequelle in der Nähe befindet. Bei vielen Jägern beliebt ist daher die Kombination aus einem Restlichtverstärker als Dual-Use-Gerät für das Zielfernrohr und einer ergänzenden kleinen Wärmebildkamera zur Beobachtung.

Qualität und Preis der Wärmebildkameras hängen hauptsächlich ab von dem sogenannten Detektor (s. u.), dem Bildschirm, dem Pitch und der Bildwiederholungsrate. Je besser diese Komponenten sind, desto besser sind auch das Bild und die Reichweite – und desto höher ist natürlich auch der Preis.

ARBEITSWEISE

Wärmebildkameras sind nicht auf Licht angewiesen, sie arbeiten völlig anders. Von jedem Objekt gehen elektromagnetische Wellen aus. Abhängig von seiner Temperatur strahlt Materie unterschiedlich stark. Diese Strahlung ist allerdings für das menschliche Auge nicht sichtbar, weil sie sich im Infrarot-Bereich bewegt. Um Temperatur-Unterschiede in unserer Umgebung sichtbar zu machen, benötigen wir eine Technik, die diese Infrarotwellen in das für uns sichtbare Lichtspektrum verschiebt.

Genau das tut eine Wärmebildkamera: Sie kann Temperaturunterschiede messen und visualisieren. Vereinfacht ausgedrückt, macht eine Wärmebildkamera Infrarotstrahlen sichtbar, die alle Objekte abgeben, am Tage und in der Nacht. Da es für die Kamera bedeutungslos ist, welche Lichtverhältnisse im normalen Lichtbereich herrschen, bietet sie sich als Nachtsichtgerät geradezu an. Militär und Behörden benutzen die Wärmebildtechnik daher schon lange dazu, um Gegner bei Dunkelheit auszumachen oder auch, um menschliche Körper bei Rettungsaktionen schnell zu finden.

Eine Wärmebildkamera macht genauso gegenüber ihrer Umgebung wärmere Wildkörper deutlich sichtbar. Sie ist aber auch nicht in der Lage, durch Materie hindurch, etwa durch Sträucher oder Pflanzen, Wild aufzuspüren, wie man oft hört. Der Wildkörper muss schon erfassbar sein. Sauen auf dem Acker sind noch auf einen Kilometer Entfernung als leuchtende Lichtbälle zu sehen. Stecken sie im Mais, nützt auch die Wärmebildkamera nichts. Bei Regen oder Nebel leidet zwar die Bildqualität etwas, aber auch dann liefern Wärmebildkameras noch ein brauchbares Bild.

Mit einer Wärmebildkamera lässt sich ein Stück Schwarzwild auch in dunkelster Nacht aufspüren.

SENSOR-CHIP UND DETEKTOR

Herzstück eines Wärmebildgerätes ist der Sensorchip (Bolumeter). Bei den Detektoren existierten zwei Bauweisen, einmal VOx (Vanadium Oxide) und ASi (Amorphes Silizium). ASi-Detektoren lassen sich einfacher und preiswerter herstellen als die deutlich teureren VOx-Detektoren: Zum einen sind Vanadiumoxide seltener als Silizium und ha-

Montierte Dual-Use-Wärmebildkamera – Infrarot nicht nötig!

ben damit höhere Rohstoffpreise, und zum anderen sind sie härter und damit schwerer zu verarbeiten. VOx-Detektoren haben dafür einen besseren Wärmeleitkoeffizient als ASi-Detektoren und können somit Photonen schneller weiterleiten.

VOx-Detektoren besitzen auch eine höhere Temperatursensibilität. Kennzahl hierfür ist NETD (Noise Equivalent Temperatur Difference). Eine hohe Temperatursensibilität ist sehr wichtig. Sie sorgt für ein scharfes, kontrastreicheres Bild, mehr Reichweite und bessere Schärfe im Zoombereich. Bei Wärmebildkameras mit identischen Linsen und Auflösung erreicht ein VOx-Detektor etwa eine dreifach höhere Temperatursensibilität als ein ASi-Detektor. Aber auch ASi-Detektoren haben ihre Vorteile. Sie verfügen über eine permanente Kalibrierung, während VOx-Detektoren in bestimmten Zeitabständen kalibriert werden. Das kann automatisch oder manuell geschehen. Es gibt sehr gute ASi-Sensoren, die einem VOx-Sensor überlegen sind, nur sind die in Europa auf dem Zivilmarkt nicht erhältlich.

MESSPUNKTE UND PIXELGRÖSSE

Ausschlaggebend für ein klares, scharfes Bild ist bei Wärmebildgeräten auch die Anzahl der Messpunkte auf dem Sensor. Gebräuchlich sind zurzeit 320 × 240 und 680 × 480 (Breite und Höhe). Bei gleicher Abmessung der Sensoren bringt eine höhere Anzahl natürlich eine bessere Auflösung. Das schlägt sich aber gehörig im Preis nieder.

680 × 480er-Chips sind erheblich teurer als 320 × 240er-Chips.

Ein weiterer Leistungsfaktor ist die Größe der einzelnen Pixel. Sie liegt zwischen 17 × 17 Mikroquadratmeter (μm^2) und 35 × 35 μm^2. In diesem Fall gilt: je kleiner, desto besser. Bei geringer Pixelgröße lassen sich mehr Messpunkte auf dem Sensor unterbringen und das Bild wird entsprechend schärfer. Kleinere Sensoren sorgen auch für kleine und kompakte Geräte, was besonders bei Vorsatzgerä-

Rotwild im Bild einer Handgerät-Wärmebildkamera

Einen Hirsch an der Salzlecke verrät die Wärmebildkamera.

ten wichtig ist. Es sind sogar schon Chips mit 12 μm^2 auf dem Markt, die natürlich entsprechend leistungsfähiger sind. 17 μm^2 ist aber heute schon als sehr gut und als ausreichend anzusehen.
Der beste Chip nützt allerdings wenig, wenn der Bildschirm nicht in der Lage ist, die Daten vernünftig umzusetzen und darzustellen. Ohne ein wirklich gutes OLED-Display geht es nicht.

BILDFREQUENZ

Die nächste wichtige Größe ist die Bildfrequenz. Sie gibt an, wie oft sich das Bild in einer Sekunde neu aufbaut. Ist sie zu niedrig, stellt sich eine Art Zeitlupeneffekt ein und der Bildaufbau kommt, etwa beim Schwenken der Kamera oder beim Beobachten von sich bewegenden Wild nicht nach. 24 Hz ist das Minimum, um ein ruhiges Bild zu bekommen. 50 Hz ist optimal und mehr bringt nichts mehr, weil das menschliche Auge mehr nicht verarbeiten kann.

LINSE

Damit der Sensor die langwelligen Infrarotstrahlen verarbeiten kann, müssen sie erst mal dorthin gelangen, womit wir bei der Linse der Wärmebildkamera sind. Hier sind Größe und Material wichtig. Bei Infrarotgeräten werden die Linsen aus monokristallinen, halbleitenden Materialien wie etwa Silizium, Zinkselenid oder Germanium. Unter monokristallin versteht man die synthetische Fertigung im Schmelzfluss. Dadurch lässt sich die Lichtstreuung innerhalb der Linse gegenüber gewachsenen oder zusammengesetzten Kristallen verringern. Germanium wird heute am häufigsten verwendet, es findet sich bei fast allen hochwertigen Wärmebildgeräten.
In punkto Linsengröße gilt – anders als bei normalen Beobachtungsoptiken und auch Restlichtverstärkern: Je kleiner die Linse ist, je höher ist die Reichweite. Vorsatzgeräte müssen sich ja in Verbindung mit einer Primäroptik, die ihrerseits eine Vergrößerung hat, nutzen lassen. Im Wärmebildgerät wird man daher möglichst kleine Linsen zwischen 19 und 50 mm verwenden. Ein großes Sehfeld ist hier wichtig, sonst ist der Bildschirmrand im Okular zu sehen. 30 bis 40 mm sind ein guter Kompromiss.
Die angesprochenen Leistungsmerkmale sind alle wichtig für die Leistung eines Wärmebildgerätes. Es nützt allerdings wenig, wenn die Wärmebildkamera in einem werbewirksam angepriesenen Punkt Spitzenleistung bringt, der dann natürlich vom Hersteller herausgehoben wird, aber dafür bei anderen Bauteilen nur Mittelklasse ist. Das Gerät ist immer nur so gut wie seine schwächste Komponente, und daher heißt: es vor einem Kauf: genau hinsehen!

ZIELOPTIK

Zielfernrohre finden sich heute auf fast allen Waffen mit einem Kugellauf. Optische Visierungen, gleich ob Zielfernrohr oder Rotpunktvisier, bilden Absehen und Ziel scheinbar in einer Ebene ab, sodass beides vom Auge ohne Probleme scharf gesehen werden kann.

Ein weiterer Vorteil optischer Visierungen ist natürlich, dass sie das Ziel entsprechend der Vergrößerung optisch näher heranholen. Neben Universalgläsern für den Ansitz bei noch gutem Licht und Pirsch unterscheiden wir hauptsächlich lichtstarke Optiken für den Ansitz bei schlechtem Licht und Zielfernrohre für den Schuss auf flüchtiges Wild, die sogenannten Drückjagdzielfernrohre, außerdem Zieloptiken für weite Schüsse auf kleine Ziele, auch Varmintzielfernrohre genannt.

ALLGEMEINE MERKMALE

Die Rohrkörper moderner Zielfernrohre bestehen heute fast ausschließlich aus Leichtmetall. Bezüglich der Festigkeit und Robustheit sind die modernen Legierungen den Stahlgläsern durchaus ebenbürtig und bieten neben der Gewichtsersparnis noch den Vorteil der Korrosionsbeständigkeit.

ZENTRIERTES ABSEHEN

Alle Zielfernrohre haben heute ein zentriertes Absehen. Das bedeutet, dass sich das Absehen immer in der Mitte des Bildes befindet. Erreicht wird dies, indem das eigentliche Absehen im Zielfernrohr in einem zweiten, beweglichen Rohrkörper untergebracht ist, sodass subjektiv keine Veränderung der Lage des Absehens mehr wahrgenommen wird.

Die Treffpunktlage wird über die Höhen- und Seitenverstellung korrigiert, die in zwei Türmchen an der Oberseite (Höhe) und der rechten Seite (Seite) des Rohrkörpers untergebracht sind. Die Verstellung verfügt bei hochwertigen Gläsern über ein „Klick-Raster“, wobei sich die Treffpunktlage je Klick um einen bestimmten Wert, meist um einen Zentimeter auf 100 Meter Schussdistanz, verändert.

FÜLLUNG UND VERGÜTUNG

Um einen Innenbeschlag der Linsen bei Temperaturwechsel zu verhindern, tauschen die meisten Hersteller die Luft gegen ein Edelgas wie Nitrogen oder Argon aus. Solche Zielfernrohre sind also luft- und damit auch wasserdicht.

Türme zur Höhen- (o., ohne Schutzdeckel) und Seitenverstellung (r.) am Zielfernrohr. An der linken Seite sitzt der Turm zur Bedienung des Leuchtabsehens.

Die Vergütung der Linsen ist bei richtigem Lichteinfall an einem Farbschimmer zu erkennen.

Überall, wo Glas und Luft aufeinandertreffen, entstehen Reflexionen, die Helligkeit verbrauchen. Hochwertige Gläser zeichnen sich durch eine aufwendige Mehrschichtvergütung aller Glaskörper aus. Bei Billigprodukten werden oft lediglich die Frontlinsen vergütet und nicht auch alle innen liegenden Glasflächen. Eine gute Jagdoptik sollte einen Lichtdurchlassgrad von über 85 % aufweisen. Die Spitze des Möglichen liegt zurzeit bei etwa 95 %.

ABSEHEN IN DER OKULAREBENE

Vorsicht bei variablen Zielfernrohren, deren Absehen sich in der Okularebene befindet. Dies ist leicht daran zu erkennen, dass sich die Stärke des Absehens beim Wechsel der Vergrößerung nicht verändert. Bei herkömmlichen Zielfernrohren, deren Absehen in der Objektivebene sitzt, kann sich die Treffpunktlage bei einem Wechsel der Vergrößerung aus technischen Gründen nicht ändern.
Bei Zielfernrohren mit Absehen in der Okularebene kann das dagegen der Fall sein, wenn sie nicht mit absoluten Minimaltoleranzen gefertigt sind.

PARALLAXENAUSGLEICH

Um auf weite Distanzen präzise zu treffen, ist es praktisch, wenn die Zieloptik über einen Parallaxenausgleich und über eine Absehenschnellverstellung (s. u.) verfügt.
Während die Parallaxe bei den jagdlich vorherrschenden Schussdistanzen bis 100 m keine wesentliche Rolle spielt, darf sie bei Weitschüssen nicht außer Acht gelassen werden. Ein Zielfernrohr kann immer nur auf eine bestimmte Entfernung parallaxefrei eingerichtet werden. Dies geschieht ab Werk in der Regel bei etwa 100 Meter. Bei hoher Vergrößerung und weiten Schüssen kann es dann zu einer merklichen Veränderung der Treffpunktlage kommen, wenn der Schütze nicht genau mittig durch das Glas schaut.
Viele hoch vergrößernde Zielfernrohre sind daher mit einem manuellen Parallaxenausgleich ausgestattet. Entweder als dritter seitlicher Turm oder über einen Drehring am Objektiv. Hier wird die Schussentfernung eingestellt und die Optik ist auf diese Distanz parallaxefrei. Bei Weitschüssen eine sinnvolle Einrichtung. Ist sie nicht vorhanden, muss der Schütze sich Mühe geben, genau mittig durch das Zielfernrohr zu schauen. Bei einer Vergrößerung von über 12-fach ist der Parallaxenausgleich auch für eine optimale Schärfe notwendig.

ZIELGLÄSER FÜR PIRSCH UND ANSITZ

Moderne Zielfernrohre für Pirsch und Ansitz weisen heute meist einen Objektivdurchmesser zwischen 42 mm und 56 mm und eine variable Vergrößerung auf. Optiken mit 48 mm oder 50 mm Objektivdurchmesser gelten hier als universell einsetzbar. Bei Gläsern für die Ansitzjagd ist ein möglichst hoher Lichtdurchlassgrad erwünscht, der es erlaubt, auch bei nachlassendem Licht oder Mondschein noch einen gezielten Schuss abzugeben. Hier ist ein großer Objektivdurchmesser ab 50 mm erforderlich.

Das Swarovski Z6 1,7–10 × 42 ist ein universelles Pirsch und Ansitzglas mit großem Sehfeld.

Zielfernrohre mit 50 mm Objektivdurchmesser können auch bis in die tiefe Dämmerung eingesetzt werden.

Der Vergrößerungsbereich leichter, vor allem für die Pirsch gedachter Zielgläser liegt bei 1,5- bis 6-fach, der von Ansitzoptiken ist höher und reicht bis etwa 12-fach.

DRÜCKJAGD-ZIELFERNROHRE

Wer bei Drückjagden erfolgreich jagen und die unterschiedlichsten Chancen nutzen möchte, sollte mit einer speziellen Zieloptik für das flüchtige Schießen ausgerüstet sein. Die sogenannten Drückjagdzielfernrohre wurden in ihrem Anforderungsprofil auf Bewegungsjagden und das damit verbundene Flüchtigschießen auf kurze und mittlere Entfernungen abgestimmt.

OPTISCHE KENNZAHLEN

Bei Drückjagdzielfernrohren kommt es vor allem auf ein großes Sehfeld an, damit man auf engen Schneisen und auf Kurzentfernungen auch noch trifft. Das Sehfeld wird in Metern auf 100 m Distanz angegeben: Es sollte mindestens bei rund 24 m auf 100 m liegen. Ideal sind Sehfelder von 32, 36 oder gar mehr als 42 m.

Der Vergrößerungsbereich ist ebenfalls von Bedeutung. Mit rund vierfach maximaler Vergrößerung kommt man in den allermeisten Situationen sehr gut zurecht. Vor allem bei Drückjagden auf Schwarzwild reicht eine vierfache Vergrößerung vollkommen aus. Anders sieht es bei Drück- und Riegeljagden auf Gams und Rotwild aus. Hier ist durchaus eine fünf- oder gar sechsfache Vergrößerung sinnvoll. Die Optik muss einen guten Kontrast, ein helles Bild und eine hohe Schärfe bieten. Die Lichtstärke ist bei Drückjagdzielfernrohren eher zweitrangig. Ein 20-mm-Objektiv reicht vollkommen aus. Üblich sind vielfach 24-mm- oder auch 30-mm-Objektive.

AUSREICHENDER AUGENABSTAND

Auf Drückjagden wird oft schnell und mit starken Kalibern geschossen. Damit es hier nicht zu schmerzhaften „Begegnungen" mit dem Zielfernrohr kommt, muss ein ausreichend großer Abstand zwischen Auge und Zielfernrohr gegeben sein. Er sollte mindestens neun, besser zehn Zentimeter betragen.

Das Swarovski Z6i 1–6 × 24 bietet 42,5 m Sehfeld auf 100 m.

Zeiss Victory 1–4 × 24

Für Drückjagden eignen sich Zielfernrohre wie 1–4 × 20, 1,25–4 × 20, 1,1–4 × 24, 1,5–6 × 24, 1–6 × 24, 1–8 × 24 oder 1,1–8 × 30.

Das 1,5–6 × 42 ist noch für Drückjagden geeignet bei Sehfeldern bis zu 24 m auf 100 m. Es ist ein universelles Zielfernrohr für Drückjagd, Pirsch und Waldjagd. Für sehr enge Schneisen eignet es sich weniger als die meisten der vorgenannten Modelle.

Es sei angemerkt, dass man je nach Veranlagung bei 1,1- bis 1,25-fach etwa 1:1 sieht wie mit bloßem Auge. Bei Faktor 1 kommt einem das Bild schon verkleinert vor. Drückjagdzielfernrohre sollten tief auf der Waffe montiert werden.

MONTAGE UND QUALITÄTSKRITERIEN

Die geringen Objektivdurchmesser von Drückjagdzielfernrohren ermöglichen deren sehr niedrige Montage, was für einen korrekten, schnellen Anschlag vorteilhaft ist.

Das 25,4 mm oder 30 mm starke Mittelrohr sollte ausreichend lang sein, damit es sich problemlos auf langen Repetiersystemen montieren lässt.

Der Vergrößerungswechsler muss griffig und rutschsicher sein und sich auch bei großer Kälte problemlos drehen lassen. Für den gesamten Vergrößerungsbereich sollte maximal eine halbe Umdrehung benötigt werden.

Üblich und vorteilhaft in Drückjagdzielfernrohren sind Absehen in der zweiten Bildebene, deren Größe bei einem Wechsel des Vergrößerungsfaktors sich nicht verändert. Sie gewährleisten beste Übersicht und verdecken bei hoher Vergrößerung nur sehr wenig vom Ziel.

ABSEHEN

Spezielle Drückjagdabsehen wie das alte Münch-Absehen oder Absehen wie Linien-Dot, Balken-Dot, Circle-Dot oder P-Dot von Swarovski und Kahles sind nicht unbedingt nötig. Absehen wie Nr. 8 (7A), 4A (vergrößerte Balkenabstände gegenüber Nr. 4) oder Plex sind ideal für den flüchtigen Schuss. Auch ein Punkt allein – sofern es ein Leuchtpunkt ist – reicht vollkommen aus. Fällt allerdings einmal die Beleuchtung aus, dann kann man mit dem schwarzen Punkt in vielen Situationen nicht mehr viel anfangen.
Zeiss bietet eine Kombination mit Punkt in der zweiten Bildebene sowie horizontalen und einem vertikalen Balken – mit vergrößernd – in der ersten Bildebene an.
Vor allem starke Absehen wie Nr. 1 oder auch Nr. 4 in der ersten Bildebene eignen sich weniger für den flüchtigen Schuss.

HOCHVERGRÖSSERNDE ZIELFERNROHRE

Um kleine Ziele auf große Distanzen treffen zu können, werden hochvergrößernde Zieloptiken mit feinem Absehen gebraucht. Im jagdlichen Einsatz sind hier Vergrößerungen bis 24-fach gebräuchlich. Der Objektivdurchmesser hängt vom Einsatzschwerpunkt ab. Wird ausschließlich bei Tageslicht gejagt, wie etwa in den Bergen üblich, reichen 42 mm aus, wer auch bei schlechtem Licht dem Raubwild nachstellen will, ist mit 50 oder 56 mm besser bedient.
Varmintzielfernrohre sollten einen Parallaxenausgleich haben und möglichst auch eine Absehenschnellverstellung.

Das Schmidt & Bender 4-16 × 50 Klassik Varmint ist mit einer Absehenschnellverstellung ausgestattet.

ZIELFERNROHRE MIT LEUCHTABSEHEN

Mittlerweile haben alle großen Optikhersteller Zielfernrohre mit Leuchtabsehen im Programm. Die Technik ist bei allen fast gleich und eigentlich ganz simpel. Es handelt sich in der Regel um eine Strichplattenbeleuchtung. Das Absehen wird auf eine Glasscheibe geätzt. Unbeleuchtet erscheint es schwarz, weil auf die dem Auge zugewandte Seite kein Licht fällt. Wird die Beleuchtungseinrichtung aktiviert, sorgt eine rote Leuchtdiode dafür, dass der gewünschte Teil des Absehens, – ein Punkt, ein Fadenkreuz oder ein beliebige andere Form – rot erscheint. Je dunkler das Bild im Zielfernrohr ist, umso heller strahlt das Absehen. Die Intensität des rot leuchtenden Absehenteils kann über einen Dimmer reguliert werden. Schaut man bei normalem Tageslicht durch so ein Glas, ist es notwendig, die Beleuchtung auf die höchste Stufe zu drehen, um überhaupt eine Leuchtwirkung festzustellen.
Je nach Bauart ist der Dimmer in einem separaten Dom an der linken Seite des Ziel-

Das beleuchtete Absehen 4 ist das meist gekaufte Leuchtabsehen.

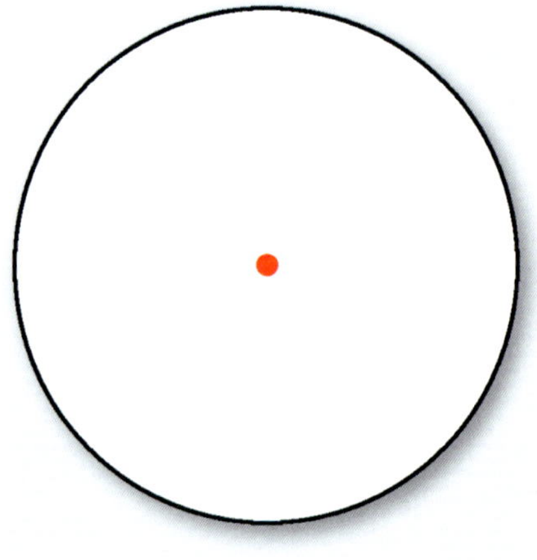

Auch ein Leuchtpunkt allein (Absehen 4 MOA Dot) ist für Drückjagden geeignet.

fernrohres untergebracht oder er ist im Turm der Höhenverstellung integriert. Bei Gläsern mit Absehen in der Okularbildebene wird der Dimmer gern auch hinten auf dem Okular angebracht. Auch die Batterie, meist eine flache Knopfzelle, sitzt unter dem Dimmer.

„DRAHTABSEHEN"

Moderne Zieloptiken, etwa die Zeiss HT-Serie, verwenden ein innovatives „Drahtabsehen", wobei diese Bezeichnung eigentlich fast eine Beleidigung ist, auch wenn es sich hier tatsächlich um ein metallisches Absehen handelt. Der Glasfaserfaden, der das Absehen bildet, ist lediglich 0,04 mm dick – weniger als die Hälfte eines menschlichen Haares. In der Mitte ist er dazu noch schräg abgeschnitten und poliert. Hier wird der Leuchtpunkt gebildet. Der Durchmesser beträgt an diesem Punkt nur noch 0,025 mm. Das ergibt natürlich entsprechend geringe Abdeckmaße des Leuchtpunktes im Zielbild. Auf 100 m sind es lediglich 8 mm und selbst auf 300 m verdeckt der hier 24 mm große Zielpunkt kaum etwas vom Ziel. Wird das Leuchtabsehen abgeschaltet, steht das normale Fadenkreuz zur Verfügung – ohne störenden schwarzen Punkt in der Mitte, wie bei den meisten Glasabsehen üblich. Die Abstimmung der Helligkeit ist vorbildlich. In unterster Stufe bei schlechtem Licht so eben noch wahrnehmbar und voll aufgedreht blendend hell, sodass auch bei Sonnenlicht noch der rote Punkt zu sehen ist. Dieses Absehen ist den bisherigen Glasabsehen klar überlegen.

FÜR ANSITZ UND DRÜCKJAGD

Die klassischen Einsatzgebiete von Zielfernrohren mit beleuchteten Absehen sind die Drückjagd und der Ansitz bei schlechtem Licht. Entsprechend dieser Vorgabe bieten die Optikhersteller ihre beleuchteten Absehen deshalb bevorzugt in kleinen Drückjagdgläsern mit großem Sehfeld und in lichtstarken Dämmerungsgläsern an. Nur hier macht ein besser sichtbares Absehen Sinn. Die Leuchteinheit sollte am Mittelrohr sitzen. Befindet sie sich auf dem Okular, muss die Bauhöhe des Zielfernrohrs niedrig sein.
Der eigentliche Vorteil des Leuchtabsehens liegt darin, dass das Absehen, also der für den Schützen wichtige Mittelpunkt, auf dem Wildkörper besser zu erkennen ist – bei Drückjagden lässt sich ein roter Punkt

überdies blitzschnell und sehr präzise platzieren. Ein leuchtender Punkt oder ein Kreuz ist vor einem dunklen Hintergrund besser sichtbar als ein schwarzes Absehen.

DIMMBARKEIT IST WICHTIG

Ein Tageslicht-Leuchtabsehen muss gut dimmbar sein. Im Idealfall lassen sich Zwischenstufen für ein schnelles Ein- und Ausschalten vorwählen. Eine automatische Abschaltung ist sinnvoll. Ein Leuchtabsehen für den Schuss bei schlechtem Licht sollte so wenig Licht abgeben wie irgend möglich. Ist die Leuchtintensität zu groß, wird unweigerlich das Ziel überstrahlt und der Vorteil kehrt sich ins Gegenteil. Der Schütze sieht dann buchstäblich rot.

Bei Drückjagdzielfernrohren liegt der umgekehrte Fall vor, hier ist ein hell leuchtender Zielpunkt erwünscht, der auch bei Sonnenlicht oder Schnee gut zu sehen ist und das Auge des Schützen sofort anzieht. Manche Hersteller legen die ersten fünf oder sechs Stufen der Absehenbeleuchtung schwach für den Ansitz aus und die weiteren Stufen deutlich heller für den Gebrauch bei Tageslicht. Sinn macht das natürlich nur bei universell einsetzbaren Modellen, denn reine Drückjagdgläser sind für den Ansitz zu lichtschwach, und Zielfernrohre für die Jagd bei schlechtem Licht haben ein zu kleines Sehfeld für die Drückjagd.

LEUCHTABSEHEN – KEIN LICHTERSATZ

Mit einem beleuchteten Absehen kann bei ausreichendem Licht zweifelsohne präziser geschossen werden als mit einer herkömmlichen Zieleinrichtung. Die Betonung liegt aber ausdrücklich auf „bei ausreichendem Licht": Ist das Ziel nicht mehr genau zu erkennen, nützt das beleuchtete Absehen auch nichts mehr.

Leuchtabsehen müssen dimmbar sein und den herrschenden Lichtverhältnissen angepasst werden können.

ENTFERNUNGSMESSER UND BALLISTIKPROGRAMM

Das erste Modell dieser Zielfernrohre wurde von Swarovski entwickelt und sah noch recht klobig aus. Das Diarange von Zeiss, das später auf den Markt gelangte, war da schon etwas eleganter, wurde aber auch nicht so recht angenommen – einmal wohl wegen des hohen Preises, aber auch wegen des vom normalen Zielfernrohr abweichenden Designs. Bei diesen Modellen wurde die Distanz zum Ziel mit einem im Zielfernrohr integrierten Laser-Entfernungsmesser gemessen und der Schütze stellte dann an der Absehenschnellverstellung die Schussdistanz ein und konnte anschließend Fleck halten.

BURRIS ELIMINATOR III 4–16 × 50

Einen Schritt weiter ging Burris mit dem Modell Eliminator. Das Eliminator III 4–16 × 50 misst per Laser die Entfernung bis zu 1500 m und zeigt diese oben im Bild an. Zusätzlich besitzt das Zielfernrohr ein ballistisches Geschossflugbahn-Kompensationssystem. Man eicht das ballistische Programm zunächst auf seine eigene Laborierung, indem der Tief-

Burris Eliminator III 4–16 × 50

Das Swarovski 5–25 × 52 dS ist derzeit wohl das Top-Produkt unter den Zielfernrohren mit integriertem Ballistikprogramm.

schuss auf 500 m eingegeben wird. Eine Feinjustierung nach Einstellung anhand einer ballistischen Tabelle ist anschließend möglich.
Mittels Zielfernrohr wird zunächst die Entfernung zum Wild gemessen, danach leuchtet ein Rotpunkt auf der Linie unterhalb des Fadenkreuzes auf, wenn die Einschießentfernung – mehrere Entfernungen sind im ballistischen Programm wählbar – überschritten wurde. Der Rotpunkt gleicht die Geschossflugbahn aus und zeigt Fleckschuss an. Eine Überprüfung mit der .270 Win. bis zu 500 m ergab, dass das System wirklich hervorragend arbeitete. Auf unterschiedliche Entfernungen von 200 bis 500 m wurde tatsächlich Fleckschuss erzielt. Punkte auf horizontalen Linien ergeben einen Anhalt für eine Windabdrift oder ermöglichen Vorhalt bei sich bewegenden Zielen.

SWAROVSKI 5 – 25 × 52 DS

Den derzeitigen Endstand der Entwicklung bildet wohl das Swarovski 5–25 × 52 dS, das man fast schon als automatisches Feuerleitsystem bezeichnen kann. Das neue dS zeigt neben dem korrekten Haltepunkt die wichtigsten ballistischen Informationen ablenkungsfrei und in Echtzeit im Head-up-Display an. Dafür misst das dS die exakte Entfernung per Knopfdruck unter Miteinbeziehung der eingestellten Vergrößerung, des Luftdrucks, der Temperatur und des Winkels. Für die Berechnung werden außerdem die individuellen ballistischen Daten der persönlichen Waffen-Munitions-Kombination verwendet, die beim Einschießen ermittelt wurden. Die Abstände der Windmarken ergeben sich aus der gemessenen Distanz, den eingestellten Windstärken und den ballistischen Werten. Somit sind manuelle Einstellungen am dS vor dem Schuss überflüssig.
Durch die Vernetzung von Smartphone und Zielfernrohr können grundlegende Einstellungen bequem in einer App vorgenommen werden. Der Datenaustausch geschieht einfach und unkompliziert über eine Bluetooth-Schnittstelle. Auch die beim Einschießen ermittelten individuellen Daten werden direkt in die App eingegeben und sofort übertragen. Schüsse auf große Distanzen werden mit so einer High-Tech-Zieloptik natürlich deutlich einfacher.

ASV UND BALLISTISCHE ABSEHEN

Wer weit schießen will und dabei wechselnde Schussdistanzen zu meistern hat, wie das bei der Jagd vorkommt, sollte ein Zielfernrohr mit einer Ansehenschnellverstellung (ASV) oder einem ballistischen Absehen wählen. Dadurch lässt sich das Ziel direkt anvisieren, und es muss nicht irgendwo über das Ziel ins Blaue gehalten werden, um den Geschossfall bei größeren Distanzen zu kompensieren.

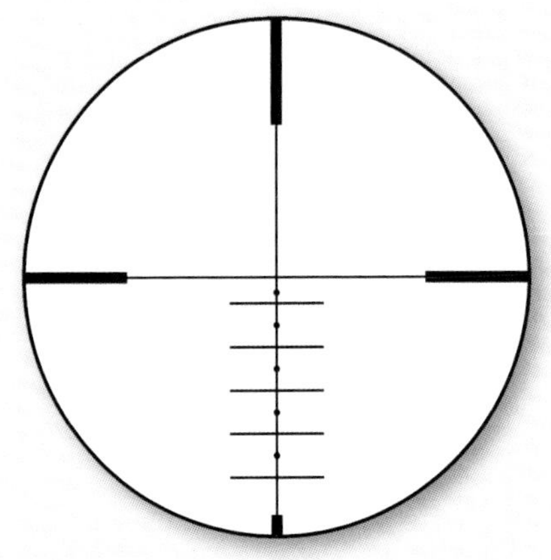

Ballistisches Absehen

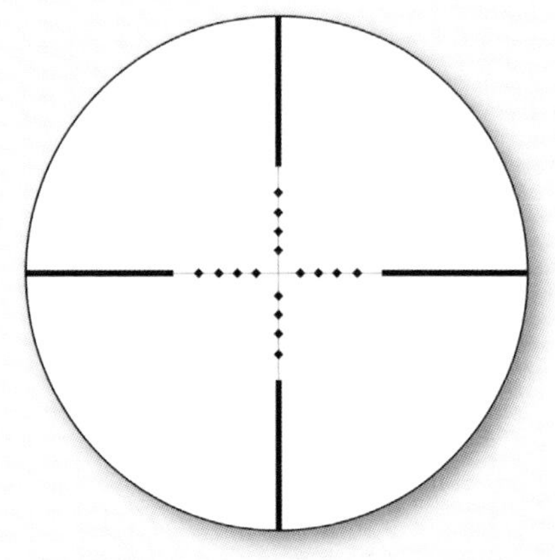

Mildot-Absehen

MILDOT UND ASV MIT LASER

Das bekannteste ballistische Absehen ist das Mildot-Absehen. Es wurde in den späten 70er Jahren vom U. S. Marine Corps für die Marine-Scharfschützen entwickelt und ist heute das Standardabsehen vieler Scharfschützenzielfernrohre. Der Name „Mildot" entstand aus den Begriffen „millradien" und „dot" (Punkt). Unter Anwendung der Mil-Formel kann bei bekannter Größe eines Objektes die Entfernung aus einer Tabelle abgelesen werden. Das Objekt (Hilfsziel) wird mit der Strichplatte der Zieloptik erfasst und die Deckung zwischen den Punkten festgestellt. Mithilfe dieses Wertes kann dann die Distanz zum Ziel der Tabelle entnommen werden. Die Zielpunkte sind auf 100 Meter zehn Zentimeter voneinander entfernt und auf 1000 m 100 cm. Damit lässt sich hervorragend die Entfernung schätzen. Das funktioniert aber nur bei Zielfernrohren, deren Absehen in der ersten Bildebene liegt. Bei Gläsern mit Absehen in der zweiten Bildebene ist die Schätzung auf eine bestimmte Vergrößerung beschränkt.

Wesentlich genauer ist eine Absehenschnellverstellung, wenn gleichzeitig ein Laser-Entfernungsmesser zum Einsatz kommt.

DIE LAGE DES ABSEHENS

Viele Anwender bevorzugen heute die Absehenlage in der zweiten Bildebene, um auch bei hoher Vergrößerung mit einem feinen Absehen schießen zu können. Bei schlechtem Licht braucht man auch kein dickes Absehen mehr, wenn das Absehen beleuchtet ist. Zu achten ist dann aber darauf, dass beim Schätzen der Schussdistanz nur mit dem Absehen – z. B. ein Reh auf 100 m „passt" bei Absehen 1 genau zwischen dessen Querbalken – auch die Vergrößerung korrekt eingestellt wird.

VARIANTEN

Bei der Absehenschnellverstellung gibt es zwei unterschiedliche Varianten. Einige Hersteller, etwa Zeiss, liefern zu ihren Zielfernrohren einen Satz leicht austauschbarer, gravierter Ringe, die den Geschossabfall nahezu aller am Markt erhältlichen Laborierungen abdecken. Ist der zur eigenen Patrone passende Ring montiert, muss nur noch die Entfernung zum Ziel am Zielfernrohr eingestellt und es kann wie gewohnt Fleck gehalten werden.

JUSTIERUNG NICHT NACH PATRONENSCHACHTEL

Sämtliche Absehenschnellverstellungen müssen sorgfältig justiert werden, um die gewünschten Ergebnisse zu erzielen. Die auf vielen Patronenschachteln herstellerseits abgedruckten Flugbahninformationen taugen dazu nicht, denn sie sind selten zutreffend. Die V_0 muss aus der eigenen Waffe gemessen werden, um einen genauen Wert zu erhalten. Den ballistischen Koeffizienten (BC-Wert) des Geschosses kann der Geschosshersteller benennen. Außenballistische Berechnungsprogramme für Flugbahnkurven bieten heute verschiedene Firmen an. Die Verfasser verwenden seit Jahren „Quick Target" von Brömel mit besten Ergebnissen.

Die zweite Variante arbeitet mit zuvor am Zielfernrohr auf verschiedene Schussdistanzen eingestellten Verstellringen an der Höhenverstellung. So etwas gibt es etwa von Swarovski und Kahles. Die Verstelleinrichtung lässt sich dazu über eine Mikrokupplung abkoppeln. Neben der Grundeinstellung auf 100 Meter können so vier zusätzliche Distanzen von 200 bis 500 Meter justiert werden und sind jederzeit mit einer kurzen Drehung einstellbar. Es muss nur der entsprechende Ring am Höhenverstellturm, der meist eine Farbkennzeichnung hat, gedreht werden. Hier sind allerdings keine Zwischenwerte möglich.

ROTPUNKTVISIERE

Rot- oder Leuchtpunktvisiere haben gegenüber einem Zielfernrohr einige Vorteile beim schnellen Schuss auf flüchtiges Wild, zumindest auf kurze Drückjagdentfernung. Der Schütze lässt beim Visieren beide Augen offen und hat so einen besseren Überblick ohne Einschränkung des Sehfeldes wie bei einem Zielfernrohr. Bei der Montage muss kein genau definierter Augenabstand eingehalten werden, wodurch es möglich ist, das Rotpunktvisier weit genug vom Auge des Schützen zu platzieren, um Verletzungen durch den Rückstoß bei starken Kalibern oder unsauberem Anschlag auszuschließen. Dazu ist ein Rotpunktvisier noch erheblich preisgünstiger als ein Drückjagdzielfernrohr.

ROHRBAUWEISE

Die Funktionsweise eines klassischen Leuchtpunktvisieres herkömmlicher Bauweise ist ganz einfach. Im Prinzip ist es nichts anderes als eine Röhre, in der auf einer einseitig verspiegelten Glasscheibe durch eine Leuchtdiode ein roter Punkt erzeugt wird, der quasi das Absehen darstellt und mit dem Ziel zusammen abgebildet wird. Da keine Vergrößerung vorhanden ist, wird auch das Sehfeld nicht eingeschränkt. Visiert werden muss beidäugig. Beim Gebrauch des Leuchtpunktvisieres entsteht dann der Eindruck, der rote Zielpunkt befände sich direkt auf dem Wildkörper. Vom

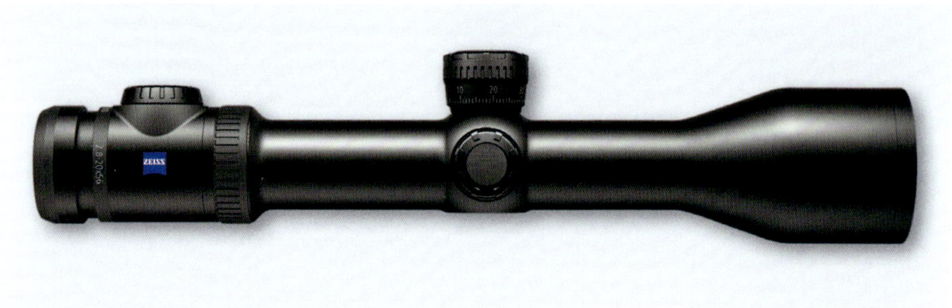

Zeiss Victory V8 2,8–20 × 56 mit Absehenschnellverstellung

Großes und kleines Aimpoint in Rohrbauweise

Reflexvisier mit Weaver-Montageunterteil

Zielfernrohr bereits vorhandene Montageunterteile können oft verwandt werden, zumindest bei den Modellen, die wie ein Zielfernrohr aufgebaut sind.

LEUCHTPUNKT AUF EINER GLASSCHEIBE

Neben der Rohrbauweise mit eingespiegeltem Leuchtpunkt gibt es auch Modelle mit abweichender Technik. Der rote Leuchtpunkt wird hier auf eine kleine, frei stehende Glasscheibe projiziert, eine Röhre ist nicht vorhanden. Etwas problematisch sind diese Visiere bei Regen oder Schnee, denn die frei stehende Glasscheibe ist ungeschützt, während die Frontlinse der Röhrenmodelle etwas zurückliegt.

DIE SCHÄFTUNG MUSS PASSEN

Ganz einfach ist der Umgang mit Leuchtpunktvisieren nicht, viele Schützen haben Probleme, beide Augen offen zu lassen, und finden oft den roten Zielpunkt nicht sofort. Gerade das ist aber für den schnellen Schuss wichtig. Hier muss die Schäftung der Waffe passen, denn wenn der Schütze nicht gerade mit dem Kopf hinter dem Visier ist, wird der Zielpunkt nicht wahrgenommen. Wer aber gelernt hat, mit dem roten Punkt zu schießen, hat ein Visier, das ohne Sehfeldeinschränkung nutzbar und auf Kurzdistanzen sehr komfortabel ist.

Meopta Microvisier – beim Visieren müssen beide Augen offen bleiben.

Einige größere Modelle dieser Bauart, etwa das Holosight von Bushnell, haben an der Unterseite bereits Klemmbacken für Weaver-Montagen, was zwar eine preisgünstige Montage erlaubt, aber nur dann, wenn die Waffe auch mit einer entsprechenden Schiene ausgestattet ist. Extrem klein und nur 25 bis 50 g schwer sind die Mini-Rotpunktvisiere von Herstellern wie Docter Sight, Burris, Meopta oder Zeiss. Diese Visiere sind sehr kompakt und lassen sich oft sogar auf Kurzwaffen montieren. Bei Jagdbüchsen können sie mit einer Spezialmontage, wie sie etwa die Firma MAK anbietet (s. S. 145), problemlos auf nur einem Montageunterteil befestigt werden und passen dann samt Montage in die Tasche des Jagdhemdes. Welches Modell letztendlich gewählt wird, ist eine Sache des persönlichen Geschmackes.

JAGDGESCHOSSE

VON TEILMANTEL ZU BLEIFREI

Mit der Einführung moderner rauchloser Patronen begann auch die Entwicklung moderner Geschosse. Die früher üblichen Bleigeschosse konnten die jetzt möglichen hohen Geschossgeschwindigkeiten nicht umsetzen. Führend in der Geschossentwicklung war natürlich das Militär.

Für die Jagd waren militärische Mantelgeschosse allerdings wenig brauchbar, denn sie besaßen geschlossene Spitzen und durchschlugen das Ziel meist ohne große Zerstörungen. Entsprechende Fluchtstrecken waren die Folge.

ENTWICKLUNG UND GESCHICHTE

So begann bald die Entwicklung spezieller Jagdgeschosse, die so konstruiert wurden, dass sie sich beim Auftreffen auf das Ziel verformten und viel Energie an den Wildkörper abgaben. Dazu wurde die Geschossspitze offen gelassen, sodass der weiche Bleikern frei lag.
Diese einfachen Teilmantelgeschosse sind auch heute noch gebräuchlich und z. B. bei langsam fliegenden Geschossen, wie etwa den meisten Großwildpatronen, auch völlig ausreichend.

SPEZIALGESCHOSSE SETZEN SICH DURCH

Der Trend ging aber zu immer schnelleren und kleineren Kalibern und hier waren die einfachen Teilmantelgeschosse bald völlig überfordert. Bei der hohen Zielgeschwindigkeit moderner Patronen war die Tiefenwirkung viel zu gering. Die Geschosse zerlegten sich beim Auftreffen auf den Wildkörper in kleine Stücke und erreichten die lebenswichtigen Organe erst gar nicht mehr.
Mit dem Zeitalter der Hochgeschwindigkeitsmunition begann so auch eine intensive Entwicklung von Spezialgeschossen für die Jagd. Jede Firma brachte bald eigene Konstruktionen heraus, die laufend verändert und ergänzt wurden. Jedes Jahr tauchten neue Geschosse auf und versprachen dem Jäger optimale Wirkung.

Die Fertigung von Jagdgeschossen muss sich den steigenden Anforderungen anpassen.

MASSIVGESCHOSSE

Die letzte Entwicklungsstufe der vorstehend skizzierten Entwicklung sind die sogenannten „Massivgeschosse", die nicht mehr den üblichen Mantel/Kern-Aufbau haben, sondern aus einem Material bestehen. Durch den homogenen Aufbau soll die Gefahr einer Trennung von Mantel und Kern im Ziel verhindert werden.

Als „Solids", also praktisch ein Vollgeschoss, werden diese Geschosse bei der Jagd auf Großwild mit bestem Erfolg eingesetzt und verdrängen nach und nach die Vollmantelgeschosse. Ihre Richtungsstabilität im Wildkörper ist wesentlich besser, und selbst wenn sie einmal quer ankommen sollten – das kann passieren, wenn das Geschoss vor dem Ziel ein Hindernis streift – verformen sie sich nicht. Vollmantelgeschosse können dagegen aufplatzen, da der Mantel meist nur an der Spitze verstärkt und an den Seiten relativ dünnwandig ist.

Werden Massivgeschosse mit einer Hohlspitze versehen oder ein kleiner Bleikern eingelassen, wirken sie als Deformationsgeschosse. Viele Firmen wie Hirtenberger, Barnes, MEN, RWS, Winchester, Hornady, Remington, S&B oder Federal haben solche Konstruktionen auf den Markt gebracht. Durch die Fertigung auf Drehautomaten lassen sie sich günstig herstellen und es lohnen sich auch kleinere Serien, sodass es mittlerweile für viele ausgefallene Kaliber solche modernen Geschosse gibt. Die Diskussion um den Schadstoff Blei in Jagdgeschossen hat diese Entwicklung noch forciert.

Sogenannte Solids stellen die vorerst letzte Stufe der Jagdgeschossentwicklung dar.

Bleifreie Geschosse lösen Bleikerngeschosse zunehmend ab – auch aufgrund gesetzlicher Vorgaben.

Teilmantelgeschosse waren die ersten Geschosse für jagdliche Zwecke.

Ob ein Geschoss „zu weich" ist, hängt von mehreren Faktoren ab.

BLEIKERN-VERBUNDGESCHOSSE

Die Verfechter traditioneller Teilmantelgeschosse verbessern ihre Konstruktionen natürlich ebenfalls laufend. Vielfach wird heute der Bleikern auf chemischem oder „heißem" Wege mit dem Geschossmantel verbunden, um ein Herauslösen des Kerns zu verhindern und ein möglichst hohes Restgewicht zu erzielen. Diese „Bonded Core"-Geschosse verlieren kaum an Masse und haben eine sehr gute Tiefenwirkung.

GESCHOSS – KALIBER – SCHUSSDISTANZ

Ein wirkliches Universalgeschoss für jede Entfernung und alle Wildarten gibt es aber immer noch nicht und wird es wohl auch nie geben. Dazu sind die Anforderungen viel zu verschieden. Je nach Patrone und Einsatzzweck gibt es aber einige Geschosse, die besonders gut geeignet sind. Hier ist aber auch die Patrone von Bedeutung, denn es ist ein Unterschied, ob das gleiche Geschoss aus einer .308 Winchester oder einer .300 Winchester Magnum verschossen wird. Für die höhere Geschwindigkeit der .300 Win. Mag. kann ein für die .308 Win. sehr gutes Geschoss zu weich sein und nicht die jagdlich erwünschte Tiefenwirkung erbringen. Umgekehrt kann ein härteres Geschoss, das in der .300 Win. Mag. gute Ergebnisse erzielt, bei der .308 Win. große Fluchtstrecken verursachen, weil die aus der .308 Win. erzielbare Zielgeschwindigkeit nicht hoch genug ist.

Eine Rolle spielt dabei natürlich auch die Schussentfernung. In heimischen Revieren wird in der Regel nicht weit geschossen, und ob die Schussdistanz nun 100 oder 150 m beträgt, ist nicht so maßgeblich. Anders sieht es allerdings aus, wenn deutlich über 200 m geschossen wird. Hier muss die dann deutlich geringere Zielgeschwindigkeit bei der Geschosswahl stärker berücksichtigt werden.

BLEIKERNGESCHOSSE

Im Laufe der Jahre haben zahlreiche Hersteller ebenso zahlreiche Geschosskonstruktionen entwickelt, die den Anforderungen in der Jagdpraxis möglichst weitgehend gerecht werden sollen. Sehen wir uns einige der gebräuchlichsten Jagdgeschosse mit Bleikern und ihre Wirkungsweise näher an.

BRENNEKE TORPEDO-GESCHOSSE

Das *Brenneke Torpedo-Ideal-Geschoss (TIG)* und das *Brenneke Torpedo-Universal-Geschoss (TUG)* des Altmeisters Wilhelm Brenneke dürfte wohl jedem deutschen Jäger ein Begriff sein. Mit diesen Geschossen jagten schon unsere Großväter, und viele Jäger schwören heute noch darauf. Die hohen Verkaufszahlen auch in heutiger Zeit belegen, dass sie noch lange nicht zum alten Eisen gehören. Neben den originalen Konstruktionen von Brenneke stellt auch RWS die beiden Geschosse unter den Bezeichnungen *Ideal-Classic* und *Universal-Classic* mit identischem Aufbau her.

Das TIG umhüllt wie das TUG einen Geschossmantel aus Flusseisen – eines der letzten Geschosse, das heute noch damit ausgestattet wird. Dieses harte, zum Splittern neigende Mantelmaterial gilt heute allgemein als überholt und wurde vom zäh-harten Tombak fast völlig verdrängt. Flusseisen lagert aber wesentlich weniger Mantelmaterial in den Zügen der Büchsenläufe ab als der weichere Tombak, sodass die Reinigungsintervalle größer ausfallen dürfen.

Um die Nachteile des spröden Flusseisenmantels aufzuheben, kennzeichnet die beiden Brenneke-Konstruktionen ein aufwendiger Innenaufbau mit zwei unterschiedlich harten Bleikernen.

GESCHOSSAUFBAU

TIG Der hintere, härtere Geschosskern des TIG besitzt eine trichterförmige Vertiefung, in die der vordere Bleikern zapfenartig hineinragt. Dieser Kernaufbau begünstigt eine pilzartige Deformation bis in das Heckteil und ermöglicht somit eine sehr hohe Energieabgabe

Brenneke Torpedo-Ideal-Geschoss (TIG) mit Geschossrest

AUCH FLUSSEISEN LAGERT SICH AB

Oft wird behauptet, dass Geschosse mit Flusseisenummantelung überhaupt keine Ablagerungen im Kugellauf verursachen. Das stimmt nicht! Die Ablagerungen des Flusseisens sind zwar wesentlich geringer, aber auch nicht so gut zu erkennen wie die gut sichtbaren rot-gelben Rückstände des Tombaks.

im Wildkörper. Ein Scharfrand hinter der Geschossspitze sorgt für einen kreisrunden, gestanzten Einschuss und liefert Schnitthaar am Anschuss. Der Geschossboden ist als „Bootsheck" („boat tail") ausgeformt und sorgt für einen guten Strömungsverlauf beim Geschossflug. Ein so geformtes Heck findet sich auch heute noch oft bei modernen Sportgeschossen und wird als präzisionsfördernd angesehen.

TUG Der hintere Geschosskern des TUG besteht aus einer wesentlich härteren Bleimischung als der vordere und ragt mit seiner Spitze in eine Vertiefung im vorderen Bleikern hinein. Diese Zweikern-Technik soll die Deformation des Geschosses im Wildkörper steuern. Während der vordere weiche Bleikern rasch anspricht und eine schnelle Aufpilzung des Geschosses einleitet, wird dieser Vorgang abgestoppt, wenn der hintere härtere Kern erreicht ist. Dieser hintere Teil ergibt zusammen mit den Mantelresten des Vorderteils einen verhältnismäßig kompakten und stabilen Restkörper, der eine gute Tiefenwirkung erreicht. Erst bei sehr hohem Zielwiderstand beginnt sich auch dieser Geschossrest zu deformieren. Der starkwandige Mantel im Heck hält ihn aber zusammen.
Bedingt durch den aufwendigen Innenaufbau ist das TIG, wie auch das TUG, entsprechend teuer.

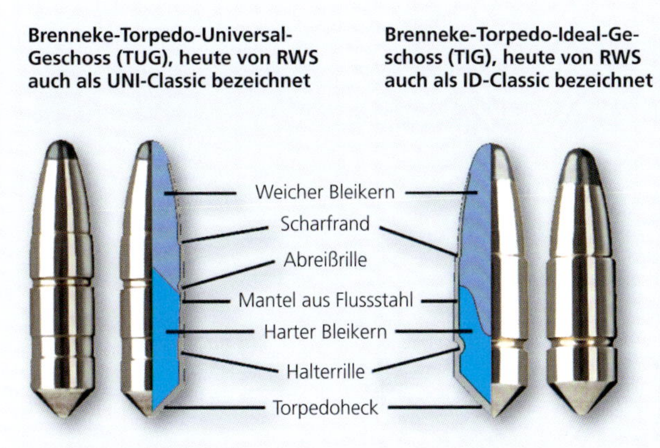

Jahrzehntelang echte Klassiker: Brenneke TIG und TUG

Brenneke Torpedo-Universal-Geschoss (TUG) mit Geschossrest

KALIBER UND EINSATZBEREICH

TIG Der Kaliberbereich des TIG beginnt bei 7 mm und endet bei den 8-mm-S-Kalibern. Damit zeichnet sich schon der vom Konstrukteur angestrebte Einsatzbereich ab: mittleres Schalenwild und schweres Schalenwild auf moderate Entfernung. Es ist wesentlich weicher im Aufbau als das TUG und erreicht eine geringere Tiefenwirkung. Nach dem Eindringen in den Wildkörper reißt der Geschossmantel unter Splitterabgabe auf, und das Geschoss vergrößert schnell seinen Durchmesser, weil der hintere härtere Bleikern den weichen Frontkern auseinandertreibt. Entsprechend groß fällt der Masseverlust aus. Es kommt auch häufig vor, dass sich der Bleikern vom Mantel löst. Eine entsprechend geringe Tiefenwirkung ist dann die Folge. Passt die Stärke des anvisierten Stückes zum Geschoss, lässt sich oftmals eine sofortige Wirkung beobachten, die auf die starke Energieabgabe zurückzuführen ist. Diese schlagartige Geschosswirkung trug sehr zu dem guten Ruf der TIG bei.

TUG Das TUG ist für starkes Hochwild bis hin zum echten Großwild konzipiert. Das zeigt auch schon der Kaliberbereich, der erst bei .30 beginnt und bis .375 reicht. Besonders in den deutschen 9,3-mm-Kalibern erfreut sich die TUG-Laborierung bei Afrika-Jägern großer Beliebtheit, und so manchem Stück

„SCHUSSHARTE ÜBERLÄUFER"

Mit dem Brenneke TUG müssen bei leichten Stücken wie Frischlingen oder Kälbern längere Fluchtstrecken in Kauf genommen werden, denn deren Zielwiderstand ist für dieses harte Geschoss oft nicht groß genug. So entstehen dann beim abendlichen Schüsseltreiben oft die Geschichten vom „schussharten Überläufer". Nicht der Überläufer ist hart, das Geschoss ist es!

Großwild ist diese Patrone zum Verhängnis geworden. In den .30er-Kalibern und den 9,3-Patronen wird das TUG auch gern bei Drückjagden auf heimisches Schalenwild eingesetzt.

RWS DOPPELKERN

Auch das Doppelkern-Geschoss (DK) von RWS arbeitet mit zwei unterschiedlich harten Bleikernen. Der Heckkern ist durch einen Antimongehalt von zwei Prozent bedeutend härter als der Bugkern, dessen Blei nur ein Prozent Antimon hinzugefügt wird. Im Gegensatz zu den Brenneke Torpedo-Geschossen sind beim DK-Geschoss beide Kerne klar getrennt: Der hintere Kern ragt also nicht etwa in den Vorderen hinein (oder umgekehrt) und bewirkt eine Aufpilzung des Heckteils, sondern ist im Gegenteil noch durch eine massive Kappe, dem sogenannten Innenmantel, vor Deformation geschützt.

Doppelkern-Geschoss von RWS

SOLLBRUCHSTELLE UND INNENMANTEL

Außerdem wurde am Übergang der beiden Kerne eine Sollbruchstelle angebracht, die dafür sorgt, dass sich der vordere Geschossteil abtrennt, wenn die Deformation im Wildkörper diesen Punkt erreicht hat. Der hintere, durch den Mantel geschützte Bleikern ergibt dadurch einen kalibergroßen Restkörper, der für entsprechende Tiefenwirkung und möglichst Ausschuss sorgen soll.

Der äußere Geschossmantel und auch der Innenmantel bestehen aus Tombak. Die Geschossspitze ist kegelförmig. Der Mantelverlauf des vorderen Geschossteils nimmt in der Stärke von der Spitze her zu. Am Außenmantel wurde kurz hinter der Sollbruchstelle, ein Scharfrand angebracht.

Der Innenmantel zum Schutz des hinteren Kerns soll bei harten Treffern die nötige Tiefenwirkung garantieren. Da eine weitere Aufpilzung des Heckkerns verhindert wird, ist die Abbremsung des Restkörpers im Wildkörper wesentlich geringer als bei herkömmlichen Deformationsgeschossen, deren Kopffläche sich infolge Aufpilzung vergrößert. Trotz des Masseverlustes von 40 bis 50 % besitzt das DK-Geschoss dank seines Aufbaus eine hohe Durchschlagkraft.

HOHE ENERGIEABGABE

Ein Hauptziel bei der Entwicklung war eine möglichst hohe Energieabgabe im Wildkörper. Beschüsse von Gelatineblöcken haben gezeigt, dass bereits nach einer Eindringtiefe von fünf Zentimetern eine sehr starke Energieabgabe erfolgt. Deshalb ist mit einer dementsprechend hohen Schockwirkung zu rechnen. Dieser Effekt wird durch die Splitterwirkung des sich zerlegenden Vorderteils noch unterstützt. Der relativ weiche Aufbau der Geschossspitze sorgt auch bei geringem Zielwiderstand oder weiten Schüssen für eine sichere Deformation. Auch bei Drückjagden ist dieses Geschoss wegen seiner schlagartigen Wirkung sehr beliebt.

RWS Evolution

RWS EVOLUTION

Mit dem Evolution hat auch RWS jetzt ein Verbundkerngeschoss im Programm. Massestabil deformierende Geschosse haben sich international durchgesetzt und gelten als das Optimum der Jagdgeschossentwicklung. Der Name Evolution ist hier also gut gewählt.
Die Evolution hat einen nach hinten stärker werdenden Geschossmantel aus Tombak. Der Bleikern und der Tombakmantel sind miteinander verschweißt. Die spezielle Geschossspitze, Rapid-X genannt, soll auch bei schwächeren Stücken für ein sofortiges Ansprechen des Geschosskopfes sorgen und verhindert eine Deformation der Geschossspitze im Magazin von Repetierbüchsen durch den Rückstoß. Die Heckkalotte soll die Laufbelastung reduzieren. Zudem ist die Evolution mit einer Nickelbeschichtung versehen. Wie schon beim Doppelkern geht RWS hier wieder dazu über, das Geschoss mit einem Scharfrand zu versehen.

HOHES RESTGEWICHT UND TIEFENWIRKUNG

Die Evolution ist für die Jagd auf stärkeres Schalenwild ausgelegt und vom Geschossaufbau entsprechend stabil. Durch den verschweißten Bleikern soll das Restgewicht sehr hoch ausfallen und damit eine hohe Tiefenwirkung erzielt werden. Die Ausschusswahrscheinlichkeit ist sehr hoch. Durch die neue Rapid-X-Geschossspitze wird aber auch bei leichtem Wild eine gute Wirkung erzielt. Das Geschoss spricht auch bei geringem Zielwiderstand an und pilzt auf. Der Scharfrand

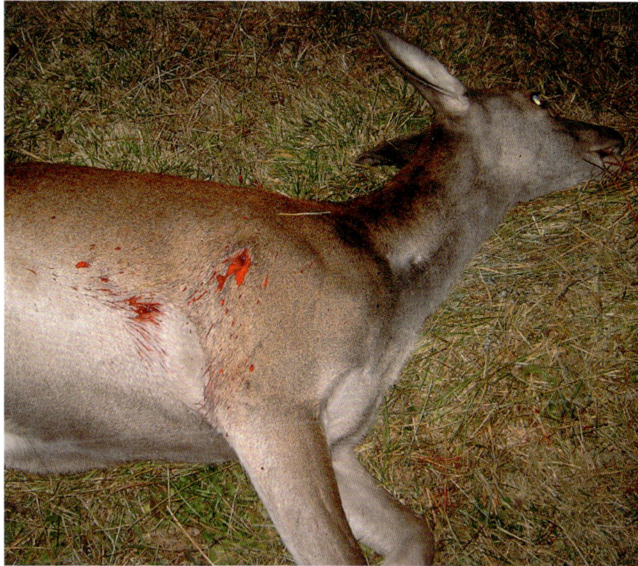

Kleine Ausschüsse und geringe Wildbretentwertung sind Kennzeichen des RWS Evolution.

sorgt für Schnitthaar am Anschuss. Die Nickelbeschichtung soll die Reinigungsintervalle verlängern.
Das Geschoss hat eine sehr gute Eigenpräzision und verursacht nur geringe Ablagerung von Geschossmaterial im Lauf. Die Vernickelung des Geschossmantels macht sich hier positiv bemerkbar und die Reinigungsintervalle lassen sich deutlich hinausschieben.

GERINGE WILDBRETENTWERTUNG

Die Wildbretentwertung ist eher gering und deutlich günstiger als bei den RWS-Konstruktionen Kegelspitz und Doppelkern. Der große Vorteil dieses stabilen Verbundkerngeschosses ist aber die gute Richtungsstabilität im Wildkörper. Stimmt der Haltepunkt, erreicht die Evolution auch die Kammer. Das Geschoss spricht auch bei wenig Zielwiderstand gut an, verursacht dadurch aber bei Rehwild entsprechend große Ausschüsse. Hier ist es besser, den Haltepunkt etwas weiter nach hinten zu verlegen, sonst sind die Blätter unbrauchbar. Die Evolution kommt einem Universalgeschoss schon sehr nahe und ist auf eine Vielzahl von Wildarten und Entfernungen einsetzbar.

HORNADY INTERLOCK

Das Interlock befindet sich seit langer Zeit im Programm des Geschossherstellers Hornady. Der große US-Munitions- und Geschosshersteller bietet dieses Geschoss in fast allen Kalibern an und in den jeweiligen Kalibern häufig sogar noch mit verschiedenen Geschossgewichten.

Das einteilig aufgebaute Interlock wird von einem Tombakmantel überzogen. Die Geschossform lässt sich als Sekanten-Spitzbogen bezeichnen. Diese vom amerikanischen Militär entwickelte Form ist eine der wirksamsten Allzweckgeschossformen. Das spezielle Profil bewirkt eine sehr flach verlaufende Flugbahnkurve, wodurch das Geschoss hohe Energie für weit entfernte Ziele behält. Die lange Anlagefläche gewährt einen sehr großen Kontakt mit den Laufzügen und daher eine maximale Flugstabilität.

Hornady Interlock

Interlock-Geschosse werden aber auch mit Rundkopf angeboten, der für kürzere Distanzen gedacht ist. Der Geschossmantel ist an der Spitze dünner, und innen sind zusätzlich Rillen angebracht, um die Expansion zu beschleunigen. Die Basis des Geschosses wurde verstärkt. Etwa ein Viertel Geschosslänge vor dem Geschossboden befindet sich eine starke Einschnürung des Mantels, der sogenannte Interlock-Ring, der die Aufgabe hat, die Deformation zu stoppen und für einen ausreichend großen Restkörper zu sorgen. Dieser Ring legt auch den Bleikern fest und verhindert ein Herauslösen bei starker Deformation.

HOHE ZIELGESCHWINDIGKEIT, STABILER REST

Die außenballistisch günstige Geschossform garantiert eine hohe Zielgeschwindigkeit, die zusammen mit dem dünnen Geschossmantel im vorderen Teil und den Innenrillen für eine rasche und sichere Querschnittsvergrößerung sorgt.

Bei Nahschüssen wird dagegen die Expansion des Geschosses durch den Interlock-Ring im hinteren Geschossteil sicher gestoppt und ein stabiler Geschossrest erzeugt, der die notwendige Tiefenwirkung und Durchschlagskraft bringt. Der Gewichtsverlust durch Splitterabgabe wurde auf ein Mindestmaß reduziert. Trotz des relativ einfachen Aufbaues bringt es eine abgestufte Wirkung, die aber nicht mit der Anpassungsfähigkeit der moderneren Konstruktionen zu vergleichen ist. Bei harten Knochentreffern auf kürzere Distanz, vor allem bei den modernen Magnumkalibern, wird das Geschoss doch manchmal weich und expandiert vollständig. Starke Wildbretzerstörung und fehlender Ausschuss sind dann die Folge. Auch die Verbindung von Mantel und Kern allein durch die Einschnürung des Mantels lässt sich nicht mit Konstruktionen

Norma Oryx

vergleichen, bei denen der Bleikern auf heißem oder chemischem Weg mit dem Mantel verschmolzen wird.

MITTELSTARKES WILD

Die Stärken des Interlock liegen bei Schüssen über weite Distanzen auf mittelstarkes Wild. Die Eigenpräzision ist sehr gut. Die Expansionswirkung wird bei Weitschüssen durch die Innenrillen hervorragend unterstützt. Das Interlock spricht sicher an und hat, wenn die Zielgeschwindigkeit nicht zu hoch ist, auch eine ausgezeichnete Tiefenwirkung. Die Restgewichte liegen dann bei etwa 50 bis 60 Prozent – ein gutes Geschoss für die Berg- und Steppenjagd.

NORMA ORYX

Das Oryx ist ein einteiliges Deformationsgeschoss mit abgestuftem Mantelverlauf. Der Tombakmantel an der Spitze fällt sehr dünn aus und wird zum Heck hin dann deutlich stärker. Im hinteren Drittel ist er eingebördelt. Spätestens an diesem Punkt soll die Deformation des Geschosses gestoppt werden. Das Oryx gehört zu den Verbundkerngeschossen, das heißt der Bleikern ist auf chemische oder mechanische Weise mit dem Außenmantel verbunden.
Das Oryx wurde mit einer lang ausgezogenen und vorn abgeflachten Geschossspitze ausgestattet. Die Verbindung von Mantel und Kern soll die Splitterabgabe verringern, sodass das höhere Restgewicht stärkere Durchschlagskraft bringt.
Die Deformation des Geschosses soll auch bei hohen Zielwiderständen nicht über den zweifachen Kaliberdurchmesser hinausgehen.
Die lang ausgezogene Spitze verleiht dem Geschoss einen guten Formwert und vermindert den Geschwindigkeitsverlust bei weiten Schüssen. Die abgeflachte Spitze und der über den Mantelrand herausschauende Bleikern verhindern eine präzisionsmindernde Deformation der Geschossspitze im Magazin oder beim Repetiervorgang. Gleichzeitig sorgt der flache Geschosskopf für eine schnelle Einleitung des Deformationsvorganges.

Nosler Partition

ZUVERLÄSSIGES ANSPRECHEN

Bei leichten Stücken spricht das Geschoss zuverlässig an, ohne brutal zu werden und übermäßig viel Wildbret zu zerstören. Der Tombakmantel rollt sich in Fahnen nach hinten auf, wobei diese durch das daran haftende Blei des Kerns sehr stabil sind und nicht abreißen. Auf Hindernisse in der Flugbahn reagiert das Oryx mit beginnender Kopfdeformation, ohne jedoch stark von der Flugbahn abzuweichen. Damit ist das Oryx auch für den Waldjäger brauchbar.
Besonders in den Kalibern .300 Winchester Magnum und 9,3 × 62 stellt die Norma-Laborierung mit dem Oryx-Geschoss auch für den Auslandsjäger auf schweres Wild wie Elch oder Bär und für die afrikanischen Großantilopen eine interessante Alternative dar.

HOHES RESTGEWICHT GARANTIERT

Die Beschränkung der Deformation auf das maximal 2-Fache des Kaliberdurchmessers funktioniert beim Norma Oryx nicht immer. Bei harten Treffern deformiert das Geschoss auch mal bis zum Heck, sodass der Querschnitt das 2,5-Fache erreicht. Trotzdem bringen auch die stark vergrößerten Geschossreste immer noch Restgewichte von über 70 %. Die Energieabgabe im Wildkörper ist entsprechend hoch.

NOSLER PARTITION

In der amerikanischen Kleinstadt Bend in Oregon befindet sich der Sitz eines der bekanntesten Geschosshersteller der Welt – der Firma Nosler. Seit 1948 werden dort Geschosse für Sport und Jagd produziert. Der große Wurf John Noslers war die Konstruktion des Partition-Geschosses, dessen Aufbau in den folgenden Jahren viele Geschosshersteller inspirierte, und das wohl als Meilenstein in der Geschichte der Jagdgeschosse betrachtet werden darf.

ZWEIGETEILTES GESCHOSS

Der aus Tombak bestehende Geschossmantel besitzt in der Mitte eine Trennwand, die das Geschoss in zwei Hälften teilt. Der Mantel des vorderen Teils verjüngt sich von der Trennwand zur Spitze hin stetig. Beide Geschosshälften sind mit Blei gefüllt. Die frei liegende Bleispitze ist relativ groß. Bei der äußeren Formgebung wurde eine außenballistisch günstige Spitzform gewählt.
Der vordere Geschossteil soll sich kontrolliert – ohne großen Masseverlust – unter Fahnenbildung des Geschossmantels aufpilzen und den Geschossdurchmesser auf mindestens das Doppelte vergrößern. Die massive Trennwand stoppt die Deformation in jedem Fall, auch bei harten Knochentreffern. Durch den einteiligen Mantel bleiben hinterer und vorderer Geschossteil miteinander verbunden, und das massive Hinterteil schiebt das aufgepilzte Vorderteil vor sich her. Bei starker Wirkung im Wildkörper wird so fast immer Ausschuss erreicht.
Die außenballistisch günstige Form sorgt für eine hohe Zielenergie auch bei größeren Schussentfernungen. Der dünne Mantel an

der Geschossspitze spricht auch bei geringem Zielwiderstand gut an, sodass die Spitzform hier kaum Nachteile bringt.

ZEITLOS GUT

Das Nosler Partition ist auch heute noch eines der modernsten Jagdgeschosse. Die Eigenpräzision ist groß, und die außenballistisch günstige Form bringt bei weiten Schussdistanzen Vorteile. Das Restgewicht liegt meist mit 70 bis 80 % sehr hoch. Auf mittleres und starkes Wild ist dieses Geschoss hervorragend geeignet. Auch bei härtesten Knochentreffern, die das Vorderteil völlig aufbrauchen können, wird das massive Hinterteil noch für ausreichend Tiefenwirkung sorgen. Besonders in Afrika bei der Jagd auf Großantilopen hat das Nosler sich einen legendären Ruf erworben. Dass dieses amerikanische Geschoss auch in den nordamerikanischen Jagdgebieten zu den beliebtesten Geschosstypen gehört, braucht wohl nicht extra erwähnt zu werden.

SAKO (SUPER-) HAMMERHEAD

Das Hammerhead-Geschoss ist seit Jahren das Standardgeschoss des finnischen Munitionsherstellers Sako in der Palette der Jagdpatronen. Es wird ergänzt um das Super-Hammerhead, dessen Geschossspitze besser geschützt ist, wodurch gleichzeitig auch ein günstigerer ballistischer Koeffizient (BC-Wert) erreicht wird.
Bei dem *Hammerhead* handelt es sich um ein einteiliges Deformationsgeschoss mit einem Geschossmantel aus Tombak und einem Bleikern. Der Geschossmantel verstärkt sich von der Spitze zum Heck. Im hinteren Drittel verfügt das Hammerhead über eine Einschnürung im Geschossmantel, die als Deformationsstopp dient. An der halbrunden Geschossspitze liegt der Bleikern frei.
Sako verbindet Kern und Mantel mittels eines chemischen Prozesses, um eine Trennung im Wildkörper auszuschließen. Diese Technik

Sako Hammerhead

Das Hammerhead im Querschnitt

hält in der modernen Jagdgeschoss-Fertigung immer mehr Einzug.
Das *Super-Hammerhead* erhielt gegenüber der Normalausführung eine aerodynamisch günstigere Kopfform mit besseren ballistischen Koeffizienten. Der Mantel wurde bis zur Spitze vorgezogen und mit einer kleinen Hohlspitze versehen. Das Super-Hammerhead ist für die schnellen Magnumpatronen gedacht.

WIRKUNGSWEISE

Das Geschoss soll nach seinem Eindringen in den Wildkörper seinen Querschnitt kontrolliert bis auf den etwa 2,5-fachen Kaliberdurchmesser vergrößern. Die Einschnürung im hinteren Mantelteil stoppt die Deformation an diesem Punkt. Der chemische Verbund von Mantel und Kern sorgt für einen kompakten Geschossrest, der bei hoher Energieabgabe an das Zielmedium gute Tiefenwirkung und Durchschlagskraft erreicht. Auch bei harten Knochentreffern kommt es nicht zu einer Trennung von Kern und Mantel.
Der dünne, vordere Mantelteil sorgt auch bei schwächeren Stücken für eine frühzeitige Aufpilzung des Geschosses. Das Super-Hammerhead besitzt einen verstärkten Mantel, der auch bei schnellen Magnumkalibern stabil bleibt. Durch die günstige Außenform verliert dieses Geschoss auch bei weiten Schüssen nur wenig an Geschwindigkeit und bringt so viel Energie ins Ziel. Die Hohlspitze, ohne frei liegenden Bleikern, schützt das Geschoss vor Deformation bereits im Magazin von Repetierbüchsen.

Auf die europäischen Wildarten hat es sich bestens bewährt und auch Jäger, die dieses Geschoss in Nordamerika, hauptsächlich im Kaliber .338 Winchester Magnum, auf Bär und Elch einsetzten, zeigten sich zufrieden mit der Wirkung. Das Hammerhead spricht zuverlässig und schnell an und die Aufpilzung verläuft gleichmäßig. Der mit dem Mantel verbundene Kern gibt kaum Splitter ab, und der Restkörper behält etwa 70 % des Originalgewichtes. Dementsprechend gut gestaltet sich die Durchschlagskraft und Tiefenwirkung. Bei entsprechender Kaliberwahl kommt es fast immer zu Ausschüssen.

SIERRA GAME KING

Mit dem Game King hat Sierra versucht, die Erkenntnisse aus der Matchgeschoss-Entwicklung auf ein Jagdgeschoss zu übertragen. Das Game King ist als „Long Range-Geschoss" gedacht und für Weitschüsse prädestiniert.
Die stromlinienförmige Form des Tombakmantels wurde direkt aus der sogenannten Matchking-Serie von Sierra übernommen.

Das Sierra Game-King im Querschnitt

GAMS, REH UND RAUBWILD

Das Game King von Sierra ist für europäisches Schalenwild, das auf große Distanz gejagt wird – also etwa Gamswild – eine gute Wahl.
Bei Raubwild oder Rehwild bringt es ganz hervorragende Ergebnisse. Auf kurze Distanzen ist bei schnellen Kalibern allerdings mit hoher Wildbretzerstörung zu rechnen.

Alle Game King-Geschosse sind mit einem Bootsheck ausgestattet, in Hinblick auf die Spitze existieren jedoch zwei unterschiedliche Ausführungen: Neben der herkömmlichen Bleispitze gibt es sie auch mit einer Hohlspitze. Der Innenaufbau entspricht dem eines Standard-Teilmantelgeschosses. Der Mantel verläuft gleichbleibend stark und ist auch am Boden nicht verstärkt. Die Außenform ist vollkommen glatt, keine Rillen oder Einschnürungen stören den Luftfluss.
Mit dem Game King hat der Jäger die Möglichkeit, ein Jagdgeschoss mit der Präzision und außenballistisch günstigen Form eines Matchgeschosses einzusetzen. Das Geschoss ist für die Jagd auf weiteste Entfernungen gedacht und für eine hohe Energieabgabe im Ziel konstruiert.
Die frei liegende Bleispitze sorgt für eine schnelle Deformation des Geschossmantels. Noch schneller deformieren die Typen mit Hohlspitze, die sich deshalb besonders für die Jagd auf Raubwild und schwächeres Schalenwild eignen. Der hohe ballistische Koeffizient bewirkt einen geringen Luftwiderstand und damit eine gestreckte Flugbahn. Auch die Seitenwindempfindlichkeit ist gering. Game King-Geschosse werden vom Kaliber .22 bis hinauf zur .375-Klasse gefertigt.
Zum Game King greifen vor allem Bergjäger und Varmint-Schützen, die von der gestreckten Flugbahn und der hohen Eigenpräzision dieses Geschosses profitieren wollen. Aus geeigneten Waffen lassen sich mit dem Game King hervorragende Streukreise erzielen, die Schüsse auf weiteste Distanzen gestatten. Durch den weichen Aufbau dieses Teilmantelgeschosses ist auch auf große Entfernung noch mit guter Deformation und hoher Energieabgabe im Ziel zu rechnen.
Besonders die Hohlspitzversion zerlegt sich sehr schnell und sollte nicht auf schweres Wild eingesetzt werden, da hier die Tiefenwirkung zu gering ist. Die Teilmantel-Spitzgeschosse liefern wesentlich höhere Restgewichte, aber auch hier ist Ausschuss nicht die Regel. Dafür ist die Energieabgabe im Ziel sehr hoch.
Bei Knochentreffern zerlegt sich das Geschoss auch schon mal völlig oder der Mantel trennt sich vom Kern. Hier verhält sich das Game King nicht anders als ein normales Teilmantel-Spitzgeschoss, von dem es sich ja auch nur durch die Außenform unterscheidet. Bei Weitschüssen zeigt sich das Game King zwar einem Standard-Teilmantel von der Eigenpräzision her überlegen und bringt auch eine höhere Zielenergie, doch ist es lange nicht so flexibel und anpassungsfähig wie Spezialgeschosse.

SCHLUSSBEMERKUNG

Es gibt sicher heute mehr als 100 Jagdgeschosse, darunter eine Vielzahl von Bleikerngeschossen, sodass im Rahmen dieses Buches nur ein Überblick gegeben werden kann und soll. Die vorgestellten Geschosse spiegeln aber die wichtigsten Grundkonstruktionen wider. Viele Konstruktionen ähneln sich außerdem sehr. So sind das Swift-Frame und das Blaser CDP ebenfalls Zweikammergeschosse wie das Nosler Partition und die Konstruktionsunterschiede beziehen sich auf die Größe der Kammern, die Form der Trennwand und die Härte der Bleikerne. Der Aufbau ist aber nahezu identisch.

BLEIFREIE BÜCHSENGESCHOSSE

Bleifreie Büchsengeschosse sind nichts Neues. Schon vor vielen Jahren wurden sie entwickelt. Um Schadstoffvermeidung ging es dabei aber nicht. Als Universalgeschosse waren sie auch nie gedacht, denn die bleihaltigen Geschosse waren hier wesentlich flexibler.

Hintergrund der Entwicklung der ersten bleifreien Büchsengeschosse war der Wunsch, eine größere Tiefenwirkung, als mit Mantel-Kern-Geschosskonstruktionen möglich, zu erzielen. Weil monolithische Messing- oder Kupfergeschosse beim Auftreffen auf den Wildkörper kaum Masse verlieren, haben sie eine hohe Durchschlagskraft.

MATERIAL UND AUFBAU

KUPFER UND ZINK

Vollgeschosse bestehen entweder aus Kupfer oder aus einer Legierung aus Kupfer und Zink. Ist bei dieser Legierung der Kupferanteil unter 80 %, wird diese Legierung Messing genannt, liegt er über 80 %, heißt das Gemisch Tombak.

Das Mischungsverhältnis allein sagt aber noch nicht viel aus, denn der für die Geschosswirkung und der für das innenballistische Verhalten wichtige Härtegrad lassen sich über weitere Zusätze und auch über eine Oberflächenbehandlung des fertigen Geschosses steuern. Hier hat jede Firma ihr eigenes Rezept und macht meist ein Geheimnis daraus. Lange Zeit war die Fertigung auf CNC-gesteuerten Drehautomaten (CNC = „Computerized Numerical Control"= „Rechnergestützte numerische Steuerung") die einzige Möglichkeit, homogene Geschosse herzustellen.

Das war früher nicht ganz billig, hatte aber den Vorteil, dass Veränderungen an der Form sehr einfach vorgenommen werden können und sich auch Kleinserien herstellen lassen. Heute sind die Werkzeugkosten für Drehautomaten gesunken und Massivgeschosse können darauf wesentlich preiswerter produziert werden. Es gibt aber mittlerweile auch die Möglichkeit, Massivgeschosse im Pressverfahren herzustellen. Das ist für die Großserienfertigung wesentlich günstiger und man kommt in den Preisbereich von herkömmlichen Mantelgeschossen. Die meisten monolithisch aufgebauten Geschosse der großen Hersteller werden heute im Pressverfahren produziert.

Die Palette an bleifreien Geschossen ist groß – jeder Hersteller hat sie im Programm.

ZINN- STATT BLEIKERN

Eine andere Möglichkeit, bleifreie Büchsengeschosse herzustellen, ist, beim herkömmlichen Mantel-Kern-Aufbau zu bleiben und den Bleikern durch ein anderes Material zu ersetzen. Dafür wird heute Zinn genommen. Brenneke begann mit den Geschossen TIG und TUG nature damit, andere Hersteller wie RWS folgen dann mit Konstruktionen wie dem EVO green oder dem Geco Zero. Die Fertigung erfolgt hier analog zu den bleihaltigen Geschossen und auch der Außenmantel ist identisch.

Messing-Vollmantelgeschoss, das im Wildkörper nicht deformiert (l.), bleifreies Deformationsgeschoss (M.) und bleifreies Teilzerlegungsgeschoss

PROBLEM GASDRUCK-STEIGERUNG

Beim Einpressen eines Geschosses in die Züge des Laufes treten bekanntlich sehr hohe Kräfte auf. Der relativ dünne Tombak- oder Flusseisenmantel eines herkömmlichen Büchsengeschosses mit weichem Bleikern erzeugt hier einen wesentlich geringeren Einpresswiderstand als ein Massivgeschoss.
Das Laufinnenprofil unserer Jagdbüchsen ist auf Mantelgeschosse ausgelegt und entsprechend geformt. Bei zinnhaltigen Geschossen gibt es keine Unterschiede zu herkömmlichen Bleikerngeschossen, denn die Außenhülle ist ja völlig identisch mit den herkömmlichen Geschossen.
Bei massiven Geschosskonstruktionen, die nur aus einem Material bestehen, haben die Hersteller aber das Problem, die gesetzlich festgelegten Gasdruckgrenzen nicht zu überschreiten und trotzdem eine den Mantelgeschossen entsprechende Mündungsgeschwindigkeit zu erzielen.
Eine Möglichkeit besteht darin, sehr weiches Geschossmaterial zu verwenden. Nachteil dieser Methode sind die dadurch entstehenden Laufverschmierungen, die schon nach wenigen Schüssen aufwendig entfernt werden müssen, um die Präzision zu erhalten. Dem kann man durch eine Beschichtung des Geschosses begegnen.

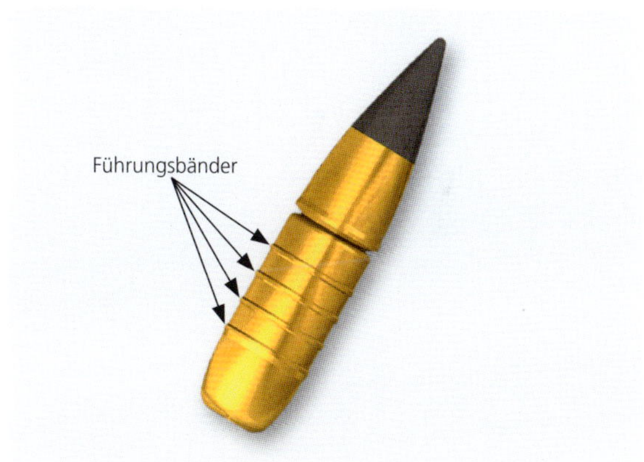

Führungsbänder reduzieren den Einpresswiderstand, damit den entstehenden Gasdruck – und die Laufverschmierungen.

Die nächste Möglichkeit besteht darin, den Geschossdurchmesser etwas zu verkleinern, um so den Einpressdruck von vornherein zu senken. Das kann zu Präzisionsproblemen führen, wenn der Laufdurchmesser am oberen Limit liegt.

DIE LÖSUNG – FÜHRUNGSBÄNDER

Eine dritte Variante wird daher heute gern gewählt und die Oberfläche des Geschosses, die in die Züge eingepresst wird, verkleinert. Das geschieht durch das Andrehen von Führungsbändern an das Geschoss. Der größte Teil des Geschosses ist dann unterkalibrig und kommt gar nicht mit der Laufwandung in

BLEIFREI UND POLYGONLÄUFE

Mit herkömmlichen Feld-Zug-Laufprofilen gibt es keine Probleme beim Verschießen von Massivgeschossen – ganz anders steht es mit Polygonläufen, die keine Züge und Felder, sondern ein vieleckiges Laufprofil haben. Hier ist von Massivgeschossen abzuraten! Polygonläufe werden aber heute bei Jagdbüchsen fast gar nicht mehr eingesetzt.

Berührung. Lediglich drei oder vier schmale Bänder schneiden in die Züge ein und versetzen das Geschoss in Drehung. So ist der Einpressdruck gering, oft sogar unter dem Druck von Mantelgeschossen, und die Laufverschmierungen werden erheblich reduziert. Diese Technik wurde von Artillerie-Granaten übernommen, die schon lange Zeit mit aufgeschrumpften Führungsringen verschossen werden. Gasdruckprobleme dürften also heute bei präzise gefertigten Geschossen und herkömmlichen Feld-Zug-Laufprofilen nicht mehr auftreten. Dieses Problem haben die Hersteller gut im Griff.

BALLISTIK

PRÄZISION

Die Frage nach der Schussgenauigkeit bleifreier Geschosse kann nicht generell beantwortet werden kann, denn hierfür spielt die verwendete Büchse die Hauptrolle. Auch Mantelgeschosse schießen nicht aus allen Waffen gleich gut.

Für die Präzision einer Büchse ist eine ganze Reihe von Faktoren von Bedeutung. Einer davon ist die Dralllänge des Laufes. Sie ist eigentlich immer nur für ein Geschossgewicht und eine Geschosslänge wirklich optimal. Natürlich können auch etwas leichtere oder schwerere Geschosse mit jagdlich ausreichender Präzision verschossen werden, wie jeder Jäger weiß, aber die Bestleistung erzielt eine Waffe in der Regel nur mit einem einzigen Geschossgewicht. Hier bringen die neuen bleifreien Geschosse jetzt einiges durcheinander, denn sie sind durch den fehlenden Bleikern rund 25 % leichter als ein gleich langes Mantelgeschoss. Ob sich ein bleifreies Geschoss aus einer bestimmten Waffe mit guter Präzision verschießen lässt, muss schlicht und einfach ausprobiert werden. Probleme gibt es meist, wenn der Lauf für leichtere Mantelgeschosse ausgelegt ist, denn Massivgeschosse sind schon bei mittleren Geschossgewichten so lang wie ein schweres Mantelgeschoss. Bleifreie Geschosse sollten also immer in einem möglichst hohen Gewichtsbereich gewählt werden – dann ist die Chance, dass sie aus einem Lauf mit üblichem Drall für Mantelgeschosse präzise schießen, sehr gut.

ZIELWIRKUNG

Wie bei den Mantelgeschossen teilen sich auch die Massivgeschosse wirkungsmäßig in die beiden großen Gruppen *Zerlegungsgeschosse* und *Deformationsgeschosse* auf. Hier ist die Philosophie der Hersteller unterschiedlich. Einige setzen auf die hohe Energieabgabe und große Wundhöhle eines Deformationsgeschosses, die anderen bevorzugen die Sekundärwirkung der

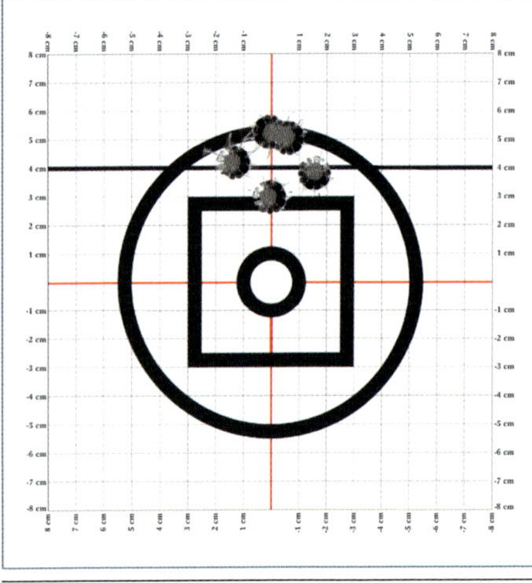

Die Präzision einer Waffe hängt von zahlreichen Faktoren ab – der Bleigehalt des Geschosses ist da eher nachrangig.

Geschosssplitter und die höhere Durchschlagsleistung eines Teilzerlegungsgeschosses. Das kennen wir schon von den Mantelgeschossen. Die bleifreien Jagdgeschosse unterscheiden sich hier kaum von ihren bleihaltigen Kollegen. Bei reinen Deformationsgeschossen, die im Ziel keine Masse verlieren, ist es ratsam, etwas leichtere Geschossgewichte zu wählen, denn ein hohes Gewicht ist zur Erzielung eines Ausschusses hier nicht unbedingt notwendig, und die höhere Geschossgeschwindigkeit des leichteren Geschosses im Ziel begünstigt den Deformationsvorgang des härteren, bleifreien Geschosses. Die wirksame Reichweite lässt sich dadurch vergrößern. Auf Teilzerlegung abgestimmte Geschosse und die Konstruktionen mit Zinnkern verhalten sich im Ziel kaum anders als bleihaltige Geschosse. Schauen wir uns auch einige der interessantesten bleifreien Geschosse näher an.

ÄHNLICHE KONSTRUKTIONEN

Auch aus dem heute verfügbaren breiten Spektrum bleifreier Geschosse kann im Folgenden nur eine Auswahl exemplarisch vorgestellt werden. Noch mehr als auf die Bleikerngeschosse trifft auf die modernen homogenen Deformationsgeschosse zu, dass sich die Konstruktionen stark ähneln.
Die Grundkonstruktion von Barnes (s. u.) wird mehr oder weniger abgewandelt und lediglich die Außenform sowie Form und Tiefe der Hohlspitze variiert. Die Wirkungsweise ist nahezu identisch und Unterschiede ergeben sich aus Materialhärte und Größe der Hohlspitze.

BARNES

Die Firma Barnes gehört zu den ältesten und traditionsreichsten amerikanischen Geschossherstellern. Der Gründer Fred Barnes begann im Jahre 1932 mit der Entwicklung von Jagdgeschossen und Barnes Bullets und wurde innerhalb kürzester Zeit zum größten privaten Geschosshersteller Colorados.

Der traditionsreiche Hersteller Barnes hat zahlreiche bleifreie Geschosse im Programm.

Mit dem X-Bullet gelang der große Wurf. Das homogene Hohlspitzgeschoss wurde von den amerikanischen Jägern begeistert aufgenommen. Das X-Bullet wurde ständig weiterentwickelt und über das Triple-Shock (TSX) gelangt man dann zum heutigen Tipped-Triple-Shock X-Bullet (TTSX).

X-BULLET

Das Barnes hat keinen in den Geschossmantel eingebrachten Kern, sondern besteht aus einem Stück. Als Geschossmaterial wird eine zähharte Kupferlegierung verwandt. Diese Konstruktion ist aber kein auf extreme Tiefenwirkung ausgelegtes Vollgeschoss, wie die zur Jagd auf Dickhäuter gedachten Solids, sondern ein Deformationsgeschoss. Damit es im Wildkörper aufpilzt, ist eine von der Geschossspitze ausgehende axiale Bohrung vorhanden, die fast bis zur Hälfte des Geschosses reicht.
Für eine kontrollierte Aufpilzung des Vollgeschosses sorgen innen liegende Einfräsungen, quasi Sollbruchstellen. Sie teilen das Vorderteil des X-Bullet in vier gleichgroße Segmente ein. Durch die zäh-harte Kupferlegierung wird ein Aufplatzen des vorderen Geschossteiles

TSX- (M.) und TTSX-Geschoss von Barnes. Beim TTSX ist die Hohlspitze unter einer Kunststoffspitze verborgen.

durch in die Bohrung eindringende Gewebeteilchen, auch bei hohen Zielgeschwindigkeiten, sicher verhindert. Das Vorderteil rollt sich in vier Fahnen zum Heck hin auf und verdoppelt dabei etwa den Querschnitt des Geschosses. Dieser Vorgang wird abgebremst, wenn das Ende der Bohrung erreicht ist.

Der Vorteil dieses Geschosstyps liegt in seinem extrem hohen Restgewicht. Da kein Blei vorhanden ist und der Mantel nicht splittert, geht so gut wie keine Masse verloren. Die äußere Geschossform hat bei diesem Aufbau auf die Zielwirkung nur wenig Einfluss und kann ganz nach außenballistisch günstigen Gesichtspunkten gewählt werden.

Das X-Bullet hat daher eine typische Spitzform, teils mit Bootsheck, wie sie gern bei Matchgeschossen benutzt wird. Zunächst wurden die Geschosse aus Stangenmaterial gedreht, später im Pressverfahren hergestellt, was deutlich kostengünstiger ist.

DER NAME IST PROGRAMM

Wenn sich das Vorderteil des Barnes X-Bullets im Ziel in vier Fahnen zum Heck hin aufgerollt hat, zeigt es eine charakteristische und gewünschte X-Form. Ihr verdankt das Geschoss seinen Namen. Bei diesem Aufrollvorgang wird natürlich jede Menge Energie an den Wildkörper abgegeben.

TRIPLE-SHOCK (TSX)

Nachteil des X-Bullets waren die hohen Laufverschmierungen und der damit verbundene hohe Reinigungsaufwand. Beim neu konstruierten TSX änderte Barnes aber den Innenaufbau etwas ab und versah das Geschoss mit Entlastungsrillen, um die Laufverschmierungen zu reduzieren. Das hat zusätzlich noch den Vorteil, bei ähnlichem Aufwand an Treibladungsmitteln und Druck eine höhere Geschossgeschwindigkeit zu erzielen, da sich der Reibungswiderstand im Lauf verringert. Die modifizierten Einfräsungen in der Hohlspitze sollen dafür sorgen, dass das TSX auch bei niedriger Zielgeschwindigkeit den doppelten Kaliberdurchmesser erreicht und die beim alten X-Bullet häufig auftretenden Abrisse einer oder mehrerer Geschossfahnen der Vergangenheit angehören.

TIPPED-TRIPLE-SHOCK X BULLET (TTSX)

Mit dem TTS-X-Bullet entwickelt Barnes das TSX noch einmal weiter. An der Wirkung soll sich nichts ändern, die Veränderungen beziehen sich hier auf die Außenballistik. Der gesamte Aufbau des Vollkupfergeschosses entspricht dem Triple Shock. Auch das Tipped Triple Shock hat eine Hohlspitze, nur ist sie hier nicht offen, sondern wird durch eine ballistische Haube aus Kunststoff verschlossen. Das Geschoss pilzt geradezu bilderbuchmäßig auf und erreicht die angestrebte X-Form. Dann wird die Deformation zuverlässig gestoppt. Ab hier verhält sich das Barnes wie ein Vollgeschoss, was es im Grunde genommen ja auch ist. Der Geschossaufbau ist schon recht hart, deshalb sollte der Zielwiderstand nicht zu gering sein, damit die Deformation auch wirklich einsetzt.

Die Wildbretentwertung fällt durchweg gering aus. Tiefenwirkung und Richtungsstabilität im Wildkörper sind hervorragend und auch bei starken Sauen und Rotwild war immer Ausschuss vorhanden. Hämatome hielten sich in Grenzen. Das Geschoss ist als wildbretschonend zu bezeichnen.

LAPUA NATURALIS

Lapua verwendet für das bleifreie Naturalis 99 % reines Kupfer, das speziell behandelt und gehärtet wird. Das vordere Drittel des Geschosses ist mit einer Hohlspitze versehen, die mit einem Kunststoffpfropfen verschlossen wird. Das Naturalis entsteht im Pressverfahren. Lapua baut das Naturalis in mittleren Geschossgewichten und verzichtet auf Führungsringe und Entlastungsnuten. Dafür ist das Geschoss leicht untermaßig. Neben der Normalversion mit runder Spitze gibt es noch eine Long Range-Ausführung mit etwas mehr ausgezogenem Vorderteil, das eine flachere Flugbahn haben soll.
Das Geschoss ist so konstruiert, dass es unmittelbar nach dem Einschlag expandiert und seine charakteristische Pilzform annimmt. Ohne Materialverlust soll es dann einen kraftvollen Schock-Effekt auslösen und eine sehr hohe Tiefenwirkung entwickeln. Durch das frühe und vollständige Aufpilzen will Lapua eine sehr große Einsatzbandbreite in Bezug auf Schussdistanz, Auftreffwinkel und Geschwindigkeit erreichen. Die Wirkung soll bei leichtem und schwerem Wild, unabhängig von der Distanz und auch bei Knochentreffern immer sehr gleichmäßig ausfallen. Das funktioniert sehr gut, das Naturalis spricht auch bei geringem Zielwiderstand zuverlässig an.
Das Lapua Naturalis ist sehr universell einsetzbar. Die Tiefenwirkung ist sehr gut und auch mit kleineren Kalibern lässt sich schweres Wild zur Strecke bringen.

GEHÄRTETE OBERFLÄCHE

Die Geschossoberfläche des Lapua Naturalis wird offenbar speziell gehärtet. Das verringert die Materialablagerungen im Lauf stark, ohne großen Einfluss auf den Einpresswiderstand in die Züge und Felder zu haben. In diesem Punkt ist das Massivgeschoss einem normalen Mantelgeschoss gleichwertig und einigen Konstruktionen mit weichem Tombakmantel sogar überlegen.

Das finnische Lapua Naturalis

HORNADY GMX

Das bleifreie Hornady GMX ist ein Deformationsgeschoss. Hornady verwendet ein Gilding Metall aus 95 % Kupfer und 5 % Zink, das GMX ist also kein reines Kupfergeschoss wie viele andere bleifreien Geschosse. Das GMX wird nicht auf Drehautomaten gefertigt, sondern gepresst. Die Außenform ist stark an das ebenfalls bleifreie Hornady SST angelehnt, allerdings sorgen hier zwei Entlastungsrillen für eine Verringerung des Einpresswiderstands.
Die Hohlspitze ist mit einer ballistischen Haube aus Kunststoff verschlossen. Der Geschossboden hat eine leichte Boattail-Form.

Die Hohlspitzbohrung ist hier etwas größer angelegt als etwa beim Barnes TSX.
Das GMX soll auch bei niedrigen Zielgeschwindigkeiten sicher bis zum doppelten Kaliberdurchmesser expandieren. Dank der strömungsgünstigen Außenform und der fein ausgezogenen Geschossspitze wird eine flache Flugbahn erreicht, und die Zielgeschwindigkeit ist entsprechend hoch. Das härtere Geschossmaterial reduziert im Vergleich zu reinen Kupfergeschossen die Materialablagerungen im Lauf. Das GMX zeigt eine sehr gute Wirkung bei stärkerem Wild. Ausschüsse sind meist vorhanden und die Wildbretentwertung nicht sehr hoch. Dafür kommt es bei schwachem Wild oder Rehwild zu Fluchtstrecken. Das GMX ist ein gutes Geschoss für schnelle Magnumkaliber und die Jagd auf starkes Hochwild. Die Ablagerungen im Lauf halten sich in Grenzen.

BRENNEKE TUG NATURE+

Die Brenneke Ammunition GmbH orientierte sich bei der Entwicklung des bleifreien Geschosses TUG nature+ an dem weltbekannten Torpedo-Universal-Geschoss (TUG) von Wilhelm Brenneke. Das Geschoss besitzt einen nickelplattierten Stahlmantel (Flusseisen) mit Scharfrand. Eine Rille im hinteren Bereich dient als Crimprille und Abriss-Stopp. Eine weitere Rille bzw. Einschnürung greift in den hinteren Zinnkern (Kernhalterille). Das Geschoss besitzt ein Torpedoheck. Im Stahlmantel steckt ein vorderer und hinterer Zinnkern, der hintere greift spitz zulaufend in den vorderen. Der vordere Zinnkern reicht über den Mantel hinaus. Die Spitze wurde gekappt, ist also flach. Bei dieser Form hat das Geschoss – nicht verwunderlich – einen sehr niedrigen BC-Wert von 0,24 und damit eine mäßige Außenballistik.
Das Geschoss liefert dank Scharfrand Schnitthaar. Die flache Geschossspitze soll eine

TUG nature von Brenneke

schnelle Geschossexpansion einleiten und damit viel Energie an den Wildkörper übertragen. Das Geschoss basiert auf Teilzerlegung. Der vordere Teil mit seinem Zinnkern fragmentiert und gibt Splitter an den Wildkörper ab. Der Restkörper sorgt für Penetration und Ausschuss. Er ist gegenüber dem ursprünglichen Geschossdurchmesser kaum vergrößert. Infolgedessen wird es auf der Ausschussseite keine großen Schusszeichen geben – je nach Treffersitz und Wildstärke. Das Torpedoheck hat sicherlich positive Auswirkungen auf die Außenballistik. Auch Knochentreffer und starkes Wild sollen problemlos sein.

RWS EVO GREEN

Mit dem RWS EVO green setzte RWS seine bleifreien Geschossentwicklungen nach den früher entwickelten Geschossen Bionic Yellow und Bionic Black fort.
Das EVO green ist ein typisches Teilzerlegungsgeschoss. Es verwirklicht Prinzipien altbekannter, nicht bleihaltiger RWS Geschosse in modernem Design. Das Geschoss hat einen tombak-nickel-plattierten Geschossmantel aus Flussstahl, der in der hinteren Hälfte stark gehalten ist. Der Boden ist geschlossen, zur Spitze hin verjüngt sich die Mantelstärke deutlich. In den hinteren formstabilen Heckkern aus Zinn greift in etwa Geschossmitte eine kräftige Einschnürung. Dort liegt auch der Scharfrand, der für Pirschzeichen sorgen soll. Der vordere Zinnkern weist radial verlaufende Sollbruchstellen auf. Er ist mittels

Mehrfachlochung zugunsten einer Zersplitterung in viele Einzelteile im Wildkörper vorfragmentiert. Die Speed-Tip-Geschossspitze in der kurzen, breiten Hohlspitze des Geschosses hat eine H-Form mit zwei getrennten Kavernen.
Das Geschoss wirkt über Teilzerlegung. Nach dem Auftreffen im Ziel zersplittert der vordere Teil in kleine Fragmente. Der formstabile Heckkern soll für extreme Tiefenwirkung sorgen. Das Geschoss soll eine sehr hohe Augenblickswirkung haben, sodass Fluchtstrecken gering sind. Der Restkörper vergrößert seinen Querschnitt nur geringfügig und soll auch bei starkem Wild Ausschuss erbringen. Der Scharfrand sorgt für Schnitthaare. Das EVO green soll sich für alle europäischen Wildarten eignen, am besten für leichtes und mittelschweres Wild. Es soll die gewünschte Wirkung sowohl auf Kurzdistanzen als auch sehr weiten Entfernungen entfalten. Ein universelles Geschoss für alle Entfernungen – von leichtem bis schwerem Wild.

RWS Evolution green

NORMA ECOSTRIKE

Mit dem Ecostrike-Geschoss löst Norma sein Kalahari ab. Ziel war es, die ballistischen Eigenschaften gegenüber dem Kalahari zu verbessern.
Das massestabile Deformationsgeschoss Ecostrike wird auf Drehautomaten gefertigt. Eine neue Fertigungstechnik macht es möglich, auf einen Bleianteil im Material zu verzichten. Der Kupfer-Geschosskörper wird vernickelt und weist eine Hohlspitze auf, die etwa ein Drittel in das Geschoss hineinreicht. Sie ist vorn offener gehalten und verjüngt sich nach hinten. In der Hohlspitze steckt eine Polymerspitze. Sollbruchstellen sollen beim Deformieren für vier Fahnen sorgen. Das spitz zulaufende Geschoss hat ein innovatives Design, das Norma „Waist" (= Taille, Mittelteil) nennt. Es ist mittig etwas schwächer im Durchmesser. Die Geschossführung findet somit vorn vor Beginn der Verjüngung sowie hinten vor dem Boattail statt. Dieses Design soll zu erhöhter Geschwindigkeit beitragen und Gassprünge vermeiden. Die Vernickelung hat den Zweck, Ablagerungen im Lauf zu minimieren.
Das Geschoss soll im Ziel kontrolliert expandieren, sich zuverlässig in vier Fahnen aufschälen, seinen Querschnitt vergrößern und ein hohes Restgewicht behalten – alles sowohl auf kurze als auch weite Entfernungen.
Dank seines guten Formwertes zeigt das Ecostrike eine gestreckte Flugbahn und geringen Geschwindigkeitsverlust. Ein Geschoss, das sich für leichtes und starkes Wild eignet. Knochentreffer sind kein Problem, und Ausschuss ist meist gegeben. Es soll gleichermaßen gut für kurze und weite Schussdistanzen geeignet sein.

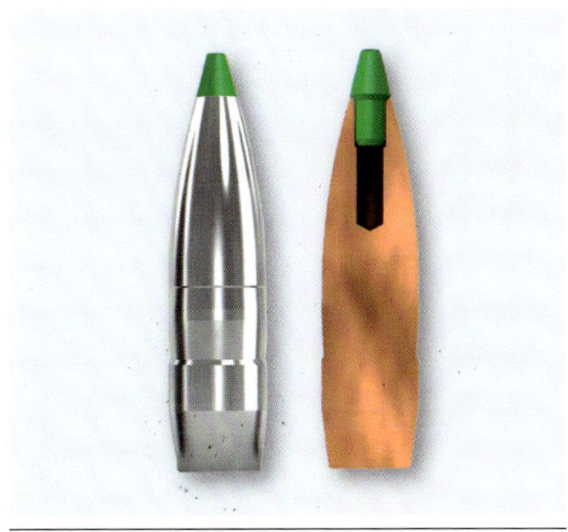

Norma Ecostrike

JAGDBÜCHSEN-PATRONEN

VORBEMERKUNGEN

Ein Universalkaliber für „alles Wild der Erde" gibt es nicht – auch wenn einige Munitionshersteller diese Tatsache nicht wahrhaben wollen. Wer also nicht eine ganz eng begrenzte Jagdgelegenheit hat, wird mit einem Kaliber nicht auskommen.

Grundsätzlich lassen sich die jagdlichen Kaliber in vier große Klassen einteilen.

- Schonzeit- und Raubwildkaliber
- Rehwildkaliber
- Hochwildkaliber
- Großwildkaliber

Dieses Raster ist natürlich sehr grob. Mit den meisten Rehwildkalibern lässt sich auch Raubwild „hegen", und dass man mit einem Hochwildkaliber auch ein Reh schießen kann, ist auch klar. Ebenso lassen sich die meisten echten Großwildpatronen auch auf starkes Hochwild einsetzen.

Außerdem gibt es je nach Einsatzbereich innerhalb der Kalibergruppen noch bestimmte Patronengruppen, die sich speziell für den betreffenden Einsatzzweck anbieten. So braucht der Berg- oder Feldjäger rasante, flach schießende Patronen für weite Schüsse, während der Waldjäger sein Augenmerk eher auf Geschossmasse und Unempfindlichkeit gegenüber Flugbahnhindernissen richtet.

Das Ganze klingt ziemlich kompliziert – und ist es auch! Das ist mit ein Grund, warum so viele Waffen in den Gewehrschränken der Jäger stehen. Irgendwann tut sich eine neue Jagdgelegenheit auf, und ein Blick in den Waffenschrank zeigte schnell, dass gerade dafür keine passende Waffe, sprich passendes Kaliber, vorhanden ist. So wird der Waffenpark dann wieder um ein Stück reicher. Ausgerechnet das, was man gerade braucht, hat man ja meist nicht. Die Industrie freut es natürlich, denn dem Umsatz tut diese Misere gut.

Sehen wir uns auf den folgenden Seiten einmal einige der wichtigsten und gebräuchlichsten Patronen in den jeweiligen Kalibergruppen an.

Ein „Kaliber für alle Fälle"? Das gibt es nicht ...

SCHONZEITKALIBER

Unter Schonzeitkalibern versteht der Jäger Büchsenkaliber mit einem Durchmesser bis Kaliber .222 (ca. 5,6 mm), die für Schalenwild in Deutschland nicht zugelassen sind. Sie dienen der Jagd auf kleines Haar- und vor allem Raubwild sowie bestimmte Federwildarten.

Abkürzungen
Bei der Beschreibung der Büchsenkaliber werden auf den folgenden Seiten nachstehende Abkürzungen verwendet:

g = Gramm
grs = grains (1 Gramm = 15,43 grains)
mm = Millimeter
" = Zoll (angloamerikanisch Inch; 1 Zoll = 25,4 mm)
.xxx = Kaliberdurchmesser in Zoll
m/s = Meter pro Sekunde
V_0 = Mündungsgeschwindigkeit
E_0 = Geschossenergie an der Mündung
E_{xxx} = Geschossenergie auf xxx m
J = Joule
GEE = Günstigste Einschussentfernung

.17 HMR

Die .17 Hornady Magnum Rimfire wurde 2002 von dem Geschoss- und Munitionshersteller Hornady aus Grand Island, NE (USA), auf den Markt gebracht. Für die Randfeuerpatrone gibt es zahlreiche Kurz- und Langwaffen. Repetierer in diesem Kaliber werden unter anderem von Anschütz, Remington, Marlin, Savage oder Ruger angeboten. Thompson/Center richtet dafür auch seine Kipplaufbüchse ein. Aber auch in Bergstutzen und Bockdrillingen wurde das Kaliber schon eingebaut.
Hornady entwickelte die Patrone mit dem Ziel, eine sehr präzise Randfeuerpatrone für

.17 HMR

NUR FÜR SCHWACHES WILD

Die leichten Geschosse der 17 HMR eignen sich nur für sehr schwaches Wild wie etwa Rabenvögel, Birkhahn, Kaninchen, Hase oder Marder. Die Verfasser erlegten damit mehrere Küchenhasen, meist mit Kopfschuss. Obwohl es Füchse schnell tötet, ist es nach Ansicht der Verfasser für den Altfuchs wenig und für den Dachs nicht geeignet.

Distanzen bis zu 200 Yards (182,9 m) zu haben. Dazu wird ein 17-grs (1,1 g)-V-Max-Geschoss auf eine V0 von 777 m/s (= 333 J) beschleunigt. Die Geschwindigkeit liegt also schon bei der von Zentralfeuerpatronen wie der .22 Hornet. Zudem erwies sich die .17 HMR als sehr präzise. Aus Top-Repetierbüchsen konnten die Verfasser Streukreise von 15 mm auf 100 m mit fünf Schuss erzielen. Auf 200 m waren es etwa 3,5 cm. Dabei hat die .17 HMR eine sehr gestreckte Flugbahn. Mit dem 17-grs-V-Max auf 100 m Fleck eingeschossen, ergeben sich auf 200 m 24 cm Tiefschuss. Die Energiewerte liegen auf 100 m bei 195 J, auf 200 m bei 108 J und auf 300 m bei 66 J.

Die .17 HMR wird heute neben Hornady auch von Winchester, Remington, Federal und CCI gefertigt. Sie wurde ursprünglich für die Varmint-Jagd, speziell auf Präriedogs, entwickelt.

Die leichteren und fragilen 16 grs (TNT von CCI) oder 15,5 grs (NTX von Hornady) halten die Verfasser für Mitteleuropa für wenig brauchbar.

Inzwischen wird die .17 HMR aber auch mit etwas schwereren 20-grs (1,3 g)-Geschossen angeboten. Diese etwas „festeren“ 20-grs-XTP-Geschosse von Hornady und Winchester oder auch das 17 grs schwere Accutip von Remington stellen auch noch auf den Fuchs zufrieden. Sie sind etwas stabiler aufgebaut. Für den Fuchs liegt die praktische Einsatzweite bei etwa 130 m oder etwas darüber.

Sicherlich ist die .17 HMR keine ideale Fuchspatrone, da ihre Geschosse sehr leicht sind. Sie tötet aber den Fuchs und entwertet den Balg praktisch nicht. Ausschuss und Schusszeichen findet man selten oder kaum. Wer den Balg verwenden möchte, der liegt mit der .17 HMR richtig. Jedoch ist die Einsatzentfernung geringer als mit Zentralfeuerkalibern wie der .222 Rem. Auch darf man bei weiten Entfernungen die Windabdrift der .17 HMR nicht unterschätzen, wenngleich sie viel geringer ist als bei der .22 WMR. Allerdings erbringt die .17 HMR eine wesentlich bessere Schussleistung und auch Wirkung auf schwaches Wild.

.22 L. R. / .22 LFB

Die Randfeuerpatrone .22 lfB (lang für Büchsen) oder l. r. bzw. LR (long rifle) ist die meistverschossene Patrone weltweit. Rund sechs Milliarden Patronen dieser Art werden jährlich gefertigt.

Die .22 l. r. wurde 1887 als Schwarzpulverpatrone entwickelt und eingeführt. Später ersetzte man das Schwarzpulver durch rauchschwaches Nitropulver. Sie ist eine Randfeuerpatrone, die also durch einen Schlag auf den Rand des Patronenbodens gezündet wird. Auch die Zündmasse im Boden erfuhr ständige Verbesserungen.

Die Bleigeschosse sind gefettet oder beschichtet, sodass der Bleiabrieb sehr gering ist. Ursprünglich verlud man 2,59 g (40 grs) schwere Bleigeschosse. Es existieren auch Bleigeschosse mit Kunststoffüberzug und – bei den Hochgeschwindigkeitspatronen – mit Kupferüberzug. 1930 brachte Remington eine Hochgeschwindigkeitsversion (HV = High Velocity) der .22 l. r. heraus. Aus einem Gewehr verschossen, liegt die Mündungsgeschwindigkeit der Standardpatronen bei 325 m/s (E_0 = 137 J). Bei den HV-Patronen sind es 390 bis 400 m/s (E_0 = 206 J). In den HV-Patronen gibt es neben Blei-Vollgeschossen auch meist etwas leichtere Blei-Hohlspitzgeschosse.

Die letzte Stufe der Entwicklung stellen sogenannte Ultra- oder Hyper-Velocity-Patronen für die .22 l. r. dar. Sie heißen Stinger (CCI), Spitfire (Federal), Viper oder Yellow Jacket (Remington) sowie Xpediter (Winchester). Bei ihnen wurde unter Beibehaltung der Gesamtpatronenlänge die Hülse um 2,54 mm verlängert und damit der Pulverraum vergrößert. Das Geschoss ist dafür kürzer und auch leichter. Diese Patronen haben eine V_0 von 430 bis 495 m/s (E_0 = 220 bis 258 J). Sie können aus allen Patronenlagern von KK-Büchsen verschossen werden, soweit das Patronenlager nicht ausnahmsweise nur 15,7 mm lang ist.
Die Vielfalt der KK-Patronen .22 l. r. ist groß. Es gibt Standard-, HV-, Hyper Velocity-, Biathlon- und Matchpatronen. Subsonic ist die Bezeichnung für Unterschallpatronen. Z-lang sind Kurzdistanzpatronen mit 1,8 g Geschoss (auch Zimmerpatronen genannt). Auch eine Schrotpatrone gibt es in .22 l. r. Spezielle Laborierungen für die 100-m-Distanz werden genauso angeboten wie solche für Kurzwaffen. Die .22 l. r. ist eine Kurzstrecken-, Schonzeit- und Sportpatrone zugleich und sowohl in Lang- als auch in Kurzwaffen verwendbar. Ebenso findet man sie in Einstecklaufen. Es ist eine hochpräzise Übungs- und Sportpatrone für Revolver/Pistole auf 25 m sowie für Büchsen auf 50 und 100 m. Jagdlich wird die .22 l. r. auf Tauben, Rabenvögel, Kaninchen, Hasen, Marder und Fuchs eingesetzt. mit dem Fuchs ist ihre Leistungsgrenze erreicht – bei Verwendung von Standardpatronen ist bei oft mit längeren Fluchtstrecken zu rechnen. Wesentlich bessere Augenblickswirkung erzielt man mit HV-Patronen mit dem HP (Hollow-Point)-Geschoss. Auf den Fuchs sollte man aber grundsätzlich stärkere Kaliber verwenden.
Ideal ist für die .22 l. r. eine Fleckschussentfernung von 60 m, was ihren Einsatz bis 80 m unproblematisch macht. HV-Patronen kann man auf 50 m mit drei bis fünf Zentimeter Hochschuss einschießen, woraus ein Fleckschuss auf 75 m resultiert. Die Präzision von HV-Patronen ist allerdings oft schlechter als die der Standardlaborierungen.
Die Geschosse sind sehr windempfindlich. Der jagdlich sinnvolle Einsatzbereich reicht bis 60 m oder wenig darüber. Erwähnt sei noch, dass lange Läufe nicht zu einer höheren Geschossgeschwindigkeit führen. Letztere ist bei 22 und 60 cm langen Läufen etwa gleich. Nahezu alle Jagdwaffen werden für die .22 l. r. eingerichtet. Neben Repetierern gibt es Selbstladebüchsen, Doppelbüchsen, Kipplaufbüchsen, Bergstutzen, Blockbüchsen, Bockbüchsflinten und Bockdrillinge mit .22-l. r.-Läufen, sowie Pistolen und Revolver.

.22 WINCHESTER MAGNUM RIMFIRE

Die kleine Randfeuerpatrone wird gern in Schonzeitbüchsen zur Jagd auf Raubzeug verwendet, dient aber auch zur wildbretschonenden Erlegung von Nutzwild wie dem Hasen. Die .22 Winchester Magnum Rimfire (WMR) wurde im Jahre 1959 vom amerikanischen Waffen- und Munitionshersteller Winchester auf den Markt gebracht. Winchester brachte nur die Patrone heraus, ohne eine eigenes Waffenmodell dafür einzurichten. Das taten aber sofort andere US-Hersteller wie Ruger, Smith & Wesson und Savage, die Lang- und auch Kurzwaffen für die leistungsstarke 22er-Randfeuerpatrone anboten. Erst zwei Jahre später hatte auch Winchester mit dem Modell 61 eine eigene Büchse für die neue Patrone im Programm. Neu ist dabei eigentlich etwas übertrieben, denn die .22 WMR war eigentlich nur eine leistungsmäßig etwas stärkere Neuauflage der .22 Winchester Rimfire (.22 WRF), die es schon seit 1890 gab. Die Hülsenlänge ist identisch, und so lassen sich aus modernen .22 WMR-Waffen auch ohne Probleme die alten .22 WRF-Patronen verschießen. Umgekehrt sollte man das nicht tun, denn die alte .22 WRF war mit weichen Bleigeschossen mit Außenschmierung laboriert, wogegen die mo-

derne .22 Magnum mit Mantelgeschossen bestückt wird und mit 2000 bar einen höheren Gasdruck hat. Der Zusatz „Magnum" in der Patronenbezeichnung erscheint zwar beim Anblick der kleinen Randfeuerpatrone etwas prahlerisch, ist aber in Relation zu den anderen .22er-Randfeuerpatronen zu sehen, und da zeigt die .22 Magnum schon eine beeindruckende Leistung.
Ziel der Winchester-Entwicklung war es, eine in ihrer ballistischen Leistung deutlich über der Leistung der weltweit verbreiteten .22 l. r. (.22 lfB) liegende .22-er Randfeuerpatrone zu schaffen, die insbesondere die Schwächen der .22 l. r. als Schonzeit- und Raubwildpatrone überbrücken sollte. Das ist auch sehr gut gelungen, und die Jägerschaft nahm die .22 Magnum weltweit an. Das Standardgeschossgewicht beträgt 40 grs (2,59 g) und aus einem Büchsenlauf wird es auf etwa 580 m/s beschleunigt. Damit ist es fast 200 m/s schneller als ein gleich schweres Geschoss aus der .22 lfB.
Für die .22 Magnum wurden neben Repetierbüchsen auch gern leichte Schonzeit-Bockbüchsflinten eingerichtet, die dann noch einen 20er- oder 410er-Schrotlauf hatten.
Richtig beliebt wurde die amerikanische 22er aber durch die Krieghoff-Einsteckläufe Semper, die es in 22 und 44 cm Länge gab. In den 1960er- und 1970er-Jahren gab es kaum einen Drilling, der nicht mit einem Krieghoff-Einstecklauf des Kalibers .22 Magnum im rechten Schrotlauf bestückt war. Erst mit Aufkommen mündungslanger Einsteckläufe, die auch stärkere Patronen wie .22 Hornet, .222 Remington oder 5,6 × 50 R Magnum verdauten, wurde es etwas ruhig um die .22 Magnum, aber aus dem Rennen ist sie noch lange nicht. Das zeigt sich auch daran, dass es wieder neue Laborierungen gibt, die mit leichteren und außenballistisch optimierten Geschossen ausgestattet sind und eine sehr flache Flugbahn haben. Die V-Max von Hornady bringt ein 30 grs (1,9 g) leichtes Geschoss auf 670 m/s. Eine ähnliche Laborierung, die TNT, gibt es auch von CCI. Auch Schrotpatronen im Kaliber .22 Magnum sind zu haben, die eigentlich für Schlangen und Ratten entwickelt wurden, aber auch bei der Fallenjagd beim balgschonenden Fangschuss gute Dienste leisten. Die Munitionsauswahl ist sehr gut, und es gibt auch spezielle Laborierungen, die für den Gebrauch in Faustfeuerwaffen gedacht sind und auch aus den kurzen Läufen eine beachtliche Leistung erbringen. Nachteil gegenüber der .22 lfB ist allerdings der deutlich höhere Preis. Er erklärt sich durch die Mantelgeschosse, die hier verwendet werden.

Die .22 Winchester Magnum Rimfire – eine beliebte Schonzeitpatrone

.22 HORNET

Für die Jagd auf Raubwild werden präzise Zentralfeuerpatronen eingesetzt, die eine gestreckte Flugbahn aufweisen. Wer den Fuchsbalg verwerten will, wird darüber hinaus auch auf möglichst kleine Ausschüsse Wert legen. Hier ist die .22 Hornet in ihrem Element.
Die .22 Hornet entstand aus der .22 WCF, einer alten Schwarzpulverpatrone, die bei uns auch als 5,6 × 35 R Vierling bekannt wurde. Vorzüge sind der geringe Rückschlag und der nicht zu laute Knall. Die kleine Hornet ist mit Abstand die beliebteste Schonzeitpatrone und wird auch bevorzugt beim jagdsportlichen Schießen eingesetzt. Daher werden auch hervorragende Matchwaffen für die präzise

Die .22 Hornet ist eine Zentralfeuerpatrone. Sie wird gern für Einsteckläufe gewählt.

und preisgünstige Patrone gebaut. Mit der Hornet sind auch größere Schussserien möglich, da die kleine Patrone die Läufe nicht so stark erhitzt wie die stärkeren .22er-Zentralfeuerpatronen.

Obwohl sie eine Randpatrone ist, findet man sie häufig in Repetierbüchsen. Für die gasdruckschwache .22 Hornet eingerichtete Einstecklaufe können auch bei Drillingen trotz der asymmetrischen Verschlussbelastung eingesetzt werden. Die Hornet ist auch die mit

Alle Hersteller haben die .22 Hornet im Programm.

Abstand beliebteste Patrone für Einsteckläufe, und die modernen, mündungslangen Einsteckläufe stehen in der Präzision einer Repetierbüchse kaum nach.

Die Beute der Hornet reicht vom Karnickel bis zum starken Winterfuchs, wobei bis auf Distanzen von 150 m geschossen werden kann und der Balg nicht übermäßig entwertet wird. Auch für die Jagd im Gebirge auf Murmel und den Kleinen und Großen Hahn ist die Hornet gut einsetzbar. Etwas nachteilig ist die hohe Windempfindlichkeit des Kalibers. Hier verhalten sich die schnelleren .22er-Patronen, die auch etwas schwerere Geschosse verwenden, wie etwa die .222 Remington oder die .223 Remington deutlich besser.

Das Patronenangebot für die Hornet ist erfreulich groß. Neben dem klassischen Teilmantelgeschoss werden auch Laborierungen mit Hohlspitzgeschoss, Vollmantelgeschoss und auch moderne Geschosse mit Polymerspitze angeboten. Die klassischen Geschossgewichte reichen von 2,6 bis 3,0 g. Damit werden Mündungsgeschwindigkeiten von 720 bis 820 m/s erzielt. Schwerere Geschosse sind bei dem kleinen Pulverraum nicht sinnvoll.

Von amerikanischen Herstellern wie Hornady werden auch High-Speed-Laborierungen für die Raubwildjagd angeboten, die leichte 2,3-g-Geschosse auf 930 m/s beschleunigen. Nicht alle Läufe schießen mit solch leichten Geschossen allerdings ausreichend präzise. Hier ist oft der Drall zu kurz. Auch kann die Wildbretentwertung bei kurzer Schussdistanz deutlich höher ausfallen, denn die leichten, schnellen Geschosse sind für die Raubwildjagd konstruiert und zerlegen sich sehr schnell. Zum Scheibenschießen werden preisgünstige Sportpatronen angeboten.

Die .22 Hornet ist heute aus dem Niederwildrevier nicht wegzudenken und oft als Ergänzung zum Schrotschuss in der kombinierten Waffe zu finden. Sie wird zwar als sogenannte Schonzeitpatrone bezeichnet, ist aber das ganze Jahr über einsetzbar, wenn sie in der Kombinierten geführt wird.

REHWILDKALIBER

Zu den sogenannten Rehwildkalibern zählen alle Patronen, deren Auftreffenergie auf 100 m (E_{100}) mindestens 1000 Joule beträgt. Sie sind nach geltender Gesetzeslage in Deutschland nur für Rehwild, aber nicht für anderes Schalenwild zugelassen. Rehwildkaliber sind ab der .222 Remington alle Patronen mit Geschossdurchmessern unter 6,5 mm.

.222 REMINGTON

Remington entwickelte die .222 Remington auf dem Reißbrett als vollkommen neue Patrone. Die Neuentwicklung wurde 1950 vorgestellt und auf den Markt gebracht. Sie weist den üblichen Geschossdurchmesser der 5,6-mm-Zentralfeuerkaliber auf. Der exakte Durchmesser beträgt 0,224" oder 5,69 mm. Die maximale Hülsenlänge beträgt 43,18 mm und die maximale Patronenlänge 54,10 mm. Der maximale Gasdruck nach C. I. P. (Commission Internationale Permanente pour l'Épreuve des Armes à Feu Portatives = Ständige Internationale Kommission für die Prüfung von Handfeuerwaffen) wurde auf 3700 bar (Piezo) festgelegt. Die Patrone wird mit kleinen Büchsenpatronenzündhütchen (small rifle) versorgt. Es kommen offensive Büchsenpulver wie IMR 4198, Hodgon H4198, Rottweil R901 oder Alliant Reloader 7 zum Einsatz. Den Gasdruck kann man als moderat bezeichnen. Am besten wird die .222 Remington mit 50 grs (3,24 g) schweren Geschossen versorgt. Sie sind ideal für Reh- und Fuchsjagd. Meist wird mit ihnen die beste Leistung erbracht. Für rein sportliches Schießen können auch 52/53 grs (3,37/3,43 g) schwere Hohlspitz-Matchgeschosse verwendet werden. Oft ergeben diese aber keine bessere Präzision als die 50 grs schweren Jagdgeschosse.

.222 Remington - eine rasante Rehwildpatrone, die in Österreich auch auf Gamswild zugelassen ist.

Die .222 Rem. wird auch mit nur 40 grs (2,59 g) schweren Varmint-Geschossen (Zerlegungsgeschosse) angeboten. Diese Geschosse sind aber weder für Rehwild noch Fuchs geeignet. Jagdlich kann man sie gut auf Rabenvögel, Kaninchen oder den Küchenhasen einsetzen. Für Jagdzwecke eignen sich bestens Teilmantelspitzgeschosse oder Teilmantelgeschosse mit einer Polymerspitze im Gewicht von 50 grs (3,24 g). Geschosse mit abgeflachter Spitze ergeben mehr Hämatome. Übrigens haben schwerere Geschosse als 55 grs (3,6 g) keine Vorteile.
Die .222 Rem. ist eine durchaus rasante Patrone. Die Flugbahn ist gestreckt. Bei vier

FÜR SPORT UND JAGD
Die rückstoßarme und hochpräzise .222 Remington konnte nach ihrer Einführung schnell Fuß fassen. Sie wurde zum Benchrestschießen genauso verwendet wie zur Jagd. Als Allroundpatrone für Jagd, sportliches und jagdsportliches Schießen ist sie auch heute noch sehr beliebt.

Zentimeter Hochschuss auf 100 m liegt die GEE bei 180 m. Auf weite Entfernungen kann der Wind bei diesen leichten Geschossen zum Problem werden.
Die .222 Rem. ist eine sehr gute Rehwild- und Fuchspatrone. Sicherlich ist sie auch auf Hasen und Auer- sowie Birkhahn verwendbar. Weder für Fuchs noch die Raufußhühner empfehlen wir ein Vollmantelgeschoss. Lange Fluchtstrecken oder ein Abreiten können die Folge sein. Bei spitz zulaufenden Teilmantelgeschossen ist weder die Balgentwertung noch die Zerstörung bei den Raufußhühnern zu groß und man liegt auf der sicheren Seite. Bei Rehwild in der Winterdecke hat man öfters keinen Ausschuss. Die Wildbretentwertung ist gering. Schüsse bis 200 m und etwas darüber sind problemlos. Für Gams halten wir die Patrone für etwas zu schwach. Die .222 Rem. wird heute von allen namhaften Patronenherstellern angeboten. Sie verlor gegenüber der .223 Rem. an Markt. Obwohl es eine Repetiererpatrone mit Rille ist, findet man sie auch in Kipplaufbüchsen, Bergstutzen, Drillingen, Bockbüchsflinten, Blockbüchsen und Einsteckläufen.

Extrem präzise – die .223 Remington

.223 REMINGTON

Die .223 Rem. wurde als Militärpatrone entwickelt und löste in der NATO die 7,62 Nato (.308 Win. oder 7,62 × 51) ab. Die .223 Rem. oder 5,56 × 45 mm NATO wurde als M193 zusammen mit dem von Eugen Stoner entwickelten Selbstladegewehr Armalite bei den US-Streitkräften 1964 eingeführt. Im Selbstladegewehr M16 ist sie seitdem die Ordonanzpatrone nicht nur in den USA, sondern auch in den übrigen NATO-Ländern. Remington brachte sie nahezu gleichzeitig als Zivilpatrone auf den Markt.
Die Patrone mit Rille eignet sich neben Selbstladebüchsen vor allem für Repetierer. Man findet sie aber auch in Blockbüchsen, Kipplaufwaffen und Einsteckläufen. Bei Kipplaufwaffen müssen Stifte oder Kralle im Auszieher in die Patronenrille greifen, was das Entnehmen der Patrone erschwert. Von Anfang an gab es Probleme mit der Dralllänge. Teils passte die Dralllänge nicht zu Geschossgewicht und -länge, sodass die Geschosse mangelhaft stabilisiert wurden. Im Ziel kam es zum Überschlagen sowie zu geringer Tiefenwirkung. Zum Teil trafen schräg gestellte Geschosse im Ziel auf, zum Teil war auch die Präzision ungenügend. Üblich sind heute Dralllängen von 7 bis 12" und Geschossgewichte von 35 bis 80 grs. In den meisten zivilen Selbstlade- und Repetierbüchsen hat man Läufe mit 10"-, seltener 12"-Drall. Ein 10"-Lauf ist ideal für 50 bis 55 grs schwere Geschosse. Er erbringt aber auch eine sehr hohe Präzision mit 40 und 60 grs schweren Geschossen. Für Raub- und

Rehwild sowie Raufußhühner bevorzugen wir 55 grs schwere Teilmantelgeschosse.
Eine perfekte Wahl für Reh- aber auch Gamswild ist das 60 grs schwere Nosler Partition. Es gibt natürlich auch bleifreie Alternativen wie das Barnes TTSX (45 oder 53 grs). Ein 12"-Drall ist ideal für Geschosse bis maximal 55 grs Gewicht. Ein 9"-Drall stabilisiert Geschosse von etwa 55 bis 64 grs gut. Für schwerere Geschosse rate ich zu einem 7"- oder 8"-Drall, leichte 55-grs- oder 60-grs-Geschosse werden darin mangelhaft stabilisiert und erbringen eine schlechte Schusspräzision. Jagdlich empfehle ich 10"-Drall und 55 oder 60 grs schwere Geschosse. Sie sind für das Aufgabengebiet Raubwild und Rehwild ideal. Die .223 Rem. ist extrem präzise. Fünf-Schuss-Gruppen zeigen auf 100 m um die zwei Zentimeter Streukreis, oft weniger. Bei Rehwild ist mit Hämatomen zu rechnen. Bei sorgfältiger Geschosswahl halten sich diese aber in gut tolerierbaren Grenzen.

5,6 × 50 (R) MAGNUM

Die 5,6 × 50 R Magnum wurde im Jahre 1968 von dem Munitionshersteller DWM (Deutsche Waffen- und Munitionswerke) vorgestellt, die randlose Version folgte zwei Jahre später. Einer der seltenen Fälle in der Patronenentwicklung, bei der die Randversion zuerst auf den Markt gelangte. Entwickler der beiden 5,6er-Patronen war Günter Freres, der letzte Leiter der Konstruktionsabteilung von DWM im Werk Grötzingen. Freres wollte eine .22er-Rehwildpatrone mit Rand kreieren und das gelang ihm auch hervorragend. Die 5,6 × 50 R Magnum ist im Grunde eine verlängerte .222 Remington, und es ist kein großes Problem, Waffen dieses Kalibers auf die 5,6 × 50 Magnum umzurüsten. Das war auch einer der Hintergedanken bei der Konstruktion dieser Patrone. Die 5,6 × 50 Mag. leistet bei geringfügig höherem Gasdruck und gleichem Geschossgewicht etwa 100 m/s mehr als

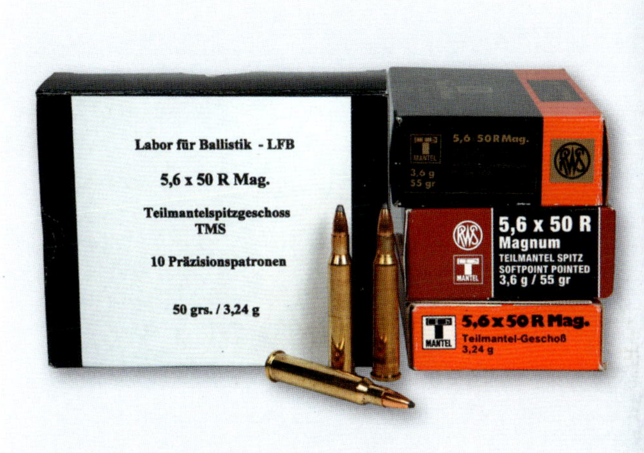

Die 5,6 × 50 (R) beeindruckt durch ihre Außenballistik.

die Ausgangspatrone .222 Remington. Die Kaliberzusatzbezeichnung „Magnum" ist durchaus gerechtfertigt.
Das 3,24-g-Teilmantelgeschoss verlässt mit 1070 m/s den Lauf. Fast jeder Waffenhersteller hat dieses Kaliber in seinem Programm, das als Gegenstück zur Hochwildpatrone 7 × 65 R angesehen wird. Die Stärke dieser Patrone liegt im großen Laborierungsangebot mit unterschiedlichen Geschossgewichten. Sie ist eine ausgewogene „Mittelpatrone", die genau zwischen den für normale Verhältnisse meist überschnellen Patronen wie .220 Swift oder 5,6 × 57 und der schwachen .222 Remington liegt. Praktiker bezeichnen sie als eine „Rehwildpatrone für normale Verhältnisse", die sich auch noch als Schonzeitpatrone und als Sportpatrone für das jagdliche Wettkampfschießen einsetzen lässt.
Die Außenballistik der 5,6 × 50 (R) ist beeindruckend. Wird die Waffe mit dem 3,24-g-Teilmantelgeschoss auf 100 m mit vier Zentimetern Hochschuss eingeschossen, fällt das Geschoss auf 250 m nur sieben Zentimeter. Hochblatt anhalten reicht also. Dazu kommt, dass sich die 5,6 × 50 Magnum sehr angenehm schießen lässt, was der persönlichen Schussleistung vieler Jäger sehr zugute kommt.
Um die randlose Version ist es in den letzten Jahren ziemlich ruhig geworden. Die fast

gleichstarke, aber wesentlich weiter verbreitete .223 Remington läuft ihr den Rang ab. Die .223 Remington hat den Vorteil, als Militärpatrone weltweit verbreitet zu sein – kaum ein Hersteller, der dieses Kaliber nicht produziert. Neben Militär- und Jagdpatronen werden auch viele Matchlaborierungen hergestellt, die sehr preisgünstig sind. Hier kann die 5,6 × 50 Magnum nicht mithalten. Das spiegelt sich auch im Munitionsangebot wider. So hat etwa RWS eine einzige Laborierung ohne Rand, von der Randpatrone aber drei Laborierungen im Programm.

Für leichte Kipplaufwaffen oder aber auch Einsteckläufe ist die 5,6 × 50 R Magnum immer noch eine der beliebtesten Patronen. Neben dem 3,2-g-Standardgeschoss sind auch 3,6 g und sogar 4,1 g schwere Geschosse zu haben. Damit hält sich die Wildbretentwertung sehr in Grenzen, die sehr stark sein kann, wenn mit den leichteren Geschossen auf das Blatt geschossen wird. Empfehlenswert ist der Schuss hinter das Blatt, der Rehwild schlagartig verenden lässt, ohne wertvolles Wildbret zu entwerten. Das 4,1-g-Geschoss verhält sich hier wesentlich „zahmer". Die schweren Geschosse können jedoch bei Waffen mit normalem Drall, der auf die leichten Geschosse abgestimmt ist, Präzisionsprobleme haben. Viele Hersteller bieten daher bereits wahlweise Waffen mit kurzem und langem Drall an. Darauf ist beim Waffenkauf unbedingt zu achten. Der kurze Drall, der auch die schweren 4,1-g-Geschosse stabilisiert, ist heute weitaus beliebter geworden. Munition wird heute neben RWS und Sellier & Bellot auch von einigen kleineren Herstellern wie LFB (Labor für Ballistik) oder Sax hergestellt.

Einst fast schon von der 5,6 × 50 R verdrängt, feiert die 5,6 × 52 R ein Comeback.

5,6 × 52 R

Trotz der metrischen Kaliberangabe ist die 5,6 × 52 R eine amerikanische Entwicklung. Sie wurde im Jahre 1911 von Charles Newton, einem bekannten amerikanischen Patronenexperten, entwickelt und von Savage Arms 1912 als .22 Savage High Power in den Markt eingeführt. Savage richtete den Unterhebelrepetierer Modell 99 dafür ein.

Ausgangshülse war die .25-35 Winchester von 1895, die auch in Europa als 6,5 × 52 R verwendet wurde, hier aber etwas schwächer geladen war. Auch die 6,5 × 52 R war eine beliebte Rehwildpatrone. In den USA war die .22 Savage High Power kein sehr großer Erfolg und gehörte bereits vor dem Zweiten Weltkrieg zu den auslaufenden Kalibern. In Europa war die Patrone dagegen unter ihrer metrischen Kaliberangabe 5,6 × 52 R deutlich erfolgreicher und gilt als Vorläufer der heute gebräuchlichen 5,6-mm-Rehwildpatronen.

Bereits 1912 baute die englische Firma BSA (British Small Arms) eine Einzelladerbüchse mit Martinisystem für die Patrone. In

Deutschland und Österreich fand die 5,6 × 52 R dann schnell größere Verbreitung. Wegen ihrer schlanken Form wurde sie gern in Kipplaufwaffen wie Bockbüchsflinten, Drillinge, Bockdrillinge oder Kipplaufbüchsen eingelegt. Selbst Repetierbüchsen im Zylinderverschluss wurden gebaut. Die Hersteller von Kipplaufwaffen schätzen die Patrone auch wegen der geringen Verschlussbelastung. In den 1970er- und 1980er-Jahren wurde es dann sehr ruhig um die Patrone und sie geriet mit dem Aufkommen der 5,6 × 50 R Magnum im Jahr 1968 etwas in Vergessenheit. Besonders als die 4,1 g schweren Geschosse bei der 5,6 × 50 R Magnum und die dazu passenden Läufe mit kurzem Drall aufkamen, war das Schicksal der 5,6 × 52 R fast schon besiegelt. Die Patronen waren in ihrer Leistung sehr nahe beieinander und die 5,6 × 50 R Magnum galt als die modernere Patrone.

Mittlerweile feiert die 5,6 × 52 R aber wieder ein regelrechtes Comeback. Viele Praktiker schätzen die gute Wirkun g und die geringe Wildbretentwertung der 4,6 g schweren Geschosse. Ihre E_{100} von etwa 1300 J scheint optimal für die sichere und wildbretschonende Erlegung von Rehwild zu sein. Mit Ausschüssen ist fast immer zu rechnen. Durch die weite Verbreitung der mündungslangen Einstecklaufe, die von vielen Herstellern auch im Kaliber 5,6 × 52 R angeboten werden, ist die alte Patrone wieder sehr beliebt geworden. Leider ist die Patronenauswahl nicht sehr groß und die Munition dazu noch sehr teuer. Größtes Handicap der 5,6 × 52 R ist ihr unüblicher Geschossdurchmesser von .228" (5,79 mm). Die modernen 5,6 mm und .22 Patronen verwenden alle einen Geschossdurchmesser von 224" (5,69 mm).

Patronen werden heute von RWS, Norma und Sellier & Bellot gefertigt. Alle drei Hersteller verladen ein 4,6 g schweres Teilmantelgeschoss, von Sellier & Bellot ist auch noch eine gleichschwere Laborierung mit Vollmantelgeschoss zu bekommen. Auch heute ist die 5,6 × 52 R mit dem 4,6 g schweren Teilmantelgeschoss eine sehr gute und vor allem wildbretschonende Rehwildpatrone und lässt sich auch bei der Fuchsbejagung gut einsetzen.

.243 WINCHESTER

Die .243 Winchester wurde im Jahr 1955 von der Firma Winchester durch Einziehen des Hülsenhalses der .308-Winchester-Hülse entwickelt. Sie wird mit Geschossen im Durchmesser von 0,243 Inch (6,18 mm) bestückt – gerundet handelt es sich also um ein 6-mm-Kaliber. Die Hülse ist mit 51,94 mm geringfügig länger als die der .308 Win. (51,18 mm).

Die maximale Patronenlänge wurde auf 68,83 mm festgelegt und der maximale Gasdruck auf 4 150 bar. Ideal für die .243 Win. sind Läufe mit 10"-Zoll-Drall (254 mm), der auch schwerere 6-mm-Geschosse bis hin zu 100 grs (6,5 g) sehr gut stabilisiert.

Die .243 Win. ist eine typische Kurzpatrone der .308-Winchester-Klasse. Sie verträgt Kurzsysteme und kann daher aus Repetierern mit verkürztem Repetierweg und entsprechend geringer Gesamtlänge verschossen werden. Alle Büchsenarten und kombinierten Waffen wurden für die eigentlich typische Repetiererpatrone mit Rille eingerichtet. Man findet sie in auch Blockbüchsen, Selbstladebüchsen, Kipplaufbüchsen, Drillingen, Bergstutzen und Bockbüchsflinten. Da die .243 keine Randpatrone ist, ist sie für Kipplaufwaffen trotzdem nicht ideal. Beim Entladen muss der Widerstand der Kralle im Auszieher überwunden werden.

Die .243 Win. lässt sich mit Geschossen von 55 grs (3,56 g) bis 107 grs (6,93 g) problemlos versorgen. Geschosse bis 80 grs (5,18 g) sind immer Varmint-Geschosse, die sehr schnell deformieren und sich teilweise oder gar ganz zerlegen. Sie wirken sehr gut auf Fuchs oder Murmeltier. Für den Allroundeinsatz auf Raubwild und Schalenwild sind allerdings

Geschosse mit 85, 90, 95 oder 100 grs (5,5, 5,8, 6,2 oder 6,5 g) zu empfehlen. Diese Geschosse liefern eine bessere Tiefenwirkung als leichtere Geschosse, deformieren etwas weniger schnell und haben noch ein ausreichendes Restgewicht.

Die .243 Win. ist eine sehr rasante und ausgesprochen präzise schießende Patrone und belastet den Schützen nicht nennenswert. Auch rückstoßempfindliche Schützen können sie problemlos schießen. Das Präzisionspotenzial der Patrone prädestiniert sie auch für weite Schüsse bis hin zu etwa 300 m.

Die .243 Win. ist auf Rehwild gut verwendbar. Für Feldrehe, auf welche oft über weite Entfernungen geschossen werden muss, ist sie ideal. Auch für Gamswild ist die .243 geradezu wie geschaffen. Hervorragende Wirkung zeigt sie auch auf Muffel- und Damwild. Selbst für Steinwild reicht sie aus. Dafür sollten etwas härtere Geschosse wie etwa das Barnes TTSX gewählt werden. Ideal ist Noslers Accubond. Mit diesen Geschossen ist die Wildbretentwertung tolerierbar, bei Rehwild treten keine zu großen Hämatome auf. Sowohl in Österreich als auch in Schottland wird mit der .243 Rotwild erlegt. Bei guten Kammerschüssen stellt sie auf Berghirsche und Rotkahlwild zweifelsohne vollkommen zufrieden. Das gilt auch für Schwarzwild. Für Rot- und Schwarzwild ist sie aber ein sensibles Minimumkaliber und deswegen in Deutschland auf Hochwild nicht zugelassen. Etwas stärkere Kaliber sind da besser. Die Domäne der .243 liegt in unseren Wildbahnen bei Fuchs, Reh und Gams.

Im Ausland wirkt die .243 ausgezeichnet auf Antilopen wie Impala, Springbock oder Riedbock. Auch für das Pronghorn und den Weißwedelhirsch in Nordamerika ist sie vollkommen ausreichend.

Jeder namhafte Munitionshersteller hat die .243 Win. mit mehreren Laborierungen im Programm. Wiederlader können sich Fabrikhülsen einfach beschaffen und die Geschossauswahl ist riesig.

Die hochpräzise .243 Winchester eignet sich für Schüsse auf große Entfernungen.

HOCHWILDKALIBER

In Deutschland schreibt der Gesetzgeber für alles Schalenwild außer Rehwild ein Mindestkaliber von 6,5 mm und eine Mindestauftreffenergie auf 100 m (E_{100}) von 2000 Joule vor. Bis zur Randpatrone 9,3 × 74 R zählen daher alle Patronen ab 6,5 mm Geschossdurchmesser zu den sogenannten Hochwildkalibern.

6,5 × 57 (R)

Die 6,5 × 57 ist eine Entwicklung von Paul Mauser und stammt aus dem Jahre 1893. Im Gegensatz zu den anderen Mauser-Entwicklungen war die 6,5 × 57 keine Militärpatrone, sondern von Anfang an ein Jagdkaliber. Sie diente aber sicher als Vorbild für andere Militärpatronen wie etwa die 6,5 × 55 Schwedisch Mauser oder die 6,5 × 58 Portugiesisch Mauser.

Die Randversion kam kurze Zeit später. Der maximal zulässige Höchstgasdruck der Randpatrone ist auf nur 3300 bar festgelegt, während er bei der randlosen 6,5 × 57 mit 3900 bar deutlich höher liegt, was natürlich die Leistung beeinflusst. Dieser Umstand trug den zur Zeit der Entwicklung der Patrone oft nicht sehr stabilen Verschlüssen der Kipplaufwaffen Rechnung – die Randversion hat deshalb gegenüber der randlosen Patrone eine um etwa 10 % geringere Leistung. Trotzdem war die 6,5 × 57 R den damaligen 6,5-mm-Patronen wie etwa 6,5 × 58 R, 6,5 × 53 R oder 6,5 × 61 R deutlich überlegen und wurde in der Zeit vor dem Zweiten Weltkrieg sehr beliebt.

Durch das breite Spektrum an Geschossgewichten von 6,0 bis 10,3 g ist der Anwendungsbereich der 6,5 × 57 (R) sehr groß.

Die rasante 6-g-Laborierung ist eine beliebte Gamspatrone bei Bergjägern und hat schon eine beeindruckende Außenballistik. Mit vier Zentimeter Hochschuss auf 100 m eingeschossen, schießt die 6,5 × 57 auf 200 m Fleck und fällt auf 300 m nur 20 cm. Für schwereres Wild sind die 7-g- und 8-g-Geschosse vorzuziehen, und wer im Wald jagt, wird sogar Geschossgewichte von über 9 g bevorzugen. Damit ist die 6,5 × 57 (R) eine sehr universelle Patrone, deren Einsatzgebiet hauptsächlich bei Rehwild, Gamswild und leichtem Hochwild liegt. Das Patronenangebot ist erfreulich groß, allein RWS hat bei der randlosen, sowie bei der Randpatrone vier Laborierungen mit Geschossgewichten von 6,0 bis 9,1 g im Programm. Weitere Patronenanbieter sind Sellier & Bellot, Sax und Blaser. US-Patronenhersteller haben die 6,5 × 57 nicht im Programm.

Oft ist zu hören, dass es bei der 6,5 × 57 wegen des langen Übergangskegels Präzisions-

Die 6,5 × 57 ohne (l.) und mit Rand

probleme mit leichten Geschossen gebe. Das ist sicher kein generelles Problem, denn auch andere Patronen haben lange Übergangskegel – etwa die Weatherby-Patronen – und schießen auch präzise. Dazu sind viele Büchsen bekannt, die mit der 6-g-Laborierung ausgesprochen gut schießen. Es ist eben so, dass nicht jede Büchse mit jeder Laborierung gleich gut schießt – da stellt auch die 6,5 × 57 keine Ausnahme dar. Die kleine 6,5 ist eine sehr effektive und universell einsetzbare Patrone, die sich rückstoßarm schießt und besonders im Gebirge und im Feldrevier zu Hause ist.

.270 WINCHESTER

Die .270 Winchester gehört wie einige andere Patronen zur Familie der .30-06 Springfield, da sie auf deren Hülse basiert. Die Hülse der .270 Win. ist mit 64,52 mm um 1,17 mm länger als die der .30.-06 Springfield, der Bodendurchmesser mit 12,01 mm jedoch nahezu identisch. Die maximale Patronenlänge liegt bei 84,84 mm und der maximal zulässige Gasdruck liegt nach CIP bei 4300 bar.
Die Patrone mit Rille ist ideal für Repetierer und Selbstladebüchsen. Sie wurde jedoch in sämtlichen Jagdwaffenarten, also auch Kipplaufwaffen wie Kipplaufbüchsen, Bergstutzen, Bockbüchsflinten oder Drillingen eingebaut.
Die .270 Win. wurde von Winchester für den Repetierer Modell 54 entwickelt und kam 1925 auf den Markt. Sie wird mit Geschossen im Durchmesser von 0,277" (7,04 mm) versorgt. Die idealen Geschossgewichte betragen 130, 140 und 150 grs (8,4, 9,1 und 9,7 g). Heute gibt es aber auch Patronen mit leichteren Geschossen, das sind insbesondere bleifreie Geschosse. 100 grs (6,48 g) sollte man jedoch nicht unterschreiten. Mit einem 130-grs (8,4 g)-Geschoss liegt die V_0 bei etwa 965 m/s (3911 J), die V_{100} beträgt dann 865 m/s (3911 J), auf 200 m sind es 772 m/s (2503 J) und auf 300 m 686 m/s (1977 J). Die GEE bei vier Zentimeter Hochschuss auf 100 m liegt bei 196 m mit dem 130-grs-Geschoss und bei 183 m mit dem 150-grs-Geschoss.
Die .270 Win. ist eine angenehm zu schießende Standardpatrone mit gestreckter Geschossflugbahn. Sie ist ideal für weite Schüsse und damit für Jagden in offenem Gelände und für leichtes bis mittelschweres Wild – von Rehwild über Gams bis hin zu Steinwild. Aber auch für Sika-, Muffel- und Damwild ist sie wie geschaffen sowie im Ausland für mittelschwere Wildschafe wie Dallschaf und Steinschaf oder vergleichbare asiatische Wildschafe. In Schottland und Österreich wird sie auch sehr erfolgreich auf Rotwild eingesetzt. Die Verfasser erlegten auch einiges Schwarzwild damit.
Für die Drückjagd ist die .270 Win. sicher nicht ideal, obwohl sie bei guten Schüssen auch dort sehr wirksam ist. Für Mitteleuropa

Mit der .270 Winchester ist gerade auch der Gebirgsjäger bestens versorgt. Rechts eine .270 WSM.

und alles dort vorkommende Schalenwild zählt sie zu den Standardkalibern. Für mich sind 140 grs schwere Geschosse wie das Nosler Accubond Allroundgeschosse. Aber auch das bleifreie, 130 grs schwere Barnes TTSX oder das gleichschwere H-Mantel von RWS sind exzellente Geschosse für das Wildspektrum der .270 Win.

Die .270 Win. ist eine überaus präzise Patrone und erbringt in vielen Waffen eine außerordentlich hohe Schussleistung. Für Jäger des gesamten Alpenraumes ist sie eine hervorragende Wahl.

IDEALE GEBIRGSPATRONE

Zum Zeitpunkt ihres Erscheinens ragte die .270 Win. hinsichtlich gestreckter Flugbahn der Geschosse weit aus dem damaligen Kaliber-/Patronenangebot heraus. Sie ist also prädestiniert für weite Schüsse und damit eine ideale Gebirgspatrone. Der amerikanische Autor Jack O'Connor war ein Fan der .270 und puschte sie in zahlreichen Artikeln und Büchern. Er erlegte damit nicht nur Wildschafe und Weißwedel- sowie Maultierhirsche in Nordamerika, sondern auch schwereres Wild wie Wapiti, Elch und sogar Grizzlys.

7 × 64

Die 7 × 64 gehört zu den meistgeführten Büchsenpatronen in Deutschland und Österreich. Sie stammt aus dem Jahre 1917 und ist eine Entwicklung des Leipziger Waffenkonstrukteurs Wilhelm Brenneke. Die Patrone basiert auf der bereits 1912 von Brenneke vorgestellten 8 × 64, die sich aber nicht durchsetzen konnte. Brenneke zog lediglich den Hülsenhals auf 7 mm ein und setzte die Schulter etwas zurück. Damit gelang ihm ein ganz großer Wurf: Eine der erfolgreichsten Jagdpatronen im europäischen Raum war entstanden. In Deutschland und Österreich trat die 7 × 64 einen regelrechten Siegeszug an und verdrängte die 7 × 57 sehr schnell. Immerhin hat sie bei gleichen Geschossen eine um gut

Eine der meistgeführten Patronen in Deutschland und Österreich: die 7 × 64

20 % höhere Energieleistung. Die 7 × 64 mm weist im Vergleich zur 7 × 57 aber nicht nur eine längere Hülse und damit einen größeren Pulverraum auf, sondern auch einen höheren Gebrauchsgasdruck. Auch der Umstand, dass zivilgenutzte Militärpatronen wie die 7 × 57, .308 Winchester oder .30-06 in einigen europäischen Staaten für die Jagd nicht erlaubt waren, förderte die Verbreitung der 7 × 64 mm sehr. Brenneke folgte dem damaligen Trend nach kleinkalibrigen Hochleistungspatronen. Kein Wunder, dass bereits drei Jahre später die Randversion 7 × 65 R folgte.

Von der Leistung her liegen die deutschen 7-mm-Patronen nahe bei der amerikanischen .30-06 und erfüllen auch die gleichen Aufgaben. In den USA wird ihr Einsatzgebiet auch von der dort sehr beliebten .270 Winchester abgedeckt, sodass die 7 × 64 dort kaum eingesetzt wird.

Alles in Europa vorkommende Wild kann mit der 7 × 64 waidgerecht erlegt werden und auch im Ausland wird sie von deutschen Jägern gern und mit Erfolg geführt. Ihre Gegner behaupten immer wieder, dass dieses 7-mm-Kaliber die Nachsuchenstatistik anführt. Das mag durchaus stimmen, aber der Grund dafür ist nicht in der schlechten Leistung zu suchen, sondern vielmehr in der häufigen Benutzung dieses Kalibers. Das reichhaltige Patronenangebot spiegelt dessen Beliebtheit wider. Die Geschosspalette reicht von 8,0 bis 11,5 g. Damit ist das starke 7-mm-Kaliber sehr universell einsetzbar und eine gute Wahl für Reviere, in denen mit unterschiedlich schwerem Wild zu rechnen ist. Lediglich als Drückjagdpatrone ist sie wenig verbreitet, weil hier oft Patronen mit höheren Geschossgewichten bevorzugt werden.

Mit leichten Geschossen erreicht die 7 × 64 eine beträchtliche V_0, und so ist sie auch im Gebirge durchaus geeignet.

Bei Repetierbüchsen reichen normal lange Systeme aus, was das Waffenangebot stark vergrößert. Bis Mitte der 1950er-Jahre war das Angebot an Laborierungen für die 7 × 64 gewaltig, dann begann ihr Stern zu sinken: Heute ist das Patronenangebot deutlich überschaubarer. Es stehen aber immer noch ausreichend Laborierungen – auch an bleifreien Geschossen – für die verschiedenen jagdlichen Anwendungszwecke zur Verfügung.

NICHT FÜR KURZE LÄUFE

Für kurzläufige Büchsen ist die 7 × 64 weniger geeignet, sie benötigt eine gewisse Mindestlauflänge, um ihre Leistung zu entfalten. 56 cm sollten nicht unterschritten werden, da dann der Leistungsverlust deutlich spürbar ist und das Mündungsfeuer stark zunimmt. Brenneke selbst baute lange Zeit eine Repetierbüchse mit 72 cm langem Lauf für die 7 × 64.

7 × 65 R

Die Randpatrone 7 × 65 R wurde von Wilhelm Brenneke entwickelt und kam 1920 auf den Markt. Die Flaschenhalshülse mit Rand eignet sich ganz besonders für Kipplaufwaffen, da der Auszieher den Rand gut und zuverlässig greifen kann. Somit wird die Hülse zuverlässig beim Laufabkippen ausgezogen bzw. angehoben und kann per Hand einfach entnommen werden. Aber auch Ejektoren (automatische Auswerfer) arbeiten mit Randhülsen hervorragend.

Man kann die 7 × 65 R als Schwesterpatrone zur 7 × 64 sehen, die als Patrone mit Rille für Repetierer und Selbstladebüchsen prädestiniert ist. Jagdpraktisch sind beide Patronen gleich. Die Hülse ist maximal 65 mm lang, die maximale Patronengesamtlänge wurde auf 83,60 mm festgelegt. Der maximale Gasdruck darf 3800 bar nicht überschreiten.

Die 7 × 65 R ist zweifelsohne eine Mittel- oder Standardpatrone, die universell in Mit-

teleuropa verwendbar ist. Dank nicht zu hohen Gasdrucks werden die Systeme keinesfalls übermäßig stark belastet. Langlebigkeit ist somit auch bei hoher Schusszahl gegeben.
Vor allem für heutige, moderne Systeme und Stähle oder Aluminiumbaskülen ist die 7 × 65 R gar kein Problem. Sie wurde in allen Kipplaufwaffen verbaut – von einläufigen Kipplaufbüchsen über Büchsflinten, Bockbüchsflinten, Drillinge, Bockdrillinge, Doppelbüchsdrillinge, Vierlinge bis hin zu Bergstutzen und Bock- oder Doppelbüchsen. Die 7 × 65 R schießt sich selbst in sehr leichten Kipplaufwaffen nicht sehr hart. Ihr Rückstoß ist auch von empfindlichen Schützen sehr gut zu beherrschen.
Die Geschosse im Durchmesser von 0,284" (7,21 mm) gibt es als Laborierungen von 7,6 bis 11,5 g (117 bis 177 grs) Gewicht. Ideal für die 7 × 65 R ist der Geschossgewichtsbereich von 9,07 g (140 grs) bis 10,37 g (160 grs), denn die Geschosswirkung basiert neben Geschossmasse und -konstruktion auch auf der Zielgeschwindigkeit des Geschosses.
Die 7 × 65 R ist durchaus eine rasante Patrone, die sich auch für weite Schüsse bestens eignet. Je nach Laborierung hat man eine GEE bei vier Zentimeter Hochschuss auf 100 m von bis zu 190 m. Für die Jagd im Gebirge auf Gams und Rehwild stellen 9,07 g (140 grs) und 9,72 g (150 grs) schwere Geschosse sehr zufrieden. Leichtere Geschosse bringen jagdpraktisch keinerlei Vorteile. Etwa 10,37 g (160 grs) schwere Geschosse sind universelle Geschosse, die sich auch bestens für schwereres Hochwild wie Rotwild oder Sauen eignen. Sie sind auch für Drückjagden gut verwendbar. Lediglich für die Drück- und Waldjagd auf schweres Hochwild sind auch die 11,2 g (173 grs) oder 11,5 g (177 grs) schweren Geschosse gut einzusetzen.
Unter den bleifreien Laborierungen bietet sich das EVO green mit 8,2 g (127 grs) an, das sehr gut auch auf Hochwild wirkt und ausgesprochen präzise schießt. Weitere bleifreie Patronen bieten Jaguar als 7,6-g (117 grs)-Geschoss oder Brenneke mit dem TIG nature (8,3 g) an. Auch die bleifreien Hornady-Patronen mit GMX-Geschoss (9,1 g) wären zu nennen.
Die 7 × 65 R ist eine Universalpatrone mit sehr hoher Schusspräzision, die sich vom Fuchs über Rehwild und Gams bis hin zu Rot- und Schwarzwild sehr gut bewährt hat. Dank gestreckter Flugbahn ist es auch eine sehr gute Patrone für die Gebirgsjagd.

In Mitteleuropa universell einsetzbar – die 7 × 65 R

7 mm REMINGTON MAGNUM

Die 7 mm Remington Magnum entstand im Jahre 1962, zusammen mit der Repetierbüchse Modell 700. Remington brauchte eine Konkurrenzpatrone zur vier Jahre früher von Winchester vorgestellten .264 Winchester Magnum. Die starke 7-mm-Patrone wurde ein weltweiter Erfolg.
Die 7 mm Remington Magnum war die erste Remington-Patrone mit metrischer Kaliberbezeichnung und ist eines der erfolgreichsten Remington-Kaliber überhaupt.
Nüchtern betrachtet ist das nicht ganz verständlich, vor allem, wenn Patronen wie etwa die 7 × 64 zum Vergleich herangezogen werden. Der Leistungsvorsprung der 7 mm

WETTKAMPFSIEGER
Gegenüber ihren Konkurrenten bei den starken 7-mm-Patronen wie z. B. die deutsche 7 mm Super Express vom Hofe setzte sich die 7 mm Remington Magnum schnell durch, denn mit ihrer Gesamtlänge von kaum mehr als 80 mm ließ sie sich in normalen Standardsystemen unterbringen und war zudem außerordentlich präzise. Zahlreiche Schießwettkämpfe über große Distanzen wurden mit dieser Patrone gewonnen.

Rem. Mag. beträgt nur etwa zehn Prozent und wird durch einen erheblich höheren Pulververbrauch sowie Gasdruck erkauft. Entsprechend wächst der Rückstoß, und gerade aus leichten Waffen ist das ein erheblicher Nachteil. Um die Energie des progressiven Treibladungspulvers entsprechend umzusetzen, ist zudem ein nicht zu kurzer Lauf erforderlich.
Das Geschossangebot reicht von 9 bis 11,34 g und die leichten Geschosse werden auf über 1000 m/s beschleunigt. Die GEE liegt bei gut 200 m.

Mit der starken 7-mm-Patrone lässt sich alles europäische Hochwild und auch die afrikanischen Großantilopen erlegen, wenn moderne, entsprechend kompakt aufgebaute Geschosse verwendet werden. Trotzdem liegt die Patrone in der Geschosswirkung deutlich unter den 30er-Kalibern und ist eigentlich ideal für weite Schüsse auf leichtes und mittleres Schalenwild. Das Munitionsangebot ist gut und die meisten Munitionshersteller führen diese Patrone im Programm.

.308 WINCHESTER

Die .308 Winchester wurde im Jahre 1952 in den USA als zivile Jagdpatrone entwickelt und nicht etwa als Militärkaliber, wie oft behauptet wird. Das Militär nahm die Patrone erst 1954 an, als das Potenzial der kurzen Patrone erkannt wurde. Die ersten Militärwaffen wurden sogar erst 1957 an die Truppen ausgegeben. Bis heute ist die .308 Winchester als 7,62 Nato weltweit bei Armeen verschiedener Staaten und auch vielen Polizeibehörden als Patrone für Präzisionsgewehre im Einsatz. Hier verlief die Entwicklung also

Die .308 Winchester ist als Jagdpatrone weltweit verbreitet. Sie wurde als Zivilpatrone entwickelt!

umgekehrt zu den meisten Patronen, die zunächst als Militärpatronen konzipiert wurden und erst später auch Karriere als Jagdpatronen machten.
Die kurze Patrone ist erstaunlich leistungsstark und reicht fast an die .30-06 heran. Dafür sind auch die speziell für die .308 Winchester entwickelten Kugelpulver mit ihrem hohen Schüttgewicht verantwortlich. Ihr großer Vorteil ist die kurze Hülsenlänge, die es erlaubt, bei Repetierbüchsen sehr kurze Verschlüsse zu verwenden. Dazu kommt ihre sehr hohe Eigenpräzision, die ihr auch schnell einem guten Ruf unter den Sportschützen einbrachte. Auch bei den Matchpatronen findet sich in diesem Kaliber daher eine sehr große Auswahl.
Der Rückstoß fällt sehr moderat aus. Infolge der Verwendung offensiver bis maximal mittelschnell abbrennender Pulversorten ist die .308 Winchester eine der besten Patronen für kurze Läufe. Aus einem kurzläufigen Stutzen verschossen, bringt sie oft eine bessere Leistung als die .30-06, weil die verwendeten Treibladungspulver auch bei 50 cm Lauflänge vollständig im Lauf und nicht in Teilen vor dessen Mündung als Mündungsfeuer verbrennen.
Bei diesen Voraussetzungen ist die weltweite Verbreitung der .308 Winchester als Jagdpatrone nicht verwunderlich. Es gibt wohl kaum einen Munitionshersteller, der dieses Kaliber nicht in mehreren Laborierungen im Programm führt. Ebenso verhält es sich bei den Waffenherstellern. Für diese Standardpatrone wird so gut wie jedes Waffenmodell eingerichtet, das die technischen Voraussetzungen dafür bietet. Neben Repetierbüchsen und Selbstladebüchsen werden auch Kipplaufwaffen dafür eingerichtet, obwohl es seit einigen Jahren auch eine Randversion in Form der .307 Winchester gibt, die in den USA für Unterhebelrepetierer entwickelt wurde. Diese Version ist in Europa allerdings kaum bekannt.
Für schweres Schalenwild oder weite Entfernungen sollten Patronen mit höherem Geschossgewicht eingesetzt werden – hier ist die kleine Hülse der .308 Winchester im Nachteil, denn Geschossgewichte von 150 bis 165 grs sind für sie optimal. 180 grs sind als Obergrenze anzusehen, auch wenn mitunter 200-grs-Geschosse als Drückjagdlaborierung empfohlen werden. Letztere sind auf kurze Distanzen auch einsetzbar, wenn weiche Rundkopfgeschosse verladen werden. Optimal ist das aber nicht. An eine 8 × 57 IS mit 200-grs-Geschoss kommt aber die kurze .308 Winchester leistungsmäßig nicht heran. Noch schwerere Geschosse können nicht auf die erforderliche Geschwindigkeit gebracht werden, weil sie zu tief in die Hülse gesetzt werden müssen und noch mehr von dem schon knappen Pulverraum beanspruchen. 220 grs Geschossgewicht sollten den großen .30er-Magnumpatronen vorbehalten bleiben.

TYPISCHE „MITTELPATRONE"
Die .308 Winchester ist grundsätzlich tauglich auf alles europäische Schalenwild, wobei der Schwerpunkt aber bei den mittleren Wildarten liegen sollte. Sie ist eine typische „Mittelpatrone" – mittlere Wildarten und mittlere Schussdistanzen sind ihr Metier. Die Wildbretentwertung ist bei richtiger Geschosswahl erstaunlich gering.

.30-06 SPRINGFIELD

Die .30-06 Springfield ist eine sehr universelle Standardpatrone und mit die weitestverbreitete Jagdpatrone. Sie eignet sich praktisch für alle Wildarten der nördlichen Hemisphäre, wenngleich sie für schwaches Wild wie das Reh übertrieben stark und andererseits für starkes Wild wie Bison, die großen Bären oder Wapiti und Elch etwas schwach ist. Mit ihr wurden aber alle diese Wildarten zufriedenstellend erlegt. Die Rasanz der .30-06 mit leichteren Geschossen prädestiniert sie auch für weite

Weit verbreitet und fast auf alles Wild einsetzbar ist die .30-06 Springfield.

Schüsse, wie sie in Gebirge oder Steppe vorkommen. Ganz ideal ist sie für mittelschweres Wild wie Schwarz- und Rotwild, aber auch Gams-, Muffel-, Stein- oder Sikawild. Im Ausland eignet sie sich bestens für Weißwedel- und Maultierhirsch, Caribou oder Schwarzbär in Nordamerika und für afrikanisches Savannen- und Steppenwild (Plains Game) bis etwa Großer Kudu, Oryx und Zebra. Auch Leoparden und Hyänen, ja sogar viele Löwen wurden mit diesem Kaliber erlegt.
Die Patrone wurde 1903 entwickelt und erhielt ihre endgültigen Dimensionen 1906, in dem Jahr, in dem sie auch als Ordonanzpatrone in den USA eingeführt wurde. Die .30-06 Springfield wurde schnell als Jagd- und Sportpatrone beliebt. Die .30 steht für das gerundete Kaliber .308", die 06 für das Entwicklungsjahr bzw. Einführungsjahr als Ordonanzpatrone. Sie wird mit Geschossen Kaliber .308"/7,82 mm versorgt und lässt sich in einem Standardsystem (Mauser 98) ideal unterbringen. Die Flaschenhülse mit Rille ist 63,5 mm lang. Der Hülsenboden hat 12,01 mm. Die maximale Patronenlänge beträgt 84,84 mm, der maximale Gasdruck ist mit 4050 bar definiert.
Sehr universell einsetzbar sind Geschossgewichte von rund 165 grs (10,7 g). 180 grs (11,7 g) schwere Geschosse sind universell auf schweres Wild wie Rotwild einsetzbar, 200 grs (13 g) für starkes Wild auf kurze und mittlere Entfernungen.
Für die .30-06 Springfield gibt es sehr viele Laborierungen mit Deformations-, Teilzerlegungs-, Vollmantel- und Matchgeschossen, für die Jagd auch zahlreiche bleifreie Geschosse. Die Patrone hat eine hohe Eigenpräzision und eignet sich auch für weite Distanzen. Praktisch alle Waffenarten wurden für sie eingerichtet. Ideal ist sie für Repetierer und Selbstladebüchsen.

.300 WINCHESTER MAGNUM

Die .300 Win. Mag. ist eines der weitverbreitetsten und effektivsten Kaliber für die Hochwildjagd in der nördlichen Hemisphäre. In Mitteleuropa kann sie sehr universell von der Drückjagd bis hin zur Hochgebirgsjagd eingesetzt werden. Ideal ist sie für Rot- und Schwarzwild, aber auch gut verwendbar von der Gams über Steinwild und Muffelwild bis hin zum mittelschweren Damwild. Die Patrone ist auf kurzen Drückjagdentfernungen genauso effektiv wie bei weiten Schüssen im Gebirge oder Feld. Aufgrund ihrer hohen Rasanz eignet sie sich auch bestens für weite Schüsse. Dabei ist die Patrone sehr ausgewogen und keine überzüchtete Supermagnum. Die meisten Büchsen schießen sie mit zahlreichen Laborierungen sehr präzise. In dieser Hinsicht ist die .300 Win. Mag. völlig unproblematisch.
In erster Linie ist die .300 Win. Mag. eine Patrone für Repetierer. Aufgrund ihrer Beliebtheit findet man sie aber in allen anderen Jagdwaffenarten von der Kipplaufbüchse über

Doppelbüchsen und Drillinge bis hin zur Bockbüchsflinte. Ideal ist sie ferner noch für halbautomatische Selbstladebüchsen und lässt sich angenehm schießen.
Die .300 Win. Mag. wurde 1963 von Winchester für Standardsystemlängen eingeführt. Damals war es eine kurze Magnumpatrone. Die Gürtelpatrone hat eine 66,55 mm lange Hülse und darf maximal 84,84 mm lang sein. Den maximal zulässigen Gasdruck (C. I. P.) legte man auf 4300 bar fest. Der Hülsenhals ist mit 6,7 mm Länge kürzer als der Geschossdurchmesser von 0,308" (7,82 mm).
Im Kaliber .308" gibt es eine schier unüberschaubare Auswahl an Geschossen. Man hat die größte Auswahl an Geschossen in diesem Kaliber. Sowohl bleihaltige als auch bleifreie Geschosse und Vollmantelgeschosse werden angeboten. Der ideale Gewichtsbereich der Geschosse reicht von 150 bis 220 grs (9,7 bis 14,3 g), wobei die 180-grs (11,7 g)-Geschosse Allrounder sind. 165 grs (10,7 g) schwere Geschosse eignen sich für mittelschweres Wild auf weite Entfernungen. Sie sind ideal für die Gebirgsjagd etwa auf Wildschafe. Für sehr schweres Wild wie Wapiti, die großen Bären oder Elch im Ausland sind 200 grs (13 g) schwere Geschosse zu empfehlen. 220 grs (14,3 g) schwere Geschosse sind ideal für Drückjagden.
Bleifreie Geschosse sind oftmals etwas leichter. Einige liegen im Bereich von etwa 9 g (ca. 140 grs) oder sogar noch etwas darunter. Die .300 Win. Mag. ist auch eine sehr gute Patrone für Afrikas Plains Game, ausgenommen das Eland.
Je nach Laborierung liegt die GEE zwischen 160 und knapp über 200 m. Mit z. B. der Norma 11,7 g Nosler AB ergeben sich bei 5,4 cm Hochschuss auf 100 m auf 200 m Fleckschuss und auf 300 m lediglich 21,3 cm Tiefschuss.
Die .300 Win. Mag. ist eine hochpräzise, aber auch sehr universell einsetzbare Hochwildpatrone im Allroundkaliber .308". Sie ist wie geschaffen für die Hochwildjagd in Mitteleuropa. Für das schwache Rehwild ist sie aber ungeeignet und viel zu stark.

Rasant, aber nicht „überzüchtet“ ist die .300 Winchester Magnum.

.300 WINCHESTER SHORT MAGNUM

Die .300 WSM war die erste der Winchester Short Magnum Patronenreihe und läutete im Jahre 2001 in der Patronenentwicklung ein neues Zeitalter ein – zumindest bei den Fabrikpatronen –, denn private Patronenentwickler hatten die Vorteile einer gürtellosen, kurzen, dicken Hülse mit steiler Schulter schon lange erkannt.
Winchester ist einer der Pioniere bei der Entwicklung von Kurzpatronen. Schon die .308 Winchester war ja nichts anderes als eine Kurzversion der .30-06. Durch die fortschreitende Entwicklung bei den Treibladungspulvern gelang es, die Leistung der längeren Patrone nahezu zu kopieren. Als Ferris Pindell und Dr. Lou Palmisano dann die 6 mm PPC herausbrachten und einen Präzisionsrekord nach dem anderen aufstellten, war klar, wie eine moderne Präzisionspatrone aussehen muss.
Daran hielten sich die Entwickler der .300 WSM auch ziemlich genau. Die kurze, dicke Hülse hat einen 35-Grad-Winkel und keinen Gürtel. Sie arbeitet als Schulteranlieger, was nur Vorteile hat und präzisionsfördernd ist. Durch die nahezu zylindrische Hülse entsteht ein großes Innenvolumen, was in Verbindung mit dem Gebrauchsgasdruck von 4400 bar für reichlich Leistung sorgt. Die Gesamtlänge ist nur geringfügig größer als die einer .308 Winchester, womit die .300 WSM auch für Kurzsysteme geeignet ist. Durch den sehr gleichmäßigen und schnellen Abbrand der kurzen Pulversäule hat die Patrone ein sehr hohes Präzisionspotenzial und schießt sich zudem noch sehr angenehm. Sie braucht für die gleiche Leistung weniger Pulver. Bei den Leistungen blieb man zudem noch in vernünftigem Rahmen.
Ein 180-grs-Geschoss wird auf 905 m/s (4777 J) beschleunigt, was ziemlich genau der .300 Win. Mag. entspricht. Die .300 Winchester Magnum hat sich in allen Jagdgebieten der Erde bestens bewährt und gezeigt, dass diese Leistung fast immer ausreicht.
Nur bei Extremjagden sind leistungsfähigere Patronen – mit all ihren Nebenwirkungen – sinnvoll. Mit der .300 WSM wird die .300 Win. Mag. eigentlich aufs Altenteil geschoben, denn die neue Kurzpatrone kann alles besser.
Die .300 WSM ist vielseitig einsetzbar und auch ideal für die Gebirgsjagd auf Gams, Schaf oder Steinbock. Sie eignet sich für die

REDUZIERTE MAGAZINKAPAZITÄT

Der einzige echte Nachteil der .300 WSM ist ihre dicke Hülse. Sie reduziert die Magazinkapazität: Im Vergleich zu Standardpatronen geht von der .300 WSM meist eine Patrone weniger in ein Büchsenmagazin. Für eine Drückjagdbüchse, mit der überwiegend auf Kurzdistanz geschossen wird, ist daher eine WSM nicht optimal.

Die .300 Winchester Short Magnum hat das Potenzial, die .300 Winchester Magnum vom Markt zu verdrängen ...

Bejagung von afrikanischen Großantilopen genauso gut wie für Elch, Bär oder Wapiti. Dazu kommt das große Angebot an Fabrikpatronen, fast alle Munitionshersteller haben die WSM-Patronen ins Programm genommen. Ähnlich gut sieht es bei den Waffen aus. Es werden Patronen mit Geschossgewichten von 123–200 grs angeboten. Damit lassen sich viele Jagd- und Wildarten abdecken. Das ideale Geschossgewicht für die .300 WSM liegt bei 150 bis 180 grs.
Es sollten nicht zu weiche Geschosse verwendet werden, denn bei der doch sehr hohen Leistung der Patrone ist sonst die Tiefenwirkung zu gering.

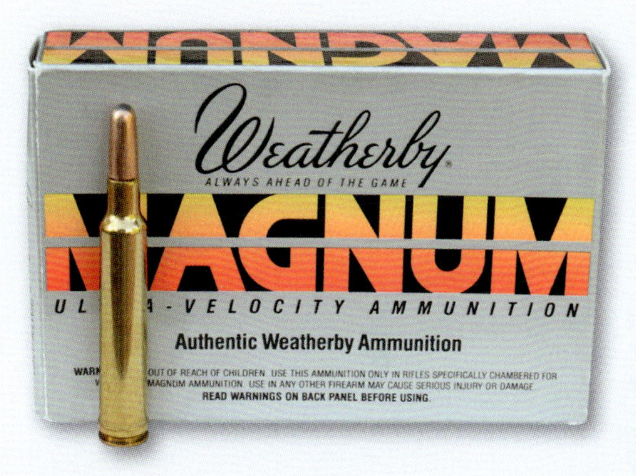

Die .300 Weatherby Magnum ist ein wirklungsvoller „Allrounder" für stärkeres Schalenwild.

.300 WEATHERBY MAGNUM

Die Gürtelpatrone .300 Weatherby Magnum wurde 1944 von Roy Weatherby auf Basis der Mutterhülse .300 Holland & Holland Magnum entwickelt. Die leistungsstarke .300er-Magnum war über mehrere Jahrzehnte hinweg die Lieblingspatrone vieler Auslandsjäger. Sie wurde vor allem im Gebirge sowie in der Savanne eingesetzt, wo oft weite Schüsse erforderlich sind. Ideal ist sie für mittelstarkes und starkes Schalenwild, vom Rothirsch bis hin zu den starken Argalis, genauso aber für Wapiti, Elch, Schneeziege und viele Wildschafe. Auf Braun- und Schwarzbär stellt sie aber auch zufrieden. In Afrika ist ihre Domäne starkes Plains Game.
Die Hülse der Gürtelpatrone verjüngt sich kaum. Wie alle Weatherby-Kaliber ist sie mit einer scharfen Doppelradius-Schulter ausgestattet. Die Patrone darf maximal 90,42 mm lang sein. Sie erfordert lange Magnumsysteme der .375-H & H-Mag.-Klasse. Ihr hoher Gasdruck beträgt maximal 4400 bar. Ein 180-grs-Geschoss wird auf eine V_0 von 990 m/s beschleunigt, woraus eine Energie von 5716 J resultiert. Auf 300 m fliegt dieses Geschoss noch 801 m/s (3742 J) schnell. mit dem 180-grs-Nosler-Partition-Geschoss und einem Hochschuss von 3,6 cm auf 100 m ergibt sich ein Fleckschuss auf 200 m, auf 300 m dann ein Tiefschuss von nur 18,1 cm. Auf schweres Wild sind 200 grs schwere Verbundgeschosse oder das Nosler Partition ideal.
Die Präzision der .300 Weatherby Magnum kann sehr hoch sein. Oft schießen aber Waffen in .300 WSM und .300 Win. Mag. präziser. Manche Repetierer in .300 Weatherby Magnum reagieren etwas laborierungsempfindlich. In guten Waffen reicht die Präzision .300 Weatherby Magnum jedoch aus, um auf 400 oder gar 500 m exakt zu treffen. Sie ist eine gute Allroundpatrone für stärkeres Schalenwild, vor allem bei der Jagd im offenen Gelände, wo weite Schüsse vorkommen können, und eine wirkungsvolle Mittelpatrone.

8 × 57 I(R)S

Die 8 × 57 ist ein echter Dauerbrenner, denn ihr Ursprung liegt im Jahre 1888, als die Patrone M/88 auf den Markt gebracht wurde. Ursprünglich war die Patrone mit einem kleineren Geschossdurchmesser ausgestattet, der dann durch das stärkere S-Geschoss abgelöst

wurde. Die Vergrößerung des Geschossdurchmessers verbesserte die Präzision und erhöhte die Lebensdauer der Läufe. Es sind aber auch heute noch Waffen im engen Ursprungskaliber zu finden, sodass es wichtig ist, sich des tatsächlichen Kalibers der Waffe zu vergewissern. Aus Waffen im alten I-Kaliber dürfen auf keinen Fall die modernen S-Patronen verschossen werden. Die 8-mm-Kaliber sind eine fast rein europäische Angelegenheit. Zwar versuchten auch ausländische Konstrukteure, das 8-mm-Kaliber zu übernehmen, etwa bei der 8 mm Remington Magnum oder der neuen .325 WSM, aber mit wenig Erfolg.
Die 8 × 57 IS und 8 × 57 IRS sind sehr ausgewogene Patronen, und das Verhältnis von Aufwand und Leistung – also der erzielten Mündungsgeschwindigkeit zur eingesetzten Pulvermenge – ist hier hervorragend. Kaum eine andere Patrone kann hier heranreichen. Dazu kommt der geringe Gasdruck, der besonders bei der Randversion für eine nicht zu hohe Stoßbodenbelastung sorgt. Kipplaufwaffen im Kaliber 8 × 57 IRS sind daher ausgesprochen langlebig. Bevor sie nachgedichtet werden müssen, haben eine Menge Geschosse den Lauf verlassen.

Die 8 × 57 IRS ist als Drückjagdpatrone auch in Doppelbüchsen beliebt.

Das Hauptanwendungsgebiet liegt bei mittlerem und schwerem Hochwild. Besonders der Waldjäger schätzt die wildbretschonende und noch sehr angenehm zu schießende 8 × 57 IS und deren Randversion. Selbst stärkstes Hochwild lässt sich damit erlegen. Doch auch für die Rehwildjagd ist diese Patrone keineswegs überdimensioniert: Sie richtet oft weniger Schaden an als die kleinen, schnellen Rehwildkaliber. Unschöne Hämatome entstehen hier nur sehr selten und meist nur dann, wenn leichte Geschosse auf kurze Distanz eingesetzt werden.
Als Drückjagdkaliber stehen die 8 × 57 IS und 8 × 57 IRS in der Beliebtheit noch vor der 9,3 × 62 und der 9,3 × 74 R, denn sie liefern auf Drückjagdentfernung mehr als genug Leistung und schießen sich wesentlich angenehmer als die dicken 9,3-mm-Kaliber. Aus der Doppelbüchse fällt der zweite Schuss hier einen Tick schneller, weil der weichere Rückschlag die Waffe nicht so weit aus der Ziellinie wirft – auf engen Schneisen oft ein entscheidender Vorteil. Die angenehm zu schießende Patrone ist auch für den Liebhaber leichter Kipplaufwaffen eine gute Wahl, zumal die Verschlussbelastung der 8 × 57 IRS bei nur 2900 bar Gasdruck sehr gering ist.
Bei der Geschosswahl sollte die nicht sehr hohe Geschwindigkeit bedacht werden, besonders wenn schwere Geschosse verladen sind. Harte Spezialgeschosse sind hier ungeeignet und liefern keine befriedigenden Ergebnisse. Für Drückjagden sind die guten alten Rundkopfgeschosse immer noch erste Wahl. Universell einsetzbar sind nicht zu harte Deformationsgeschosse, die auch die geringste Wildbretentwertung ergeben.
Durch die internationale Beliebtheit der „8 mm Mauser“ haben auch viele der großen US-Hersteller die randlose Patrone im Programm, sodass hier eine große Auswahl besteht. Doch auch die Versorgung mit der Randversion ist gegeben. Allein RWS bietet zusammen mit der Geco-Patronenreihe neun Randlose und acht Randpatronen an.

8 × 68 S

Die deutsche „8-mm-Magnum", wie sie im Ausland auch genannt wird, ist eine zuverlässige Patrone für die Plains-Game-Jagd in Afrika und wird auch in Nordamerika auf Elch und Bär von deutschen Gastjägern gern geführt. Bei uns ist sie eine beliebte Hochwildpatrone für die Jagd auf Hirsch und Sau.
Die 8 × 68 S ist eine Entwicklung der Firma RWS und wurde gegen Ende der 1930er-Jahre auf den Markt gebracht. Die neue Patrone sollte die schon vorhandenen 8-mm-S-Kaliber 8 × 64 S und 8 × 75 S übertreffen. Das war nur durch eine Vergrößerung des Verbrennungsraumes möglich, um das neu entwickelte, progressive Pulver unterzubringen. Auch um eine Verstärkung der Hülsenwandung kam man nicht herum.
Bei der Patronenlänge setzte das damals sehr beliebte Mauser 98er-System die Grenzen. Länger als 84 mm durfte die Patrone nicht ausfallen. So wurde eine völlig neue Patrone konstruiert, die im Vergleich zu den geläufigen Patronen erheblich größere Hülsenboden- und Hülsendurchmesser aufweist. Am Mausersystem waren daher auch geringfügige Änderungen am Stoßboden und der Auflauframpe notwendig. Die 8 × 68 S ist aber für das Mausersystem maßgeschneidert und nutzt die Möglichkeiten dieses Systems konsequent aus.
Der bei S-Läufen übliche Drall erwies sich für die hohen Geschwindigkeiten der neuen Patrone als zu steil und man änderte die Dralllänge daher auf 28 cm. Die neue Patrone wurde schnell ein Erfolg und sehr beliebt als Hochleistungspatrone für starkes Wild.
Deutsche Jäger brachten sie auch nach Afrika, wo sie sich einen guten Ruf bei der Bejagung der starken Antilopen erwarb und auch heute noch sehr beliebt ist. Sie wurde zu so etwas wie dem Markenzeichen des deutschen Waidmanns. Grundsätzlich ist die starke 8-mm-Patrone auf starkes Schalenwild weltweit einsetzbar und hat hinsichtlich der Wirkung

Für die Mauser 98 Repetierer ist die leistungsstarke 8 × 68 S maßschneidert.

gegenüber den .300er-Magnums die Nase sogar etwas vorn.
Die Verbreitung der 8 × 68 S beschränkt sich auf den europäischen Raum, denn die amerikanischen .300er- und .338er-Magnumpatronen decken den gleichen Einsatzbereich ab. Die 8 × 68 S ist hier etwas im Nachteil, da sie nicht über das große Geschossangebot der zölligen Kaliber verfügt. Munition wird daher auch ausschließlich von europäischen Munitionsfirmen hergestellt. Das Laborierungsangebot reicht vom rasanten 11,7-g-Geschoss bis hin zum schweren 14,5-g-Geschoss, das bei entsprechend hartem Geschossaufbau eine sehr hohe Tiefenwirkung erzielt.
Gewehre im Kaliber 8 × 68 S sollten eine Lauflänge von 65 cm besitzen, um das Potenzial der starken Patrone auszunutzen. Durch die notwendigen, sehr progressiv abbrennenden Pulver führen kurze Läufe hier zu starken Leistungsverlusten.

.338 WINCHESTER-MAGNUM

Im Jahre 1958 stellte Winchester die .264 Win. Mag. und die .338 Win. Mag. vor. Damals waren es Kurzmagnums, da die Patronen in ein Standardsystem der .30-

06 Springfield Klasse passten und kein langes Magnumsystem wie für die .375 H & H Mag. benötigten. Die .338 Win. Mag. sollte die Lücke zwischen den .300er-Magnums und der .375 H & H Mag. schließen. Der Vorteil der Gürtelpatrone .338 Win. Mag. war eben, dass sie in normalen Standardsystemlängen unterzubringen war.
Die Geschossgewichte der .338 Win. Mag. liegen zwischen 180 und 250 grs (11,66 bis 16,2 g). Schwerere Geschosse machen bei dem Hülsenvolumen keinen Sinn.
Die Beliebtheit der Patrone ist vor allem auf ihre Ausgewogenheit zurückzuführen. Sie lässt sich noch problemlos und ohne unangenehmen Rückstoß schießen. Es ist keine sehr rasante Patrone mit sehr gestreckter Flugbahn. Je nach Geschoss liegt ihre Einsatzweite bei 200 bis 250 m, maximal rund 300 m. Die Verfasser halten in ihr als Allroundgeschosse solche mit 210 oder 225/230 grs (13,61 oder 14,58/14,90 g) für ideal. In Mitteleuropa eignen sich auch 200 grs (12,96 g) schwere Geschosse für alle Hochwildarten bestens. Auf Drückjagden sind 225/230 grs sowie 250 grs schwere Geschosse empfehlenswert.
Die .338 Win. Mag. ist eine hervorragende Hochwildpatrone: ideal für starke Hirsche und schweres Schwarzwild. Genauso aber auch im Ausland für Elch, europäischen Braunbär oder Wisent. Auch auf Wapiti und Grizzly kann man sie gut einsetzen. Für die schweren Küstenbären Alaskas oder Kamtschatkas (Braunbären oder Eisbär) ist sie ein Minimalkaliber, das aber sehr gut wirkt. In Afrika lässt sie sich für schweres Plains Game bis hin zum Eland einsetzen und, deren Bejagung erlaubt, auf Löwe und Leopard. Nahezu alle Waffenhersteller richten zumindest Repetierer für das Kaliber ein. Man findet die Patrone auch in Selbstlade- oder Blockbüchsen. Auch die meisten großen Patronenhersteller fertigen die .338 Win. Mag., Allround-

Ideal für Hochwild und starkes Wild im Ausland: die .338 Winchester Magnum

geschosse sind beispielsweise die Nosler-Geschosse Partition und Accubond, das Barnes TTSX, das Trophy Bonded oder das Swift A-Frame. Die 200 bis 250 grs schweren Geschosse erreichen an der Mündung zwischen 950 und 810 m/s bei einer E_0 zwischen 5250 und 5420 J. Die E_{200} beträgt immerhin noch zirka 3280 bis 4320 J. Das reicht für alles Wild der nördlichen Hemisphäre sowie auf schweres Plains Game in Afrika. Die GEE liegt mit 225 grs schweren Geschossen je nach Geschosstyp bei etwa 170 m.

9,3 × 62

Die 9,3 × 62 wurde im Jahre 1905 von dem Berliner Büchsenmacher Otto Bock entwickelt. Der Grundgedanke war, eine mittelstarke Patrone für die Jagd in den damaligen afrikanischen Kolonien zu schaffen. Sie war als Konkurrenz zu den englischen Patronen .350 Rigby und .400/350 NE gedacht und hier auch ein voller Erfolg. Sie schlug die alten englischen Kaliber in kürzester Zeit aus dem Feld und war zwischen den beiden Weltkriegen die beliebteste Großwildpatrone der Mittelklasse in Afrika. Grund war hier sicher auch, dass die 9,3 × 62 die kostengünstige Verwendung des normalen 98er-Mausersystems zuließ, und sich dieses System bei der Großwildjagd schnell einen legendären Ruf verschaffte. Die 9,3 × 62 besitzt den gleichen Boden wie die anderen Mauser-Patronen und ist genau auf das Mauser-System zugeschnitten.
Auch in heimischen Revieren war die 9,3 × 62 schnell bekannt und bei der Jagd auf europäisches Elch-, Rot- und Schwarzwild weit verbreitet. In den Nachkriegsjahren lief ihr dann zunächst die kalibergleiche, aber stärkere 9,3 × 64 Brenneke den Rang ab. Doch das änderte sich wieder, denn die druckschwache und noch angenehm zu schießende 9,3 × 62 ist für unser heimisches Wild völlig ausreichend und hat wesentlich weniger „Nebenwirkungen". Heute ist sie eine der beliebtesten Drückjagdpatronen und besonders bei den Waldjägern sehr beliebt. Gleichwohl ist sie auch für die Auslandsjagd gute Wahl, wenn es um mittelschweres Wild in dichtbewachsenem Gelände geht. Die Schussentfernung sollte gute 160 m nicht überschreiten, denn danach fällt das Geschoss doch ziemlich stark. Dafür ist die Stoppwirkung auf kurze Distanz sehr hoch und die Wildbretentwertung hält sich in erträglichen Grenzen. Die Geschossgewichte reichen von 14,6 bis 19,0 g.
Die 9,3 × 62 ist eine zwar leistungsstarke, aber trotzdem sehr ausgewogene und angenehm zu schießende Patrone. Viele moderne Patronen verlieren schnell ihren „Magnum-Glanz", wenn die echten Werte, also aus der Waffe und nicht aus Messläufen, mit denen der 9,3 × 62 verglichen werden. Die relativ kleine Patrone hat eine Mündungsenergie von über 5000 J. Beschränkte sich das Munitionsangebot zunächst auf europäische Hersteller, so haben sie mittlerweile auch die großen US-Munitionsfabriken wie Remington, Hornady und Federal im Programm. Das zeigt, wie beliebt die 9,3 × 62 heute international ist. Für die Bejagung von mittelschwerem und schwerem Hochwild auf kurze und mittlere Schussdistanzen gibt es kaum eine bessere Patrone. Fast jeder Repetierbüchsenhersteller hat dieses Kaliber im Programm.

PASST AUCH ZU KURZEN LÄUFEN

Die 9,3 × 62 eignet sich auch sehr gut für kurzläufige Büchsen, da die mittelschnellen Pulver, die bei dieser Patrone zum Einsatz kommen, in Verbindung mit den relativ schweren Geschossen auch in kürzeren Läufen nahezu vollständig abbrennen und der Leistungsverlust daher sehr gering ist.

Die 9,3 × 74 R wurde als „Schwester" der 9,3 × 62 für Kipplaufwaffen entwickelt. In Doppelbüchsen wird sie oft verwendet.

9,3 × 74 R

Die Randpatrone 9,3 × 74 R gilt als Schwesterpatrone der im Jahre 1905 vorgestellten randlosen 9,3 × 62 und stammt aus der gleichen Zeit. Als Vorlage dürfte hier wohl die englische .400/.360 Nitro Express gedient haben, die mit der 9,3 × 74 R eine starke Ähnlichkeit aufweist. Obwohl die Hülsenform der beiden deutschen 9,3-mm-Patronen stark voneinander abweicht, ist ihre Leistung bei gleichem Druck nahezu identisch.
Bei den Fabriklaborierungen erreicht die 9,3 × 74 R nicht ganz die Werte der 9,3 × 62, da ihr Druck mit Rücksicht auf die einfachen Kipplaufverschlüsse der damaligen Zeit später auf 3000 bar begrenzt wurde. Die 9,3 × 74 R wird auch „Königin der Randpatronen" genannt und ist eine der beliebtesten Drückjagdpatronen im deutschsprachigen Raum. Viele Doppelbüchsen werden in diesem Kaliber geführt. Die schlanke Hülse macht es möglich, elegante und schmale Waffen zu bauen, und der begrenzte Gasdruck garantiert bei Kipplaufwaffen eine lange Lebensdauer des Verschlusses.
Die 9,3 × 74 R ist eine erstklassige Hochwildpatrone und hat eine sehr gute Wirkung auf mittleres und schweres Hochwild. Die einzige ernstzunehmende Konkurrenz mit Rand wäre die wenig verbreitete .375 Holland & Holland Flanged. Wie die 9,3 × 62 ist sie auch im Ausland für mittelschweres Wild und dichten Geländebewuchs eine gute Wahl. Der Jagdreisende schätzt die starke 9,3, wenn der Vorteil einer zerlegbaren Kipplaufwaffe genutzt werden soll.
Mit den schweren Geschossen lassen sich die afrikanischen Antilopen ebenso zuverlässig erlegen wie Elch und Bär in Nordamerika.
Auch die Geschosse 9,3 × 74 R fallen ab 160 m Schussentfernung ziemlich stark ab, dafür ist die Stoppwirkung auf kurze Distanz sehr hoch und die Wildbretentwertung hält sich in erträglichen Grenzen. Die 9,3 × 74 R ist eine zwar leistungsstarke, aber trotzdem sehr ausgewogene und angenehm zu schießende Patrone. Dazu kommt, dass die Wildbretentwertung der zwar schweren, aber relativ langsamen Geschosse, nicht sehr groß ist. Daher wird die 9,3 × 74 R auch gern zur Bejagung von leichterem Wild eingesetzt.

9,3 × 64

Die 9,3 × 64 wurde sicherlich nicht für heimisches Wild entwickelt, sondern als starke Großwildpatrone für die ehemaligen afrikanischen Kolonien. Der Verfasser erlegte mit ihr zwar auch Schwarz- und Rotwild, aber auch Braunbär und Waldbison. Sauen mit 40 bis 60 kg aufgebrochen legten übrigens meist Fluchten zwischen 20 und 60 m zurück. bei den dabei verwendeten 286-grs-Nosler-Partitionsgeschossen zeigte sich: je schwerer das Wild, desto bessere Augenblickswirkung.
Die 1927 vorgestellte 9,3 × 64 war die stärkste Patrone von Wilhelm Brenneke. Ihre Hülse entstand auf dem Reißbrett. Obwohl sie nicht die Bezeichnung „Magnum" trägt, hat die 9,3 × 64 die Leistung einer Magnum. Sie ist praktisch sowie in der Leistung der .375 Holland & Holland Magnum ebenbürtig. Leider ist in vielen afrikanischen Ländern für die

Dickhäuter Büffel und Elefant das Mindestkaliber 9,5 mm (.375") vorgeschrieben. Überdies gelangte die 9,3 × 64 für die Afrikajagd zu spät auf den Markt. Die Hochzeit der Jagd in Afrika war bei ihrer Markteinführung bereits vorüber. Mit ihren über 6000 J Energie ist die 9,3 × 64 für alles Wild der Erde bis hin zum Elefanten geeignet, in Europa vor allem auf Rot- und Schwarzwild sowie Braunbär, in Nordamerika auf die großen Bären, Elch, Wapiti und Bison. In Afrika ist sie ideal auf starkes Plains Game sowie Löwen. Wo erlaubt, stellt die 9,3 × 64 auch auf Büffel und Elefant zufrieden. Eine Ausnahme von der „Nur-für-Großwild-Eignung" soll die EVO green mit 184 grs von RWS darstellen. Diese Patrone soll gerade Qualitäten für mitteleuropäisches Wild haben. Die Verfasser testeten daraufhin die EVO green mit 184 grs. Die Schussbilder waren berauschend. Streukreise auf 100 m mit fünf Schuss lagen bei 18, 19 und 20 mm. Das reicht auch für weite Entfernungen.
Bei einer V_0 von 980 m/s besitzt die Patrone eine E_0 von 5724 J. Bei 3,7 cm Hochschuss auf 100 m liegt die GEE bei 196 m. So eingeschossen, ergeben sich auf 200 m fünf Millimeter Tiefschuss, auf 250 m sind es 85 mm und auf 300 m dann 311 mm. Damit kann man weit hinausreichen. Selbst Feldrehe oder Rotwild auf Truppenübungsplätzen sind kein Problem. Die Verfasser erlegten neun Rehe mit der Laborierung – bei Schüssen hinter das Blatt kein Problem. Es wurden aber auch Rehe auf das Blatt sowie halbschräg von hinten und halbspitz von vorne erlegt. Die Wirkung der Knochentreffer zeigte sich dann beim Zerwirken. Da war schon mal ein Blatt nicht mehr verwertbar. Alles Rehwild lag übrigens im Feuer. Von sieben erlegten Sauen lagen vier sofort, die übrigen legten Fluchten zwischen 10 und 30 m zurück. Bei Sauen war die Wildbretentwertung aufgrund der größeren Wildmasse tolerabel, auch bei vollen Blatttreffern. An Rotwild wurden ein Schmaltier und ein Schmalspießer erlegt. Beide lagen mit Blatttreffern im Feuer und auch hier war die Wildbretentwertung hinnehmbar.

9,3 × 64 mit den Geschossen 184 grs EVO green, 250 grs Barnes TTSX und 286 grs Nosler Partition (von l. nach r.)

GROSSWILDKALIBER

Großwildkaliber kommen im Wesentlichen bei der Auslandsjagd zum Einsatz, denn für das Wild Mitteleuropas sind sie nicht nötig. Wer allerdings in Afrika oder auf dem nordamerikanischen Kontinent oder kanadisches Wild jagt, muss in aller Regel schon auf stärke „Pillen" zurückgreifen.

.375 HOLLAND & HOLLAND MAGNUM

Die .375 H & H ist eine klassische Großwildpatrone – viele Jäger halten sie für die Allroundpatrone für Jagd in Afrika oder Kanada schlechthin; insbesondere dann, wenn vorwiegend starkes Plains Game oder nicht so schusshartes Großwild wie die großen Katzen und Bären bejagt werden. Mit einem Geschossdurchmesser von .375" (9,53 m) ist sie aber auch in allen afrikanischen Ländern zur Großwildjagd zugelassen, denn in vielen dieser Länder ist ein Mindestkaliber von .375 bei der Bejagung der „Big Five" vorgeschrieben. Fast alle Repetierbüchsenhersteller bieten .375er-Kaliber an. Auch Doppelbüchsen und Blockbüchsen werden für die 9,5 × 72, wie sie metrisch hieße, eingerichtet.

Die englische Waffenfirma Holland & Holland brachte die Patrone 1912 unter dem Namen .375 Belted Rimless Magnum Nitro

Der Klassiker unter den Großwildpatronen ist die .375 Holland & Holland.

Express auf den Markt. Sie war eine der ersten Gürtelpatronen und hatte einen durchschlagenden Erfolg. Die für die damalige Zeit starke Patrone war schnell weltweit bekannt. Ihre Stärken liegen aber eher beim weiten Schuss auf Großantilopen und die nordamerikanischen Wildarten wie Elch oder Bär. Die Geschossgewichte reichen von 200 bis 350 grs. Bei den überschweren Geschossen verliert die Patrone aber schnell an Rasanz. Optimal sind Geschossgewichte von 250 bis 300 grs. Mit diesen Gewichten lässt sich eine Mündungsenergie von knapp über 5500 J erreichen – und das bei noch moderatem Rückstoß. Der zulässige Höchstgasdruck ist bei 4400 bar angesetzt.

Die Verwendung der Patrone auf „echtes" Großwild findet mittlerweile aber viele Kritiker. Hier wird die 375 H & H Magnum von den .400er-Kalibern wie .404 Jeffery, .416 Rigby, .416 Remington oder .500/416 immer mehr verdrängt. Bei guten Schüssen auf breit stehende Dickhäuter wie Büffel, Nashorn oder Nilpferd ist die Wirkung sicher zufriedenstellend und gibt kaum Anlass zu Kritik, in gefährlichen Situationen mit wehrhaftem Großwild jedoch mangelt es an Stoppkraft. Hier bietet ein .416er- oder .458er-Kaliber wesentlich mehr Sicherheit. Dafür lässt sich aber die .375 Holland & Holland auch auf die europäischen Wildarten gut einsetzen, und selbst bei der Hirsch- oder Saujagd in deutschen Revieren ist sie nicht überdimensioniert. Oft ist die Wildbretentwertung sogar wesentlich geringer als bei einem schnellen .300er-Magnumkaliber. So gesehen ist die .375 Holland & Holland eine echte Universalpatrone.

Die Auswahl an Fabrikpatronen ist sehr gut, und es sind auch Laborierungen mit leichteren Geschossen zu finden. Sie haben auch den Vorteil, sich wesentlich angenehmer zu schießen. Harte Spezialgeschosse sprechen bei schwachen Stücken teilweise schlecht an, was dann zu größeren Fluchtstrecken führt. Die Geschossauswahl ist daher gerade bei der

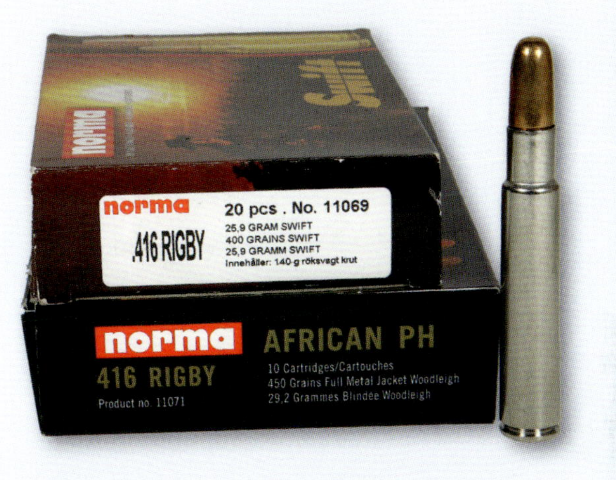

Allroundpatrone für Großwildjäger: die .416 Rigby

.375 Holland & Holland sehr wichtig. Für die Großwildjagd sind die harten Geschosse gerade richtig, um die nötige Tiefenwirkung zu erzielen, während bei dünnhäutigem Wild auf frühzeitiges Ansprechen des Geschosses im Wildkörper zu achten ist. Für Dickhäuter sind auch Laborierungen mit Vollmantelgeschossen oder Solids im Handel erhältlich. Die .375 Holland & Holland benötigt ein Magnum-Repetierbüchsensystem, aber noch keines der teuren, überlangen Systeme, die dicke Großwildpatronen wie etwa die .416 Rigby brauchen. In einem 98er-Standardsystem lässt sie sich noch gut unterbringen.

.416 RIGBY

Der aus Irland stammende Waffenkonstrukteur John Rigby hatte sich schon mit der ersten Nitro-Express-Großwildpatrone .450 NE einen Namen gemacht. Die .416 Rigby brachte er im Jahre 1911 auf den Markt, wahrscheinlich als Konkurrenz zu der im Vorjahr vorgestellten .404 Jeffrey. Rigby benutzte für seine Büchsen in diesem Kaliber das damals ebenfalls neue Mauser-Magnumsystem. Damit lagen auch waffenseitig beste Voraussetzungen für einen Erfolg des neuen

GLEICHE TREFFPUNKTLAGE
Wer die .416 Rigby bei der Auslandsjagd auf Großwild und Plains Game als alleinige Büchse mit Voll- und Teilmantelgeschossen führt, sollte die Munition entsprechend wählen. Beide Geschosse müssen dann die gleiche Treffpunktlage zeigen.

Kalibers vor, zumal die Hülse der .416 Rigby auch heute noch modern ist. Im Vergleich zu den damaligen Expresspatronen hatte sie einen wenig konischen Hülsenverlauf und eine steile Schulter. Lange Jahre war die .416 Rigby aufgrund ihrer Außenballistik und Präzision anderen Großwildpatronen in der Reichweite überlegen.
Als Kynoch, der Hersteller der Patrone, die Munitionsfertigung dann endgültig einstellte, war es lange Zeit sehr ruhig um Rigbys Erfolgspatrone. Das änderte sich erst wieder Anfang der 1990er-Jahre, als die .416 Rigby ein regelrechtes Comeback feierte und viele Waffenhersteller sie wieder ins Programm nahmen. Heute ist sie die beliebteste Großwildpatrone für Repetierbüchsen, die über ein entsprechend großes System verfügen. Auch Fabrikmunition ist wieder in guter Auswahl erhältlich, auch von großen Munitionsherstellern wie etwa Norma, Hornady oder Federal. Sie haben meist sogar mehrere Laborierungen im Programm, darunter auch in der Regel eine Vollmantelpatrone für die Jagd auf Dickhäuter.
Die .416 Rigby kann durchaus als Allroundpatrone für den Großwildjäger bezeichnet werden, der mit nur einem Gewehr reisen will. Sie ist stark genug, um die gefährlichen Großwildarten zu erlegen, und hat gleichzeitig noch eine so gestreckte Flugbahn, dass eine Jagd auf Plains Game bis gut 150 m möglich ist. Ihr Rückstoß ist zwar nicht von Pappe, doch ist es kein Problem, auf Waffen dieses Kaliberbereiches noch eine Zieloptik zu verwenden. Damit ist sie optimal für die Büffel- oder Elefantenjagd, bei der auch noch Großantilopen wie Eland, Kudu, Oryx oder Sable bejagt werden sollen.
Die .416 Rigby verursacht auf schwächeres Wild durchaus auch mal hässliche, große Löcher, doch das interessiert den Trophäenjäger meist wenig. Überdies ist auch eine .300er-Magnum auch nicht wirklich wildbretschonender, denn sie verursacht sehr oft großflächige Hämatome, die das Wildbret mindestens ebenso, wenn nicht gar stärker entwerten. Der zweite große Vorteil des Kalibers ist die relativ geringe Unempfindlichkeit gegenüber Flugbahnhindernissen. Ein 26 g schweres Geschoss, das etwa 700 m/s fliegt, ist eben wesentlich schwerer aus der Bahn zu werfen, als ein halb so schweres Projektil, das 200 m/s schneller unterwegs ist. Daher wird die .416 Rigby auch gern bei der Jagd auf gefährliches Wild in dichtem Busch, etwa der Bärenjagd, geführt.
Viele Praktiker schätzen den geringen Gebrauchsgasdruck von lediglich 3250 bar der alten .416er-Patrone. Selbst wenn der Gasdruck durch die mitunter hohen Temperaturen bei einer Afrikajagd steigt, ist die Patrone immer noch weit vom Gebrauchsgasdruck moderner Patronen wie der .416 Remington Magnum entfernt, die mit 4300 bar arbeitet. Klemmende Repetierbüchsenverschlüsse als Folge eines hohen Gasdrucks kommen daher bei der .416 Rigby nicht vor – beruhigend bei der Jagd auf gefährliches Großwild. Das Standardgeschossgewicht der Rigby ist 400 grs (26 g), es gibt aber auch etwas leichtere und schwerere Laborierungen.

.505 GIBBS

Die .505 Gibbs gehört zu den stärksten, vor allem aber bewährtesten „Elefantenkalibern". Es ist eine typische Patrone zur Jagd auf die afrikanischen Dickhäuter wie Elefant, Büffel, Nashorn und Nilpferd. Sie stellt natürlich auch bestens auf Löwen zufrieden – eine

Eines der stärksten und bewährten „Elefantenkaliber" ist die .505 Gibbs.

Großwildpatrone für wehrhaftes afrikanisches Wild eben. Es steht außer Frage, dass mit ihr natürlich auch Antilopen erlegt werden können. Für das starke Gian-Eland ist sie sicherlich auch eine gute Wahl. Berufsjäger schätzen sie wegen ihrer hohen Stopp- und Augenblickswirkung als Backup-Waffe sowie bei Nachsuchen auf wehrhaftes Wild.

Die 1835 gegründete englische Waffenschmiede George Gibbs war in Bristol ansässig. 1967 wurde sie an Ian Crudgington verkauft. Die .505 Gibbs wurde in der zweiten Generation von George Charles Gibbs junior ab dem Jahr 1894 entwickelt. Es dauerte allerdings noch einige Jahre, bis die Patronenproduktion richtig anlief. Offizielles Einführungsdatum ist das Jahr 1911, die offizielle Bezeichnung lautet .505 Magnum Gibbs. Bekannt ist sie allerdings auch als .505 Rimless Magnum und .505 Rimless N. E. Die Bezeichnung .505 Gibbs gab ihr Ernest Hemingway.

Die Gibbs ist als Kurzstreckenpatrone für geringe Distanzen gedacht, ihr Einsatzbereich reicht aber problemlos bis zu 130 bis 150 m. Die Patrone erfordert ein Mauser Magnum-System. Ihre Dimensionen, übertreffen auch in der Dicke die der .416 Rigby. Die Hülsenlänge liegt bei 80,01 mm, die Patronengesamtlänge bei 97,79 mm. Ihr Bodendurchmesser misst beachtliche 16,26 mm. Ihr Gasdruck liegt bei bescheidenen 2700 bar, was gerade für heißes Klima ideal ist. Die Patrone hat eine hohe Eigenpräzision und gilt als zuverlässig. Aufgrund des niedrigen Gasdrucks gibt es keine Hülsenauszugsprobleme. Sie wird mit 525 grs (34,02 g) schweren Voll- und Teilmantelgeschossen im Durchmesser 0,505" (12,83 mm) versorgt, die eine V_0 von 701 m/s und eine E_0 von 8359 J erzielen. Dies ist eine bewährte Ladung, die auf das stärkste Wild voll zufrieden stellt. Auch das Penetrationsvermögen ist mehr als ausreichend. Geschosse gibt es von Woodleigh, Barnes oder GS Custom, Hawk und Rhino von 400 bis 700 grs. Norma bietet seine PH Patronen mit 600 grs Vollmantel- und Teilmantelgeschossen von Woodleigh an (V_0 6 640 m/s, E_0 7966 J).

RUND UM DEN SCHROTSCHUSS

SCHROTE UND PATRONENAUFBAU

Schrotpatronen gibt es in unterschiedlichen Preislagen, und auch mit „billiger" Flintenmunition kann Wild zur Strecke gebracht werden. Gerade auf der Niederwildjagd steigern allerdings Grundkenntnisse über Ballistik, Patronen und Chokes die Erfolgsquote oft erheblich.

Wenn vor Aufgang der Niederwildjagd der Patronenvorrat für die kommende Saison angeschafft wird, kommt alljährlich wieder die Frage nach der „optimalen Patrone" auf. Bei der Wahl der Schrotgröße hat es sich mittlerweile herumgesprochen, dass Deckung vor Durchschlagskraft geht, und nur noch wenige Unbelehrbare füllen den Patronenbeutel mit grobem Schrot. Als Universalgröße 2,7 mm und 3,0 mm oder höchstens 3,2 mm für die Hasenjagden reicht völlig aus. Selbst die oft als besonders schussfest angesprochenen „Hasen im nassen Fell" kommen auf waidgerechte Distanz von 35 m mit der 3,0 mm oder 3,2 mm sicher zur Strecke.

SCHROTSTÄRKEN

Beim sportlichen Flintenschießen werden Patronen mit 2,0, 2,2 und 2,41 (max. 2,5) mm Einzelkornstärke eingesetzt, jagdlich von 2,41 (2,5) mm bis 4,0 mm. Übliche Bezeich-

Unterschiedliche Schrotstärken: je größer die Nummer, desto kleiner der Durchmesser des Einzelkorns

nungen der Schrotstärke mit Nummern sind 9 (2,0 mm), 8 (2,3 mm), 7 ½ (2,41 mm), 7 (2,5 mm), 6 (2,79 mm), 5 (3,0 mm), 4 (3,3 mm), 3 (3,5 mm), 2 (3,8 mm) und 1 (4,0 mm). Neben diesen jagdlichen Schrotstärken gibt es noch gröbere Schrote (Posten, Buckshot), die früher teilweise zur Gänse- und auch Schalenwildjagd eingesetzt wurden. Heute dient etwa Buckshot vor allem Verteidigungszwecken.

Schwere Schrotvorlagen sind oft überflüssig, z. B. bei der Hasenjagd.

VORLAGE

Bezüglich des Gewichtes der Vorlage herrscht vielfach noch Unsicherheit. „Mehr Schrote bringen eine bessere Deckung, damit kann ich weiter schießen und eine schwere Vorlage tötet sicherer", ist oft zu hören. Doch stimmt das wirklich?
Wasser auf die Mühlen der Liebhaber schwerer Ladungen gießt auch noch die Munitionsindustrie, die Magnum- oder Semi-Magnum-Patronen mit hohem Ladungsgewicht anbietet. Eine 12er-Patrone mit über 40 g Vorlage – bis zu 52 g sind hier möglich – erscheint auf den ersten Blick ein wirkungsvolles Mittel, um die Strecke zu vergrößern. Besonders die weniger erfolgreichen Schützen sehen hier ein Heilmittel gegen schlechte Schüsse.

NACHTEILE SCHWERER VORLAGEN

Wenig beachtet werden aber die Nachteile solcher schweren Vorlagen. Sieht man die Sache von der ballistischen Seite, wird schnell klar, dass eine überschwere Schrotladung kaum die Mündungsgeschwindigkeit der Normalladung erreichen kann – zumindest nicht unterhalb des vorgeschriebenen Höchstgasdruckes. Entweder wird also der Gasdruck überschritten, wodurch diese Patronen dann mit dem Aufdruck „Magnum" gekennzeichnet werden müssen und nur aus einer verstärkt beschossenen Waffe verschossen werden dürfen, oder aber die Mündungsgeschwindigkeit ist deutlich geringer. Damit sinken natürlich auch die Durchschlagskraft der Schrotgarbe und ihre wirksame Reichweite. Der Schuss geht also quasi nach hinten los: Durch die schwere Ladung erhöht sich nicht die Reichweite, sondern sie sinkt sogar infolge einer geringen Mündungsgeschwindigkeit.
Wer mit schweren Ladungen weit schießen will, braucht also eine stabile Flinte mit verstärktem Beschuss und sollte Magnum-Laborierungen verschießen, die entsprechend schnell sind.

Ob seine Trefferquote damit aber steigt, ist eine ganz andere Sache. Eine Flinte, die schwere Ladungen mit hoher Geschwindigkeit verschießt, ist entweder fürchterlich schwer oder sie hat einen horrenden Rückstoß, wenn sie lediglich Normalgewicht aufweist. Beides ist nicht gerade optimal, um schnell und flüssig zu schießen. Solche Flinten lassen sich allenfalls zu Spezialzwecken wie bei der Truthahnjagd in den USA oder beim Ansitz auf Gänse einsetzen. Schnelle Flugziele damit sicher zu treffen, ist kaum möglich. Für die Hasenjagd sind schwere Ladungen vollkommen überflüssig.

MAGNUMLADUNGEN ENTWERTEN

Wird eine schwere Magnumladung aus einer entsprechenden Flinte verschossen, ist zumindest darauf zu achten, genügend Abstand zum Wild zu halten. Wer einmal gesehen hat, wie 40 g Schrot einen Hasen auf 15 m zurichten, weiß, was hier gemeint ist. Spezialflinten für Magnumpatronen sind in der Regel auch eng gechokt, um die Reichweite zu erhöhen, sodass der Effekt dadurch noch verstärkt wird. Meist schießt der Schütze auf kurze Distanz mit der schweren, eng schießenden Flinte aber sowieso daneben, sodass die brutale Wirkung zum Glück nur selten zu beobachten ist.

DIE VORTEILE LEICHTER VORLAGEN

Jagdlich wünschenswert ist eine gleichmäßige Garbe, die Vermeidung von Klumpenbildung, eine gute Verteilung und ausreichende Deckung. Besonders die ausreichende Deckung hängt von der Anzahl der Schrote ab, die zur Verfügung stehen. Wurde lange Zeit im Kaliber 12 die 36-g-Vorlage als Standardladung für die Jagd angesehen, so sind sich erfahrene Jäger einig, dass der ideale Bereich noch darunter liegt.

Ausschlaggebend ist hier das Gewicht der Flinte. Wer auch bei höheren Schusszahlen gleichmäßig treffen will, darf sich keineswegs über die Patrone zu viel Rückstoß „einkaufen“. Der leicht hingeworfene Schuss ohne Angst vor dem Rückstoß ist mit Sicherheit treffsicherer als derjenige, den der Schütze aus Respekt vor dem harten Kick jedes Mal mit hart in die Schulter eingezogenen Schaft abgibt. Unverkrampftes Schießen ist so kaum möglich.

Steuern lässt sich die Anzahl der Schrote leicht über die Korngröße. Eine schwere 40-g-Vorlage enthält 158 Schrote der Größe 3,5 mm. Gehen wir nur eine Schrotgröße herunter, also auf 3,2 mm, was bezüglich der Reichweite kaum ins Gewicht fällt, so reichen jetzt 32 g, um auf 158 Schrote zu kommen. Werden für eine leichte Flinte weich schießende 28-g-Patronen bevorzugt, stehen sogar 176 Schrote zur Verfügung, wenn die nächst geringere Schrotgröße von 3,0 mm gewählt wird: Es genügt also die Reduzierung der Schrotgröße um eine Nummer und schon hat man die gleiche Deckung mit einer erheblich geringeren Vorlage. Die Vorteile liegen auf der Hand: geringerer Rückstoß und eine hohe Mündungsgeschwindigkeit. Außerdem wird die Flinte weitaus weniger belastet, das Wild bei Nahschüssen nicht zerschossen und der Patronenpreis ist deutlich geringer.

EIN BLICK NACH ENGLAND

Ein Blick in das Flintenland England zeigt, dass dort fast ausschließlich mit Ein-Unzen-Ladungen, also 28-g-Schrotvorlage, geschossen wird. Nun mögen besonders die Schotten ja sparsam sein, doch geizt man dort nicht mit Schrot, sondern folgt der Erkenntnis, dass sich mit diesen Vorlagen sicher und komfortabel jagen lässt. Und englische Fasane fliegen mit Sicherheit nicht niedriger als ihre deutschen Artgenossen.

Nicht die Schrotvorlage, sondern in erster Linie die Chokebohrung entscheidet über die Reichweite einer Flinte.

REICHWEITE

Die wirksame Reichweite einer Schrotpatrone ist in erster Linie abhängig von der Chokebohrung des Flintenlaufes. Hier wird die Ausdehnung der Garbe gesteuert. Es ist klar, dass bei Weitschüssen auch genügend Deckung und Durchschlagskraft vorhanden sein müssen, um auch eine hohe Tötungswirkung zu erzielen. Ebenso klar ist aber, dass eine Schrotgarbe nur bis etwa 45 m steuerbar ist. Danach sind keine gezielten Treffer mehr möglich, sondern nur noch „Glückstreffer". Schrotkörner von 3,0 mm, maximal 3,2 mm Durchmesser reichen bis gut 40 m vollkommen aus, um eine ausreichende Tötungswirkung auf Niederwild zu erzielen, und eine ausreichende Deckung ist bei einer Vorlage von 30 bis 32 g (190 bis 205 Schrote) auch vorhanden. Es besteht also keine Veranlassung, überschwere Ladungen von 40 oder noch mehr Gramm zu verschießen, und die Nachteile einer schweren Flinte, eines starken Rückstoßes und teurer Patronen in Kauf zu nehmen. Selbst die „Standardladung" von 36 g ist unnötig schwer. Der optimale Bereich liegt zwischen 28 und 32 g. Nur für Spezialzwecke, wie etwa den Ansitz auf Fuchs und Dachs, sind schwerere Ladungen sinnvoll.

DIE WÜRGEBOHRUNG

Wer eine Flinte erwirbt, steht vor der Frage, wie die Läufe gebohrt sein sollen. Hier die richtige Wahl zu treffen, fällt oft schwer, und manchmal herrschen noch völlig falsche Vorstellungen über den Einfluss der Würgebohrung. Im Laufe der Zeit sind auch gewisse Trends zu beobachten, wenn es um die Frage geht, welcher Choke für den Jagdbetrieb richtig ist.

Um die Reichweite des Schrotschusses zu steigern, besitzt der Flintenlauf am Mündungsende eine mehr oder minder starke Verengung. Beim Kaliber 12 kann der Laufdurchmesser an der Mündung bis zu einem Millimeter enger werden. Diese Würgebohrung, auch Choke genannt, bewirkt, dass die Schrotladung je nach Stärke der Verengung mehr oder weniger komprimiert wird. Beim Durchgang durch das enge Laufende streckt sich die Schrotsäule in die Länge und die Flächenausdehnung nach Verlassen der Laufmündung wird verzögert.

CHOKE KENNZEICHNUNGEN BLEISCHROT

DEUTSCH	Vollchoke	¾-Choke	½-Choke	¼-Choker	Zylinder
AM LAUF	*	**	***	****	
ENGLISCH	full (F)	improved modified (IM)	modified (M)	improved cylinder (IC)	cylinder

EINE FLINTE IST KEIN GARTENSCHLAUCH

Hält sich der Laie diesen technischen Ablauf vor Augen, gelangt er vermutlich zu der Schlussfolgerung, dass die Reichweite der Flinte umso größer wird, je enger ihre Chokebohrung ist – so, wie bei der Düse eines Gartenschlauches: Wird sie enger gestellt, also die gleiche Wassermenge durch eine engere Öffnung gepresst, vergrößert sich die Reichweite des Wasserstrahls.
Das kann durchaus auch einmal auf einen Schrotlauf zutreffen, ist aber in der Regel völlig falsch. Ein enger Choke erhöht nicht etwa die Flugweite der Schrotkörner, sondern lediglich die Entfernung, innerhalb derer noch mit einer brauchbaren Deckung zu rechnen ist. Ursächlich beteiligt ist auch die Munition, und hier gilt nicht wie beim Gartenschlauch: Wasser ist gleich Wasser. Der Aufbau der Patrone kann vielmehr sehr unterschiedlich sein. Über das „Wasser" der Flinte, die Munition nämlich, kann die Wirkung einer Chokebohrung verändert, ja sogar ins Gegenteil verkehrt werden. Ausschlaggebend ist hier das Zwischenmittel der Patrone. Damit lässt sich das Streuverhalten stark beeinflussen.

ZWISCHENMITTEL UND STREUKREUZ

Das Zwischenmittel sitzt in einer Schrotpatrone zwischen Vorlage und Pulverladung. Seine Aufgaben sind vielfältig. Es soll ein Vermischen dieser beiden Komponenten vermeiden, die Schrotladung vor Hitzeeinwirkung durch die Treibgase verbrennenden Pulvers schützen und bei der Schussentwicklung den Lauf so abdichten, dass keine Pulvergase an der Ladung vorbeigelangen.

RISIKO GASSCHLUPF

Die Qualität einer Schrotpatrone und auch ihr Anwendungsbereich hängen wesentlich von Qualität und Beschaffenheit des Zwi-

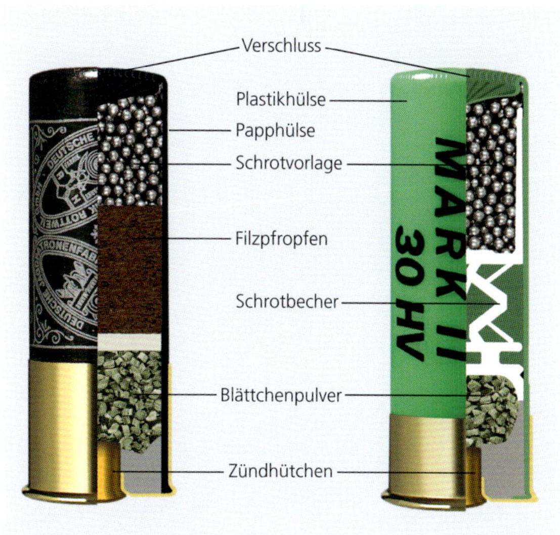

Aufbau einer Schrotpatrone. Das Zwischenmittel hat große Bedeutung.

schenmittels ab. Wird daran gespart, kann dies böse Folgen haben. Bei einem schlechten Zwischenmittel entsteht Gasschlupf zwischen ihm und der Laufwand, was einen Druckverlust zur Folge hat. Dass sich damit die Geschwindigkeit und auch die Auftreffenergie ändern, dürfte klar sein. Gerade bei einer Jagdpatrone, die eine hohe Auftreffenergie braucht, um eine gute Tötungswirkung zu haben, ist dies fatal.
Außerdem führen die am Zwischenmittel vorbeistreichenden heißen Pulvergase oft zur Klumpenbildung in der Schrotladung, was

AUSGESCHLIFFENE LÄUFE

Werden korrodierte Flintenläufe innen ausgeschliffen, um sie optisch aufzufrischen, entsteht der gleiche Effekt wie bei untauglichen Zwischenmitteln. Der Laufinnendurchmesser wird größer und selbst ein gutes Zwischenmittel dichtet nicht mehr richtig ab. Beim Kauf einer gebrauchten Flinte, deren Läufe innen „verdächtig neu" ausschauen, sollte auf jeden Fall vom Fachmann der genaue Laufdurchmesser ermittelt werden. Die Tötungswirkung solcher aufgefrischten Flintenläufe ist meist miserabel.

Der Schrotbecher hält die Garbe länger zusammen.

sich nicht nur negativ auf das Deckungsbild auswirkt, sondern auch den Gefährdungsbereich der Schrotladung erhöhen kann, denn die zusammengeklumpten Schrote fliegen viel weiter als ein einzelnes Schrotkorn und haben eine höhere Energie. Insbesondere bei der Flugwildjagd kann dies übel ausgehen.

STREUVERHALTEN

Neben den qualitativen Auswirkungen lässt sich über das Zwischenmittel aber auch das Streuverhalten der Flinte in nicht unerheblichem Maße steuern – oft sogar besser als durch eine Chokenummer rauf oder runter. Wenn jeweils die richtigen Patronen geschossen werden, kann der Jäger oder Wurftaubenschütze mit einer Flinte verschiedene Einsatzgebiete abdecken.

FETTFILZPROPFEN

Das älteste Zwischenmittel ist der gefettete Filzpfropfen. Er wird auch heute noch von vielen Jägern favorisiert und leistet auch Hervorragendes, wenn er aus hochwertigem, gefettetem Haarfilz gefertigt wird. Fettfilzpfropfen haben den Vorteil, dass sich der Flintenlauf bei jedem Schuss praktisch selbst reinigt. Durch diesen „Wischeffekt" fällt das Säubern der Läufe nach großen Serien wesentlich leichter. Zudem schießen sich Fettfilzpfropfenladungen in der Regel sehr weich. Ihr Hauptvorteil ist aber, dass sie die Chokebohrung der Flinte voll zum Tragen bringen, was bei Becherladungen nicht immer der Fall ist. Der einzige Nachteil der Pfropfenladungen ist, dass die äußeren Schrote ungeschützt sind und beim Durchgang durch den Lauf an der Laufwandung quasi abgeschliffen werden. Diese verformten Schrote sind auf der Anschussscheibe dann als Ausreißer zu finden und stehen dem eigentlichen Deckungsbild nicht mehr zur Verfügung.

SCHROTKORB

Der größte Teil der heute angebotenen Schrotpatronen ist mit einem Schrotkorb bzw. Becherpfropfen ausgestattet. Durch den Schrotkorb wird die Garbe länger zusammengehalten, weswegen sich Becherladungen eher für Weitschusszwecke eignen. Dies kann aber auch zum Nachteil werden, da die Wirkung der Chokebohrung teilweise aufgehoben wird und die offen gebohrte Kaninchenflinte mit einer Becherladung plötzlich viel enger schießt. Es kann vorkommen, dass ein Viertelchoke-Lauf mit Trappatronen so eng schießt wie ein dreiviertelgechokter Lauf.

STREUPATRONEN UND REICHWEITE

Die wirksame Reichweite von Streupatronen ist wesentlich geringer als die von Normalpatronen. Mit Streupatronen sollte nicht weiter als 25 m geschossen werden, da es sonst unweigerlich zu Krankschüssen kommt. Infolge der größeren Streuung der Schrotgarbe verschlechtert sich ja deren Deckung – um aber Wild sicher zu erlegen, ist eine Mindestzahl an gleichzeitig aufschlagenden Schroten erforderlich, damit die nötige Schockwirkung ausgelöst wird, die das Wild beim Schrotschuss ja verenden lässt.

PATRONEN MIT STREUKREUZ

Eine gegensätzliche Wirkung als mit einem Becherpfropfen als Zwischenmittel lässt sich durch ein sogenanntes Streukreuz erreichen. Ein Plastikkreuz, das sich in der Vorlage befindet, bewirkt eine Verwirbelung der Schrotgarbe und erhöht damit deren Streuung erheblich. Die Streuung wird dabei umso größer, je enger die Flinte gebohrt ist. Hier verkehrt sich jetzt die eigentlich beabsichtigte Wirkung der Chokebohrung ins Gegenteil. Da wegen der Raumbeanspruchung durch das Streukreuz nur eine geringere Schrotmenge verladen werden kann, schießen sich Streupatronen weicher als Normalpatronen.

PATRONEN FÜR JEDEN ZWECK

Das differenzierte Angebot an Schrotpatronen ermöglicht es dem Jäger, seine Flinte durch deren entsprechende Wahl auf den jeweiligen jagdlichen Einsatz abzustimmen und so ein Maximum an Leistung zu erzielen. Wer weit schießen muss, etwa bei der Wasserjagd, wird im Normalfall mit ungeschlitzten Becherpfropfen gut bedient sein, wie sie auch von den Trappschützen bevorzugt werden. Für die Kaninchenjagd oder bei der Waldtreibjagd ist eine weich schießende Fettfilzladung mit ihrer größeren Streuung besser geeignet, wenn die Flinte entsprechend offen gebohrt ist. Wer zu enge Läufe hat, kann auf Streupatronen zurückgreifen. Damit lässt sich die eng gebohrte Jagdflinte oder Trapflinte zum Frettieren oder zum Skeetschießen verwenden. Das Zusammenspiel von Patrone und Flinte muss aber unbedingt für jede Flinte gesondert ermittelt werden. Es kann durchaus sein, dass eine hochwertige Fettfilzladung aus einer bestimmten Waffe besser zusammenhält als eine spezielle Weitschusspatrone mit Schrotbecher.

Streupatrone

WELCHER CHOKE – DIE QUAL DER WAHL

Mit welchen Chokebohrungen sollte eine Flinte also ausgestattet werden? Eine leichte Wahl haben die Sportschützen: Beim Skeetschießen wird eine möglichst große Streuung benötigt. Hier werden fast ausschließlich sogenannte Skeetchokes oder Glockenchokes eingesetzt. Diese Bohrungen verengen sich nicht, sondern erweitern den Laufdurchmesser sogar, um einen möglichst großen Streueffekt zu erzielen.
Der Trapschütze benötigt genau das Gegenteil. Trapflinten haben in beiden Läufen Vollchoke oder höchstens einen Dreiviertelchoke im unteren Lauf. Da beim sportlichen Trap mit Voranschlag geschossen wird, nutzt der Trapschütze die größere Reichweite zur genauen Schussabgabe. Natürlich unterstützen die Sportschützen durch eine entsprechende Patronenwahl das Streuverhalten ihrer Flinten noch zusätzlich, um einen möglichst günstigen Effekt zu erzielen.
Dem Jäger fällt die Wahl da schon etwas schwerer, denn er kann oft nicht wissen, wie weit sein Ziel entfernt ist. Universell einsetzbar sind Jagdflinten mit Viertel- und Dreiviertelchoke. Wer überwiegend im Wald jagt, wird Viertel- und Halbchoke bevorzugen, der Feld- oder Wasserjäger Halb- und Vollchoke.

Wird eine passende Patrone benutzt, lassen sich mit diesen Flinten alle jagdlichen Situationen bewältigen. Grundsätzlich ist es aber immer besser, eine Flinte zu schießen, die etwas offener schießt, als eine zu eng gechokte. Wichtig ist nur, dass der Jäger genau weiß, wie weit er mit seiner Flinte maximal schießen kann, um sein Wild noch zuverlässig zu töten.

DAS EIGENE SCHIESSVERMÖGEN

Bei der Wahl der Chokebohrung, bzw. der Patronenwahl, sollte auch die eigene Schießkunst mit berücksichtigt werden. Je enger eine Flinte schießt, umso schwieriger ist natürlich auch das Treffen eines beweglichen Zieles. Wer eine offen gebohrte Flinte schießt und sich dementsprechend bei der Schussentfernung beschränkt, wird mehr Jagderfolg haben als ein Schütze, der mit seiner eng gebohrten Flinte jedes Stück Wild beschießt, das sich gerade noch in Reichweite befindet. Auf den bei Treibjagden meist üblichen Entfernungen von 15 bis 25 m ist mit einer eng gebohrten Flinte das Treffen weitaus schwieriger.

Das eigene Schießvermögen sollte bei der Wahl der Chokebohrung berücksichtigt werden.

FAZIT

Fassen wird die gewonnenen Erkenntnisse zusammen, gelangen wir zu dem Schluss, dass der „Normaljäger“ durchaus ohne Wechselchokes auskommt und am besten mit einer Flinte bedient ist, die eher offen gebohrt ist. Ein Vollchokelauf ist im Normalfall unnötig und auch der Dreiviertelchoke schon recht eng. Das Streuverhalten lässt sich problemlos durch die Wahl der Schrotpatrone beeinflussen und ein Patronenwechsel geht bedeutend schneller als das Raus- und Reinschrauben von Wechselchokes. Wer nicht gerade ausschließlich spezielle Jagdformen wie die Entenjagd am See oder die Bejagung von Kaninchen mit Frettchen ausübt – hier lohnt sich der Einsatz einer darauf besonders abgestimmten Flinte –, sollte für den ersten Lauf einen Viertel- und für den zweiten ein Halb- oder maximal Dreiviertelchoke wählen. Eine solche Waffe ist universell einsetzbar und kann über die Patrone entsprechend der Jagdsituation abgestimmt werden.
Das Problem ist nicht etwa die Wahl der Chokebohrung, sondern die Wahl der richtigen Patrone. Hier kommt der Jäger nicht darum herum, mit einer Auswahl verschiedener Patronensorten zum Schießstand zu fahren und Deckungsbilder zu schießen. Ist das Streuverhalten der eigenen Flinte erst einmal bekannt, können die ausgewählten Patronensorten dann jagdlich entsprechend eingesetzt werden. Eine Maßnahme, die sich bestimmt auszahlt.
Eine neue Flinte sollte möglichst schon den Beschuss mit Stahlschroten (s. Folgekapitel) zulassen, denn bei der Wasserjagd ist bleifreies Schrot schon heute vorgeschrieben, und wohin die Entwicklung geht, weiß niemand.

BLEIFREI UND FLINTENLAUFGESCHOSSE

Schrotpatronen mit Bleivorlage sind bei der Wasserwildjagd verboten. Die meist verwendeten bleifreien Schrote sind sogenannte Stahl- bzw. Weicheisenschrote. Fehlt der Flinte der dafür notwendige Stahlschrotbeschuss, muss die Entenjagd aber nicht ausfallen.

WEICHEISENSCHROT

Weicheisenschrote rufen eine viel höhere Belastung der Laufinnenwand beim Durchgang durch den Lauf hervor als Bleischrote. Die heikelste Stelle ist natürlich der Choke.

STAHLSCHROT UND CHOKE

Mit dem Aufkommen der Weicheisenschrote, gemeinhin auch Stahlschrot genannt, kam insbesondere der Chokebohrung eine neue Bedeutung zu.
Stahlschrottauglich sind nur Waffen, die über eine genügend starke Laufwandung verfügen und deren Chokebohrung nicht zu eng ist. Neue Flinten, die speziell für den Schuss mit Weicheisenschroten ausgelegt sind, haben eine besondere Chokebohrung. Sie ist länger und verläuft flacher. In einem solchen vergleichsweise schlanken Kegel wird die wenig verformbare, kompakte Schrotsäule nicht so abrupt abgebremst und die Belastung der Laufwand ist wesentlich geringer.
Wer eine Flinte mit Wechselchokes besitzt, kann verhältnismäßig leicht nachrüsten, denn viele Flintenhersteller bieten für ihre Modelle bereits Chokeeinsätze für Weicheisenschrote an. Aber auch eine normale Flinte kann nachträglich mit Wechselchokes ausgerüstet werden, wenn die Laufwandung genügend stark ist. Die Firma Krieghoff macht die in der Tabelle Seite 239 genannten Angaben zu den Mindest- bzw. Höchstabmessungen an der Mündung.
Eine solche Um- bzw. Nachrüstung hat nicht nur den Vorteil, eine ungünstige Chokebohrung zu ändern oder die Waffe auch „stahlschrottauglich" zu machen, sondern ist auch eine Möglichkeit, die Treffpunktlage der Läufe zu korrigieren. Schießen die Läufe einer Flinte nicht zusammen, kann dies vom Fachmann durch entsprechendes Bohren der Gewinde für die Chokeeinsätze behoben werden. Hier sind Wechselchokes also durchaus sinnvoll und eine feine Sache. Sie haben heute die

Die stilisierte Lilie (l.) steht für den Stahlschrotbeschuss.

CHOKE-KENNZEICHNUNGEN STAHLSCHROT

DEUTSCH	Voll bis ½	¼–½
AM LAUF	*	***
ENGLISCH	full (F)	modified (M)

verstellbaren Mündungsaufsätze mit all ihren Nachteilen, die sogenannten Polychokes (s. S. 29 f.), fast völlig verdrängt.
Wer Stahl- bzw. Weicheisenschrote verschießen möchte, braucht also eine Flinte mit Stahlschrotbeschuss, also verstärktem Beschuss – erkenntlich am Beschusszeichen mit der Lilie.

GROSSE AUSWAHL – GÜNSTIGER PREIS

Die gute Umweltverträglichkeit von Weicheisenschrot ist unbestritten. Weicheisenschrot ist weltweit verbreitet und die Auswahl ist unter den bleifreien Schroten am größten. Die Preise liegen nicht viel höher als bei Bleischroten. Stahlschrotpatronen sind mit einem Schrotbecher ausgestattet, in dem die harten Schrote durch den Lauf geführt werden, sodass sie die Laufinnenwände nicht verkratzen können.
Weicheisenschrotpatronen müssen aber in zwei große Gruppen unterteilt werden: *Standard-Weicheisenpatronen* können in herkömmlichen Flinten ohne verstärkten Beschuss verschossen werden. Sie sind aber nicht sehr lesitungsfähig.

STANDARD-WEICHEISENSCHROT

Standard-Weicheisenschrotpatronen müssen dem höchstzulässigen Gasdruck des jeweiligen Kalibers entsprechen und dürfen keinen größeren Schrotdurchmesser als 3,25 mm haben. Liegen diese Voraussetzungen vor, können Standard-Weicheisenschrotpatronen aus jeder Flinte verschossen werden. Die Reichweite dieser liegt aber deutlich unter der von Bleischrot. Für die Jagd auf kurze Distanz, etwa einfallende Enten am Teich, reichen diese Patronen in der Regel aus und bringen gute Ergebnisse.

Das Angebot an bleifreien Schroten ist heute groß. Manche Materialien lassen sich auch aus Flinten ohne Stahlschrotbeschuss verschießen.

NACHRÜSTUNG MIT WECHSELCHOKES – MÜNDUNGSMINDESTWERTE (NACH KRIEGHOFF)			
KALIBER	**12**	**16**	**20**
Mind.-Ø außen	20,4 mm	18,8 mm	17,6 mm
Mind.-Ø innen	18,5 mm	17,0 mm	16,0 mm

Bei Sportpatronen für die Jagd auf Tontauben gibt es keinerlei Probleme. Die kleinen Schrote können aus allen Flinten verschossen werden.

WENN ES MEHR SEIN SOLL

Die leistungsfähigen Weicheisenschrotpatronen mit hohem Vorlagegewicht und dicken Schroten verlangen nach einer Flinte mit Stahlschrotbeschuss, also verstärktem Beschuss. Hier werden Patronenlager mit 76 mm Länge benutzt.
Für Jagdschrotpatronen gilt, dass bei Weicheisenschroten die Schrotgröße um zwei Nummern größer gewählt werden sollte als bei Bleischroten, um eine identische Reichweite zu erhalten. Statt 3,0 mm also 3,5 mm oder anstatt 3,5 mm dann 4 mm. Da die dickeren Schrote mehr Raum in der Hülse beanspruchen, sind längere Patronenhülsen notwendig, um die größere Anzahl an Schrotkörnern unterbringen und eine identische Deckung erzielen zu können. Moderne Flinten mit 76er-Patronenlagern sind dafür eingerichtet und haben den sogenannten „Lilien"-Stahlschrotbeschuss. Beim Neukauf einer Flinte sollte unbedingt darauf geachtet werden, dass sie auch stahlschrottauglich ist.
Wer allerdings eine schöne alte Doppelflinte in leichter Ausführung sein Eigen nennt, hat davon gar nichts. Hier ist ein Umbau auf Wechselchokes und ein verstärkter Beschuss (s. Kasten) meist nicht möglich und die leistungsstarken Weicheisenschrotpatronen dürfen nicht verschossen werden.

STAHLSCHROT-RISIKO

Wegen der Härte des Weicheisens hat Stahlschrot das Potenzial, die Flintenchokes zu dehnen und ggf. Aufbauchungen an den Läufen zu verursachen, dies besonders bei alten, leichten Flinten. Das Risiko für Flinten ohne Stahlschrotbeschuss besteht also nicht darin, dass die Waffen explodieren oder die Läufe verkratzt würden. Vielmehr besteht die Gefahr, dass die Chokes aufgeweitet werden und es zu Laufaufbauchungen und – in seltenen Fällen – zu Auftrennung der Laufverbindungen kommt. Wo das möglich ist, kann eine Umrüstung einer alten Waffe auf geeignete Wechselchokes mit nachträglichem Stahlschrotbeschuss Abhilfe schaffen.

TUNGSTEN

Ein sehr gutes Material für bleifreies Schrot ist auch Tungsten (engl. für Wolfram), denn diese harte Metalllegierung ist nur um sechs Prozent leichter als Blei und somit bestens als Bleiersatz geeignet. Das hat auch die Munitionsindustrie entdeckt, und amerikanische Munitionshersteller wie Federal bieten Schrotpatronen mit Tungsten-Vorlage an. Aber auch Rottweil hat mit der Ultimate eine Schrotpatrone mit Tungsten-Schroten im Programm.
Diese Patronen sind leistungsfähiger als Stahlschrot und auch toxisch völlig unbedenklich. Sie können aber aufgrund ihrer Härte allerdings wie Weicheisenschrot nur aus Läufen verschossen werden, die stahlschrottauglich sind.

Wismut- oder Bismutschrot ist als Alternative zu Bleischrot ideal.

HEVI-SHOT

Dieser neue Bleiersatzstoff ist nicht nur in der Lage, Blei zu ersetzen, sondern übertrifft das Blei sogar in den außenballistischen Eigenschaften. Das Gemisch aus Tungsten, Nickel, Eisen und Aluminium hat eine um zehn Prozent höhere Dichte als Bleischrot. Damit ergeben sich bezüglich der Reichweite sogar Vorteile und es können die gewohnten Schrotgrößen benutzt werden.

Verschossen werden kann aber Hevi-Shot nur aus stahlschrottauglichen Flinten mit verstärktem Beschuss. Der Nachteil dieses sehr guter Bleiersatzes ist der Preis: Er liegt derzeit bei mehr als zwei Euro pro Schuss – da werden die Enten ganz schön teuer.
Doch auch wer keine stahlschrottaugliche Flinte führt und das liebgewonnene Stück nicht auf Wechselchokes umstellen kann, muss die Entenjagd nicht an den Nagel hängen, sondern kann auf weitere bleifreie Schrotsorten zurückgreifen.

ZINKSCHROTE

Zink ist zwar mit seiner geringen Dichte von 7,29 noch ungünstiger als Weicheisen (7,89), hat aber den Vorteil der geringen Härte. Patronen mit Zinkvorlage können aus allen normal beschossenen Schrotläufen, unabhängig von Laufwandung und Chokebohrung, verschossen werden. Noch nicht einmal ein Schrotbecher ist notwendig. Für alte Flinten sind Zinkschrote also eine gute Möglichkeit, auf Bleifrei umzusteigen. Die Reichweite dieser Schrote ist allerdings noch etwas geringer als die von Weicheisenpatronen. Der Ver-

Flintenlaufgeschoss mit Treibkafig

kaufspreis liegt im Bereich von Bleischrotpatronen. Auf dem Schießstand sind diese Patronen gut einsetzbar, bei der Jagd nur auf kurze Distanzen.

WISMUT – DIE BESTE ALTERNATIVE

Die englische Munitionsfirma Eley stellt Schrotpatronen mit Vorlagen aus Wismut (Bismut) her, die ballistisch eine echte Alternative zum Blei darstellen und den großen Vorteil haben, sich aus allen Flinten verschießen zu lassen. Wismut ist vom spezifischen Gewicht und der Härte her der ideale Ersatzstoff für Blei, denn durch ihr sehr hohes spezifisches Gewicht (9,78) stehen Wismut-Schrote den herkömmlichen Bleischroten (11,3) hinsichtlich Reichweite und Durchschlagskraft nur wenig nach. Die Schrotkörner lassen sich auch im sogenannten Bleimeister-Verfahren, also wie Bleischrot, herstellen.
Auch normale Flintenläufe mit engen Chokes haben keine Probleme mit diesem Material. Es sind Patronen in den Kalibern 20, 16 und 12 zu bekommen. Durch die Hülsenlänge von wahlweise 70 mm, 67,5 mm und sogar 65 mm lassen sie sich sogar aus sehr alten Flinten verschießen. Die Reichweite von Wismut-Schroten ist höher als bei Standard-Weicheisenschrotpatronen oder gar Zinkschroten.
Einziger Wermutstropfen ist hier der hohe Preis, verursacht durch den seltenen Stoff Wismut. Eine Patrone von Eley kostet je nach Kaliber und Vorlagegewicht zwischen 1,50- und 2 €. Nicht billig, aber wer nur 20 bis 30 Patronen im Jahr bei der Wasserwildjagd braucht, muss schon viele Jahre jagen, bis sich die Anschaffung einer neuen Flinte mit Stahlschrotbeschuss rentiert hat. Auch für die Kosten des nachträglichen Umbaus auf Wechselchokes bekommt man schon jede Menge Patronen.

KOSTENRECHNUNG
Auch nach dem „Bann" der Bleischrote bei der Wasserwildjagd besteht kein Grund, die Flinte ins Korn bzw. den Teich zu werfen. Ist die eigene Flinte nicht „stahlschrottauglich", sollte anhand des eigenen Patronenverbrauchs überlegt werden, ob die Anschaffung einer neuen Flinte bzw. das Nachrüsten der vorhandenen lohnt, oder ob es günstiger ist, die teureren Wismut-Schrotpatronen zu verwenden. Erfolgreich jagen lässt sich mit allen Möglichkeiten.

FLINTENLAUF-GESCHOSSE

Aus Flinten lassen sich auch Flintenlaufgeschosse (FLG) verschießen. Trotz geringer Rotation werden sie pfeilstabilisiert.
Zum einen existieren diese FLG als homogene Vollgeschosse wie die Brenneke FLG. In der Regel ist das Bleigeschoss mit Rippen und einem Heckteil versehen. Die Rippen sorgen dafür, dass das FLG aus engen Chokes verschossen werden kann. Daneben gibt es den Forster-Typ des FLG. Er ist innen hohl und liegt auf einem Zwischenmittel, in der Regel aus Pappe.
Spezielle FLG eignen sich vor allem für gezogene Flintenläufe. Dafür sind auch Sabot-FLG mit einem Kunststofftreibspiegel gedacht. In ihnen befindet sich ein Voll- oder Deformationsgeschoss. Diese FLG erbringen selbst auf 100 m eine hohe Präzision. In der Regel reicht die sinnvolle Einsatzweite aus glatten Läufen rund 50 m.
FLG werden an Hindernissen sowie im gewachsenen Boden teils extrem umgeleitet. Sie stellen bei Drückjagden ein hohes Gefährdungspotenzial dar.
Auch FLG werden mittlerweile in bleifreien Ausführungen wie dem RubinSabot nature und den SuperSabot von Brenneke angeboten.

BLANKWAFFEN

MESSER FÜR DEN JAGDALLTAG

Neben Waffe und Fernglas ist das Jagdmesser das wichtigste Werkzeug des Jägers. Es dient vor allem dem Aufbrechen des Wildes, vielen Jägern aber auch noch dem Aus-der Decke-Schlagen bzw. Abschwarten und Zerwirken des Wildes.

Die Bedeutung des Messers als „Waffe" zum Abfangen oder Abnicken verletzten Wildes ist heute von untergeordneter Bedeutung. Der Fangschuss ist in solchen Situationen aus Tierschutzgründen immer vorzuziehen.

KLASSISCHE JAGDNICKER

Der Begriff Nicker stammt natürlich vom sogenannten Abnicken. Dabei wird verletztes Wild, vor allem Rehwild, durch einen Stich zwischen Hinterhauptbein und erstem Halswirbel erlöst. Früher üblicher als heute, verlangt das Abnicken viel Übung und Erfahrung, damit das Wild rasch und tierschutzkonform getötet wird. Benötigt wird vor allem eine schmale, sehr spitze Klinge. Heute sind Nicker auch Kult- und Freizeitmesser. Sie werden zu allen möglichen Anlässen in der Messertasche einer Lederhose getragen und gehören vielfach auch zu einer zünftigen Trachtenkleidung. Natürlich dienten sie auch als Brotzeitmesser. Der Nicker ist ein feststehendes Jagdmesser mit einer etwa acht bis 15 cm langen, schmalen, spitz zulaufenden Klinge. Eine nicht zu lange Klinge ist bei der praktischen Arbeit vorteilhafter als sehr lange Klingen. Acht bis zehn Zentimeter lange Klingen genügen vollkommen. Eine Parierstange ist selten stark ausgeprägt. Sie verhindert ein Abrutschen der Hand. Klassisches Griffmaterial ist Hirschhorn. Es wird aufgenietet. Als Griffabschluss kann ein Edelstahlknauf vorhanden sein, oft fehlt er jedoch. Hirschhorngriffe sehen jagdlich edel aus und gewähren auch einen sicheren Griff. Sie sind jedoch schwer zu reinigen.

UNIVERSALMESSER

Die Klinge des Nickers ist einseitig scharf geschliffen. Der Rücken ist gerade. Puma fertigt

Klassischer Jagdnicker in Steckscheide

Das Waidmesser von Puma ist ein Jagdnicker mit zusätzlichen Funktionsteilen.

noch sein Waidmesser – einen Nicker – mit mehreren Funktionsteilen. Im Griffrücken verbirgt sich ein aufklappbarer Korkenzieher. In der Griffunterseite sind Aufbruchklinge und eine kleine Klinge für Federwild integriert. Beide sind nach hinten aufklappbar. Damit ist dieser Nicker ein Universalmesser. Mithilfe der Aufbruchklinge, deren Vorderende stumpf ist, lässt sich bequem die Bauchdecke aufschärfen, ohne den Pansen zu verletzen. Die kleine Klinge ist besonders für Federwild ideal. Die große Nicker-Klinge eignet sich zum Aufbrechen von Schalenwild. Sie kann zum Abnicken eingesetzt werden. Natürlich auch zum kompletten Zerwirken eines Stück Schalenwildes. Auch zum Abbalgen eines Fuchses eignen sich große und kleine Klinge an einem mehrteiligen Jagdnicker vorzüglich.
Auch andere Hersteller haben Nicker mit zusätzlichen Klingen und Werkzeugen im Programm.

SCHEIDE

Die Jagdnicker stecken in der Regel in einer Lederscheide. Oft ist diese mit Silberbeschlägen versehen. Sie werden oft am Gürtel geführt. Klassisch ist jedoch eine Scheide ohne Gürtelschlaufe – solche Jagdnicker werden in der Messertasche an der Hose geführt. Dort sind sie schnell und bequem zugriffsbereit.

KLINGENSTAHL UND -HÄRTE

Die meisten Messerklingen werden aus rostfreien Stählen gefertigt. Einfache Stähle wie ein 440er-Stainlessstahl mit ausreichendem Chromanteil zur Korrosionsminderung sind ideale Arbeitsstähle. Sie haben keine sehr hohe Schnitthaltigkeit, sind dafür aber sehr einfach nachzuschärfen. Selbst mit einem Wetzstahl gelingt das.
Die Klingenhärte ist ebenfalls ein entscheidendes Kriterium für die Praxistauglichkeit eines Jagdnickers. Sie hängt zwar auch etwas vom Klingenmaterial ab, doch sind hier die Differenzen vernachlässigbar. Eine Härtung zwischen 57 und 60 Rockwell Härtegrad (HRC) ist für ein Jagdgebrauchsmesser ideal. Es besitzt noch seine Schneidigkeit und Elastizität, die Oberfläche ist ausreichend hart. Wie die praktische Erfahrung zeigt, neigen Klingen mit Härtegraden über 60 Rockwell sehr schnell zum Ausbrechen, wenn sie auf Knochen stoßen oder das „Schloss" von Schalenwild damit geöffnet wird.

JAGDNICKER HEUTE

Jagdnicker sind vor allem im Spitzenbereich der Klinge recht empfindlich, da sich die Klingenstärke nach vorn erheblich verjüngt. Die Spitze bricht bei rauer Behandlung oder seitlicher Hebelwirkung sehr schnell ab. Dieser Umstand und weitere Gründe führten dazu, dass der Jagdnicker als universelles Jagdmesser an Bedeutung verloren hat. Heute hat sich die Klingenform der Universal-Jagdmesser komplett geändert, meist hin zu einer Drop-Point-Form. Wie erwähnt, werden Jagdmesser fast nie mehr zum Abnicken von Wild eingesetzt, vielmehr aber zum Aufbrechen, Aus-der-Decke- oder -Schwarte-Schlagen und zum Zerwirken erlegten Wildes. Dafür sind feststehende Messer heutiger Prägung besser geeignet als der Jagdnicker. Ganz verschwunden ist der Jagdnicker aus der Jagdausrüstung noch nicht, wenngleich auch deutlich seltener geworden. Angeboten wird er meist in einer Standardausführung.

ABBALGEN MIT DEM JAGDNICKER

Während der Jagdnicker bei der Versorgung von Schalenwild feststehenden Messern heutiger Bauart deutlich unterlegen ist, kann er mit seiner feinen Spitze beim Abbalgen eines Fuchses oder Marders viel hilfreicher als Letztere sein. Das gilt auch für das Versorgen von Hasen, Enten oder Kaninchen.

Wer etwa einen Jagdnicker mit rostfreiem Damaststahl oder anderen sehr hochwertigen Stählen möchte, der sollte sich an einen „Custom-Knife-Maker" wenden und sich einen individuellen Jagdnicker fertigen lassen. Dann können auch schnitthaltige Stahlsorten wie ATS34 oder gar ein pulvermetallurgischer Stahl (CPM) verwendet werden.

MODERNE JAGDMESSER

Der „Normaljäger" braucht ein Messer zum Aufbrechen des erlegten Wildes, dem Abhäuten und Zerwirken und für die ständig im Revier anfallenden Arbeiten, wie dem Zuschneiden von Lederstreifen für Kanzelfenster oder von Isoliermaterial beim Kanzelbau und auch zum Zurichten der Brotzeit. Soll das Messer auch zum Abfangen von krankem Wild dienen, muss die Klinge eine Länge von mindestens 15 cm aufweisen und die Spitze muss in etwa in der Mitte der Klinge liegen, damit das Messer als Stoßwaffe zu gebrauchen ist. Der Normaljäger braucht ein solches abfangtaugliches Messer eigentlich nicht.

DROP-POINT-KLINGE

Bei modernen Jagdmessern hat sich heute die Drop-Point-Klinge weitgehend durchgesetzt. Diese Klingenform kennzeichnet eine im vorderen Klingendrittel abfallende Klinge. Messer mit Drop-Point-Klingen gelten heute als jagdliche Universalmesser. Sie sind ein guter Kompromiss, denn die heruntergezogene Spitze verhindert Verletzungen der Innereien beim Aufbrechen, und der Klingenbogen sorgt für eine gute Schneidleistung. Die meisten Jäger kommen mit Drop-Point-Klingen am besten zurecht. Wer alles mit einem Messer erledigen will und auf das Abfangen verzichtet, sollte eine solche Klinge mit neun bis zwölf Zentimetern Länge wählen.

GRIFFMATERIALIEN

Beim Jagdmesser wird traditionell gern Hirschhorn oder Edelholz für die Griffbeschalung benutzt. Ideal sind diese Naturmaterialien jedoch nicht, denn sie können bei Temperaturschwankungen reißen und sind auch nicht gerade schlagfest. Moderne Kunststoffe wie G 10, Micarta oder Neopren sind praktischer, denn ihnen machen Hitze und Kälte nichts aus, sie sind säurefest und werden auch bei feuchten oder nassen Händen nicht rutschig.

Robuste Jagdmesser mit Drop-Point-Klinge lösen den klassischen Jagdnicker zunehmend ab.

Jagdmesser für den Allroundeinsatz bei Hochwild

KLINGENSTAHL

Bei einem modernen Jagdmesser haben wir heute ganz andere Möglichkeiten als unsere Vorväter. Moderne Klingenstähle sind sehr leistungsfähig und bei einem Top-Stahl, dazu zählen hauptsächlich die pulvermetallurgisch hergestellten CPM-Stahlsorten, kann der Jäger ohne weiteres eine ganze Saison lang sein Wild versorgen, ohne die Klinge nachzuschärfen. Diese Superstähle haben jedoch auch den Nachteil, dass sie sehr schwer zu schärfen sind. Es wird Diamantwerkzeug benötigt, um hier zum Erfolg zu kommen. Dazu kommt der hohe Preis einer CPM-Klinge. In der Praxis ist der Jäger daher mit einem guten Messerstahl, der noch problemlos mit herkömmlichen Werkzeugen geschärft werden kann, besser bedient. Auch mit einer ATS 34-Klinge lassen sich fünf oder sechs Rehe oder auch drei Sauen aufbrechen, ehe die Schärfe nachlässt. Und nach wenigen Minuten Schleifarbeit ist so eine Klinge wieder scharf.

PASSENDE SCHEIDE

Zu einem Jagdmesser mit feststehender Klinge gehört eine genau passende Scheide. Scheiden dienen in erster Linie dem Schutz des Trägers vor den mehr oder weniger scharfen Schneiden oder Spitzen eines Messers. Dieser Schutz muss so zuverlässig wie möglich sein, denn ein am Körper getragenes Messer kann in ungünstigen Situationen, etwa einem Sturz, für seinen Träger sehr gefährlich werden. Materialqualität und Aufbau der Scheiden müssen also stimmen und echten Schutz bieten.

Als Werkstoff hierfür hat sich in erster Linie hochwertiges, festes Leder bewährt. Moderne Kunststoffe wie etwa Cordura werden zwar vermehrt eingesetzt, haben aber den Nachteil, dass hier zum sicheren Halt ein Riemen mit Öse benötigt wird, während sich Lederscheiden als Stecklederscheiden konzipieren lassen, die das Messer auch ohne zusätzliche Sicherungsvorrichtung festhalten.

Das Leder für eine Messerscheide sollte fest, ja fast hart, sehr dicht und nicht unter 2,5 mm stark sein. Die Innenseite muss feinfaserig, dicht und trocken sein. Eine mit Fett oder Appretur beschichtete Innenseite hat den Nachteil, dass sich sämtliche Staub- oder Sandkörnchen in der Lederoberfläche festsetzen und dann Kratzer an der Klinge und den Griffteilen des Messers hinterlassen.

SPEZIALMESSER UND MULTITOOLS

Neben normalen Messern für die Wildversorgung und kleinere Revierarbeiten existieren für spezielle jagdliche Verwendungsgebiete besondere Messer, hier vor allem Abfangmesser wie der Hirschfänger und das Waidblatt. Auch moderne Multitools können das Jägerleben erleichtern.

HIRSCHFÄNGER

Der Hirschfänger ist eine reine Stichwaffe mit einer Klingenlänge von 40 bis 70 cm. Vorläufer des Hirschfängers waren der Jagddegen, das Jagdschwert und der Jagdsäbel. Ursprünglich war der Hirschfänger eine Jagdwaffe, wurde dann aber auch als militärische Blankwaffe von Jägerbataillonen benutzt und später von Schützenvereinen bei der Brauchtumspflege zu Repräsentationszwecken getragen. Der Hirschfänger gehörte lange Zeit auch zur Uniform der Forstbeamten. Schützenhirschfänger sind im Gegensatz zu jagdlichen Hirschfängern noch relativ häufig zu finden. Solche Schützenhirschfänger sind aber oft von minderer Qualität und nicht zum Jagdeinsatz geeignet.

Zwei Gebrauchshirschfänger, links ein altes Modell von Puma, rechts eine Neufertigung

Die Klingen von Hirschfängern waren oft prunkvoll verziert. Der Gebrauchshirschfänger hat eine 30 bis 40 Zentimeter lange, zirka drei Zentimeter breite Klinge mit einer Schweißrinne und einer Parierstange. Sein Griff ist meist aus Hirschhorn gefertigt. Heute werden auch wieder neue jagdliche Hirschfänger gefertigt.
Mit dem Hirschfänger konnten Rot- und Damwild und auch Sauen abgefangen werden. Während Jagdschwert, Jagddegen und Jagdsäbel vorwiegend vom Pferd aus Verwendung fanden, wurde der Hirschfänger ausschließlich zu Fuß eingesetzt. Mit einem Stich von vorn in das Herz tötete der Jäger das Wild, während es durch Hunde gebunden wurde. Eine Gefährdung des Hundes durch einen Schuss wurde so vermieden. Diese Waffe stellte das Kennzeichen und gleichzeitig auch Ehrenzeichen des hirschgerechten Jägers dar.
Der Hirschfänger wird heute nur noch selten eingesetzt. Der Fangschuss auf verletztes Wild ist, wann immer möglich, vorzuziehen, um dem Wild den direkten Kontakt zum Menschen zu ersparen. Und wie beim Abnicken braucht es auch beim Abfangen eine Menge Erfahrung, um Wild schnell mit dem Messer zu töten. Dazu kommt noch, dass es auch für den Jäger nicht ungefährlich ist, sich mit der blanken Klinge an einen Keiler oder Hirsch zu wagen. Aus diesen Gründen dient auch die Saufeder – eine Lanze, mit der Schwarzwild abgefangen wird – heute fast ausschließlich der Dekoration.
Im Jagdbetrieb verwenden vor allem Hundeführer blanke Waffen gelegentlich noch, wenn auf der Drückjagd oder auch auf der Nachsuche Wild durch Hunde gebunden wird, sodass ein Fangschuss die vierläufigen Helfer gefährden würde. Dabei geht es heute wesentlich häufiger um Schwarzwild als um Rotwild. Viele dieser Praktiker lehnen allerdings den Hirschfänger in seiner klassischen Form ab. Bemängelt wird aber die schmale Klinge, die zu wenig Verletzungspotenzial

Waidbesteck, bestehend aus Waidblatt und Nicker, beides in einer Scheide getragen

aufweist, um schnellstes Verenden des Tieres sicherzustellen. Breitere Klingen haben sich als besser erwiesen.

WAIDBESTECK
Eine Besonderheit ist Verbindung eines Jagdnickers mit einem Waidblatt in einer kombinierten, gemeinsamen Lederscheide. Dieses heute nicht mehr oft geführte Duo nennt man „Waidbesteck". Der Jäger ist damit zwar universell ausgerüstet, trägt aber auch fast ein Kilogramm Gewicht am Gürtel.

DAS WAIDBLATT

Das Waidblatt, auch Standhauer oder Praxe genannt, hat im Vergleich zum Hirschfänger eine wesentlich breitere Klinge, wäre also zum Abfangen von schwerem Wild eigentlich besser geeignet als der Hirschfänger. Das Waidblatt ist aber ein Universalwerkzeug und lässt sich vielseitig einsetzen. Es wird von Praktikern auch heute noch zum Abfangen von Wild, zum Öffnen des Schlosses und auch beim Zerwirken des Wildes verwendet. Wenn man damit umgehen kann, lässt sich mit dem schweren Waidblatt die Schlossnaht eines Stückes Wild mit einem gezielten Schlag durchtrennen. Auch bei der Gewinnung von Laubheu, beim Freischlagen von Pirschsteigen, Sichtschneisen oder Drückjagd-Ständen (Standhauer) oder dem Feuerholzmachen kommt es zum Einsatz.

Die Klinge des Waidblattes läuft nach vorn breit aus, und der Klingenrücken ist im vorderen Drittel stärker gehalten. Durch die Vorverlegung des Schwerpunktes wird eine gute Schlagwirkung erreicht. Die schwere Klinge ist meist mehr als 22 cm lang und weist eine beidseitig scharfe Spitze auf. Eine beidseitig vorhandene Parierstange

Zwei Waidblätter, links ein Deutsches nach Frevert, rechts ein österreichisches Modell

schützt die Hand, wenn das Waidblatt als Stichwaffe eingesetzt wird. Somit ist das Waidblatt das größte Jagdmesser, das heute noch universell eingesetzt wird. Je nach Hersteller sind die Bauformen etwas unterschiedlich.

MULTITOOLS

Als „Tool" werden allgemein Multifunktionswerkzeuge in einem handlichen Gehäuse bezeichnet. Einfach im Etui oder der Hosen-/Jackentasche mitzuführendes „Multitalent" mit mehreren Werkzeugen, vom Messer bis zur Zange.

DIE ALLROUNDER

Solche „Tools" stellen beispielsweise Leatherman, Gerber, Buck oder Seeber in den USA her. Viele kommen heut aber auch aus Fernost. Nicht nur bei Wildnisjagden kann ein Tool sehr hilfreich sein. Eine Kleinreparatur am Auto, das Festziehen einer Schraube – auch einer Systemschraube am Repetierer –, das Öffnen einer Dose oder das Entkapseln einer Bierflasche, alles ist schnell erledigt. Eine Zange ist vielfach einsetzbar. Auch ein Zentimetermaß auf dem Griffrücken kann man durchaus gebrauchen.

WETTERFEST UND FÜHRIG

Wichtig erscheint mir, dass das Tool und die dran befindlichen Werkzeuge aus Stainless-Stahl gefertigt sind oder eine spezielle Beschichtung gegen Korrosion besitzen. Tools werden oft bei jedem Wetter, in hoher Luftfeuchtigkeit mitgeführt und meist wenig gepflegt. Da ist ein rostträges Material von erheblichem Vorteil.
Ferner müssen die Werkzeuge natürlich ausreichend gehärtet sein, damit sie den Anforderungen genügen und das Arbeiten mit ihnen problemlos möglich ist. Tools gibt es in allen möglichen Größen und mit allen möglichen Werkzeugkombinationen. Der Vielfalt sind da kaum Grenzen gesetzt. Wichtig ist jedoch, dass das Tool handlich und führig bleibt. Etwa zehn Zentimeter lange Tools sind sehr praktisch. Sie wiegen zirka 180 g. Idealerweise werden sie in einem Gürteletui verstaut.

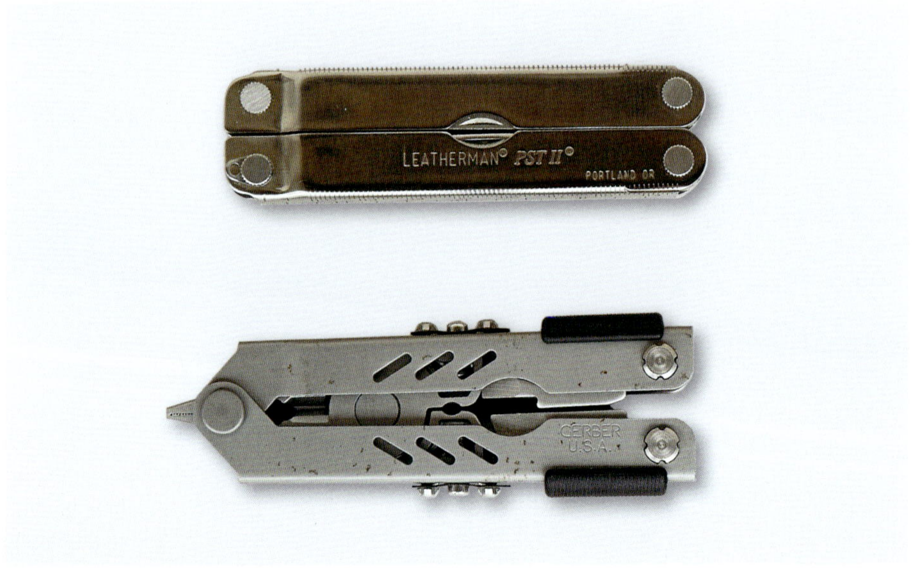

Leatherman- (o.) und Gerber-Multitool

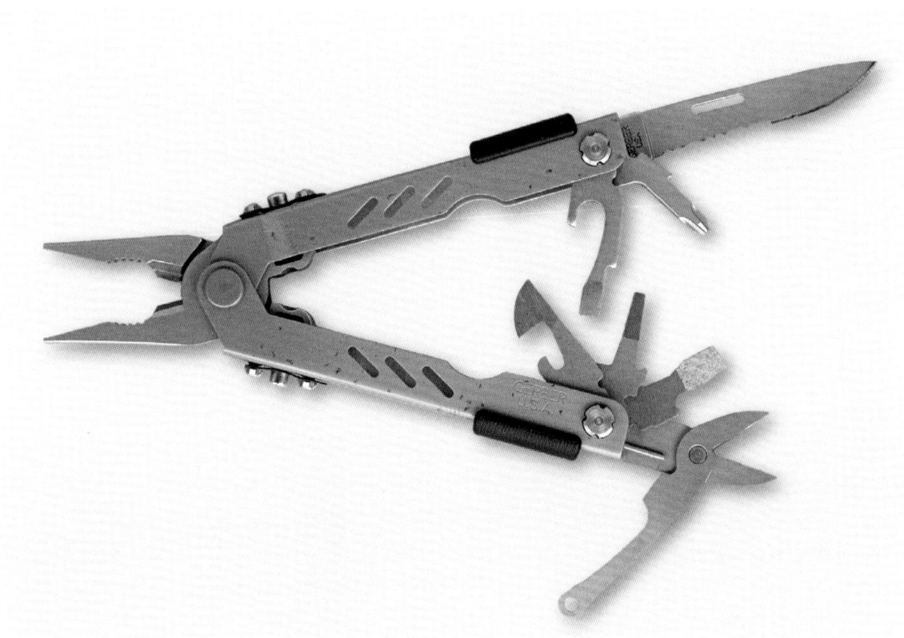

Die Werkzeuge an einem Multitool sind vielfältig.

KOMPAKT UND PRAKTISCH

In der Regel lassen sich alle Werkzeuge an einem Tool in den beiden Griffhälften verstauen. Aufgeklappte Werkzeuge sollten arretierbar sein. Entweder werden die beiden Griffhälften auseinandergeklappt oder entgegengesetzt auseinandergeschwenkt. Jedes Tool besitzt eine Zange. Sie wird ausgefahren und arretiert. Wenn mit anderen Werkzeugen gearbeitet wird, dann fährt man die Zange sinnvollerweise ein.

In den beiden Griffhälften findet man ein oder zwei unterschiedlich große Messerklingen. Sie reichen, um etwa ein Reh aufzubrechen oder Niederwild zu versorgen. Meist ist an der unteren Klingenhälfte ein Wellenschliff oder eine separate Klinge mit Wellenschliff vorhanden. Damit kann man etwa Sicherheitsgurte schnell durchtrennen. Meist findet man zwei oder drei unterschiedlich starke und unterschiedlich breite Schraubendreher an einem Tool, ebenso zwei verschiedene Inbusschlüssel sowie obligatorisch einen Kapselheber und einen Dosenöffner. Für Weintrinker wäre ein Korkenzieher ideal. Ebenfalls sehr sinnvoll ist eine Schere. Eine Feile gehört bei manchen Tools zur Standard-Ausrüstung. Für Jäger ideal ist eine Pinzette zum Entfernen eines Spans oder einer Zecke, sie findet man jedoch seltener an einem Tool.

DAS WERKZEUG ENTSCHEIDET

Auch ein Tool lebt von der Qualität, in der es gefertigt wurde. Grundsätzlich sollte ein rostträger, hochwertiger Stahl verwendet werden. Die Werkzeuge müssen ausreichend gehärtet, sehr haltbar und fest am Griff befestigt sein.

Ausgefahren müssen sie ausreichend fest zu arretieren sein und spielfrei sitzen. Entscheidend sind eine einfache Handhabung und solide Ausführung. Ein Tool muss schnell zu bedienen, seine Werkzeuge also bequem auszuklappen sein. Es ist gut, wenn der Griff anatomisch geformt ist und ein festes Halten ermöglicht. Auch seitliche Nocken oder eine Riffelung erhöhen die Griffigkeit. Ein Tool ist sicherlich für den Jäger ein hilfreiches Multifunktionswerkzeug.

PFLEGE DER JAGDAUSRÜSTUNG

WAFFENPFLEGE

Nur eine gepflegte Waffe, eine saubere Optik und ein scharfes Messer können ihren Zweck erfüllen. Bei der oft teuren Jagdausrüstung – und gerade den Jagdwaffen – dient konsequente Pflege aber nicht nur der zuverlässigen Funktionsweise, sondern auch dem Werterhalt.

Dieses Kapitel soll verdeutlichen, worauf der Jäger achten muss, damit sein Handwerkszeug eine lange Lebenserwartung hat und stets einsatzbereit ist.
Die aufwendigste Pflege erfordert die Schusswaffe. Normale Jagdwaffen – rostfreie Allwetterbüchsen mit Kunststoffschaft sind hier wesentlich pflegeleichter – brauchen nach dem Reviergang etwas Aufmerksamkeit. Ihre Metallteile sollten vor dem Abstellen im Waffenschrank stets mit einem geölten Läppchen abgewischt werden: Handschweiß ist äußerst aggressiv und greift schnell die Brünierung an. Ist es draußen kalt und bildet sich im warmen Zimmer Schwitzwasser auf den Metallteilen, muss zunächst gewartet werden, bis die Waffe Zimmertemperatur erreicht hat. Vor dem Einölen wird dann die Waffe zunächst mit einem sauberen Lappen abgetrocknet.

METALLTEILE

Die beweglichen Metallteile wie Scharnierbolzen, Verschluss, Magazindeckel und Auszieher sollten immer mit einem guten und nicht verharzenden Gleitöl behandelt werden. Sehr vorteilhaft ist hier auch Teflonfett, das den Vorteil hat, einen trockenen Schutzfilm zu bilden, der keinen Staub anzieht.
Wer sich die Sache einfach machen will, benutzt fertige Pflegetücher, wie sie etwa von der Firma FAW angeboten werden. Das FAW08 ist ein Aktivtuch auf biologischer Basis, mit dem durch einfaches Wischen ein zwei bis drei Mikrometer starker Film auf die zu schützende Fläche aufgetragen wird. Jedes Metall wird dadurch vor Rost, Korrosion, Anlaufen usw. geschützt. Und eben auch Handschweiß macht sich nicht mehr bemerkbar.

VERSCHLUSS

Der Verschluss von Repetierbüchsen lässt sich vergleichsweise leicht zerlegen und auch von innen pflegen. Solche Pflegearbeiten sind aber nur in größeren Zeitabständen notwendig oder dann, wenn die Waffe wirklich mal durch und durch nass geworden ist. Dann

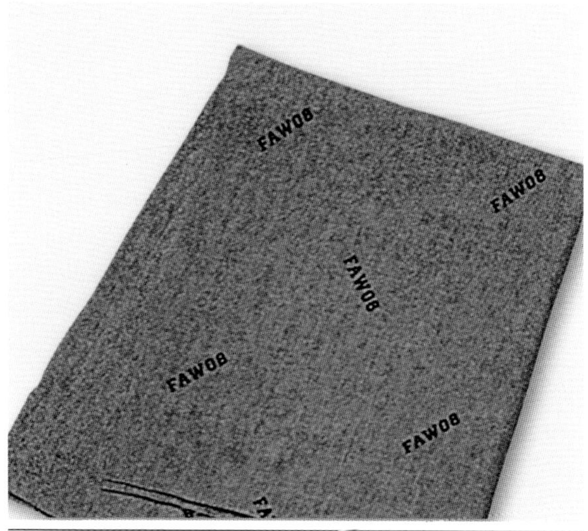

Pflegetücher wie das FAW08 schützen Metallteile der Jagdwaffen ohne größeren Aufwand.

Die Kammer einer Repetierbüchse lässt sich zum Reinigen leicht zerlegen, das Schlosswerk einer Kipplaufwaffe sollte man besser dem Büchsenmacher überlassen.

allerdings sollte nicht zu lange gewartet werden, denn unter ungünstigen Umständen bildet sich Rost ziemlich schnell.
Die glatten Teile des Verschlusses werden mit einem speziellen Verschlusswarzenfett behandelt. Damit lässt sich unerwünschter Abrieb vermeiden, der hier böse Folgen hätte.

REINIGUNG VON KUGELLÄUFEN

Der ständigen Pflege bedürfen neben dem Schaftholz – hierzu später – besonders die Läufe der Jagdwaffen. Ihnen muss ein Hauptaugenmerk gelten, und auch dabei ist hier schnell etwas falsch gemacht und ein irreparabler Schaden entstanden. Wenden wir uns zunächst den Kugelläufen zu.

GESCHOSSABLAGERUNGEN UND MÖGLICHE FOLGEN

Büchsengeschosse hinterlassen im Lauf Ablagerungen, die von Zeit zu Zeit entfernt werden müssen. Besonders die modernen, schnellen Hochleistungspatronen erfordern oft schon nach wenigen Schüssen eine Laufreinigung. Hat sich zu viel Mantelmaterial abgelagert, wird die Präzision der Waffe schnell schlechter und auch die Treffpunktlage verändert sich, denn der Querschnitt des Laufes wird durch die Ablagerungen enger. Ist die Schicht der Mantelrückstände auf den Zügen und Feldern zu stark, kann es sogar zu gefährlichen Gasdrucksteigerungen kommen. Soweit wird es hoffentlich niemand kommen lassen. Ohnehin ist es weitaus besser, die Ablagerungen kontinuierlich nach kleinen Schussserien zu entfernen, als zu warten, bis der Lauf so richtig zugeschmiert ist.

FLUSSSTAHL UND TOMBAK

Während die Rückstände der alten Geschosse mit Flussstahlmantel (TIG und TUG) kaum sichtbar (aber trotzdem vorhanden) sind, hinterlassen die heute üblichen Tombakmäntel und besonders die aus dem vollen Material hergestellten monolithischen Geschosskonstruktionen auffällige Spuren im Lauf. Am besten sieht man das, wenn man etwas Watte

VORSICHT BEI KIPPLAUFWAFFEN

Vom Innenleben eine Kipplaufwaffe lässt der Laie besser die Finger. Allzu schnell sind hier bei unsachgemäßem Vorgehen Schrauben vermurkst, oder eine Feder fliegt durch die Gegend. Hier ist der Büchsenmacher gefragt. Wer seine Kipplaufwaffe je nach Benutzungsgrad von Zeit zu Zeit zur Inspektion und Reinigung in fachkundige Hände gibt, ist auf der sicheren Seite.

von der Mündung her zirka zwei bis drei Zentimeter in den Lauf schiebt und dann mit einer Taschenlampe hineinleuchtet. Die Ablagerungen sind als rötlich gelb glänzender Belag gut zu erkennen.
Die Laufreinigung ist heute dank der chemischen Industrie relativ einfach. Mit speziellen Laufreinigern können die Mantelrückstände bequem und laufschonend beseitigt werden. Ganz ohne Bürste geht es allerdings mit den meisten Mitteln nicht, denn nur damit können die Kanten der Felder erreicht werden. Zum Einsatz sollten aber nur Bronze- oder Messingbürsten kommen, die wesentlich weicher als der Laufstahl sind und diesem nichts anhaben können.

AMMONIAKHALTIGE REINIGUNGSMITTEL

Das Angebot an chemischen Laufreinigern ist mittlerweile sehr groß. Diese Mittel lassen sich hinsichtlich ihrer Wirkungsweise in zwei große Gruppen einteilen: in die der ammoniakhaltigen und der ammoniakfreie Reiniger.

Geschossablagerungen im Lauf sind gut zu erkennen, wenn ein Stück Watte in den Lauf gesteckt und dann hineingeleuchtet wird.

Ammoniak ist ein klassischer Stoff, um Geschossmantelrückstände zu beseitigen. Die Tombakrückstände werden chemisch aufgelöst und können anschließend aus dem Lauf geputzt werden. Auf dem Baumwollpatch oder dem Filzpfropfen erscheinen diese Rückstände dann als grüne oder blaue Verschmierung.
Ammoniakhaltige Reiniger sind allerdings nicht nur in der Lage, Mantelrückstände auf-

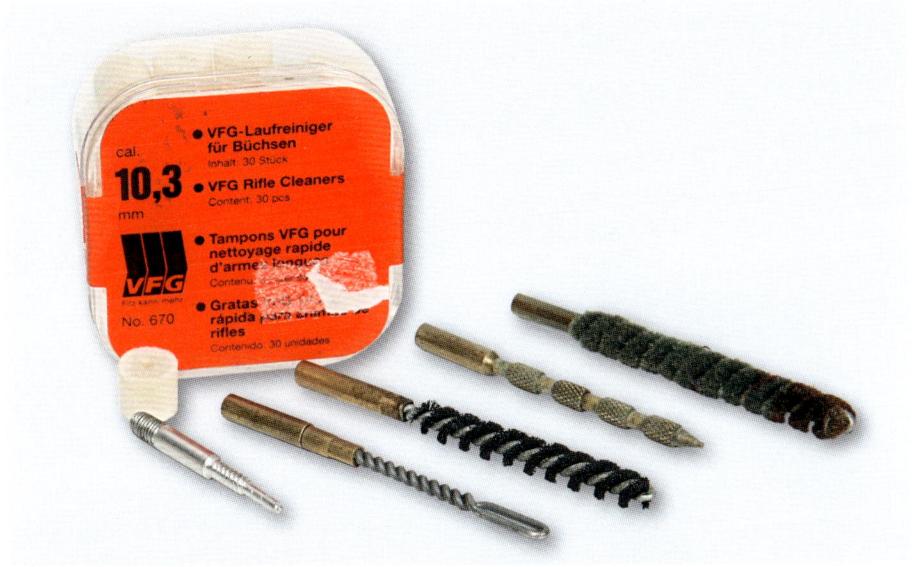

Nötiges Zubehör für die Kugellaufreinigung: Bronzebürsten, Patches oder Filzpfropfen und dazupassende Halter. Mit dem Wollwischer wird der Lauf nach der Reinigung eingeölt.

Mit dem Patch oder einem Filzpropfen werden die Rückstände aus dem Lauf befördert. Erst wenn das Läppchen herauskommt, ist auch der Lauf sauber.

zulösen, sondern können auch den Laufstahl angreifen, wenn sie nicht genau nach Anleitung benutzt werden. Die Reiniger dürfen nicht zu lange im Lauf bleiben, denn in Verbindung mit Sauerstoff lassen sie auch den Laufstahl nach einigen Stunden rosten. Ammoniakhaltige Reiniger müssen also nach einigen Minuten Einwirkzeit – Herstellerangaben beachten – wieder aus dem Lauf entfernt werden. Nach ihrem Einsatz ist außerdem unbedingt eine Konservierung des Laufstahles mit Waffenöl erforderlich. Zuvor sollte der Reiniger jedoch mit einem Entfetter vollständig entfernt werden.

Bei starken Ablagerungen kann der Lauf auch einseitig verschlossen und dann vollständig mit Reiniger gefüllt werden. So kann er eine Nacht lang stehen bleiben, da ja kein Sauerstoff an die Laufinnenwand gelangt.

Einige Reiniger sind so wirksam, dass sie sogar die Brünierung angreifen. Spritzer müssen deshalb sofort entfernt und mit Öl behandelt werden. Wer hier nicht aufpasst, hat schnell helle Flecken in der Brünierung.

BRONZE IDEAL, STAHL IN DEN MÜLL

Wer noch eine der alten Stahlbürsten in seinem Putzkasten hat, sollte das Ding so schnell wie möglich im Müll entsorgen. Mit diesen Bürsten bekommt man zwar die Ablagerungen weg – die Felder des Laufinnenprofils mit der Zeit aber auch! Bronze ist das wohl beste Bürstenmaterial für die Laufreinigung überhaupt. Es ist härter als Kupfer und Messing, sodass sich damit auch festsitzende Ablagerungen effektiv entfernen lassen, aber nicht so hart, dass es dem Laufprofil schaden könnte.

AMMONIAKFREIE REINIGUNGSMITTEL

Ammoniakhaltige Reiniger sind zwar hochwirksam, aber auch nicht ganz unproblematisch – von der Umweltbelastung mal ganz abgesehen. Das Zeug ätzt, stinkt und beißt in der Nase.

Wegen dieser Nachteile gehen heute viele Firmen dazu über, Laufreiniger zu entwickeln, deren Wirkung nicht auf Ammoniak beruht. Diese Reinigungsmittel haben oft sogar konservierende Wirkung, sodass ein Einölen des Laufes nach der Reinigung nicht notwendig ist.

Reinigungsmittel ohne Ammoniak machen zwar etwas mehr Mühe, sind dafür aber wesentlich einfacher zu handhaben und der Arbeitsgang „Einölen“ entfällt auch.

PUTZSTOCK UND BÜRSTE

Neben einem guten chemischen Reiniger werden noch Putzstock und Bürsten benötigt. Hier sollte man nicht sparen. Der Putzstock muss von erstklassiger Qualität sein, will man damit effektiv und laufschonend arbeiten.

Der Griff muss sich kugelgelagert drehen lassen, damit die Bürste leicht und problemlos dem Drall des Laufes folgen kann.

Hartnäckiger Belag lässt sich von den Feld-Zug-Kanten nur mit einer Bürste entfernen, selbst wenn er zuvor durch chemische Mittel bereits gelöst wurde. In den Putzkasten gehört also ein Sortiment von Bronze- oder

☞ TIPP

Ob der Reiniger Ammoniak enthält, sollte auf der Flasche oder dem Beipackzettel stehen. Falls nicht, kann man aber bei dem Hinweis „nach dem Reinigen unbedingt mit Waffenöl behandeln" davon ausgehen, es mit einem ammoniakhaltigen Reiniger zu tun zu haben.

Messingbürsten, und zwar für jedes Kaliber eine genau passende. Die Bürsten müssen nach dem Einsatz unter warmem Wasser gereinigt werden.

Des Weiteren werden zum Kaliber passende Patches gebraucht. Patches sind kleine Baumwollläppchen, die mittels eines spitzen Halters zum Durchwischen des Laufes benutzt werden. Damit werden die Reste des Lösungsmittels entfernt und der Lauf trockengewischt. Alternativ können auch Filzpfropfen benutzt werden. Sie erfüllen den gleichen Zweck und müssen auch genau zum Kaliber passen.

Mit dem entsprechenden Werkzeug lässt sich ein Kugellauf in 15 Minuten erstklassig pflegen.

Wichtig ist, immer vom Patronenlager in Richtung Laufmündung zu arbeiten und die Bürste ganz aus der Mündung austreten zu lassen, bevor sie zurückgezogen wird. Ganz Vorsichtige schrauben die vorn ausgetretene Bürste sogar jedes Mal ab, um eine Beschädigung der Laufmündung ganz sicher auszuschließen.

Ist ein Reinigen vom Patronenlager her wie bei Selbstladewaffen nicht ohne Weiteres möglich, muss der Putzstock ohne Bürste vorsichtig von der Mündung her eingeführt werden. Ein Kunststoffeinsatz kann die Laufmündung dabei schützen. Die Reinigungsbürste wird bei diesem Vorgehen durch das Auswurffenster des Selbstladers aufgeschraubt. Oft muss sie etwas gekürzt werden, damit das möglich ist.

SCHNELLREINIGUNGSSYSTEME

Einfacher in der Handhabung sind hier flexible Schnellreinigungssysteme bzw. -schnüre wie das „Quick Clean" oder das „Bore Snake". Hier ist praktisch alles „an einem Stück" angeordnet, und in einem Rutsch wird vorgereinigt, gebürstet und sauber gewischt. Diese Systeme kommen dazu ohne Putzstock aus und können zusammengerollt platzsparend aufbewahrt oder mitgeführt werden. Ein Messinggewicht – darin ist auch die Kaliberangabe eingraviert – wird an einer reißfesten Schnur von der Patronenlagerseite her durch den Lauf geführt, bis es an der Mündung herauskommt. Das ist dank der Schnur auch bei

Putzstöcke für Kugelläufe müssen Griffe mit Kugellagern haben. Nur dann können Bürste oder Patch dem Drall folgen.

Reinigungssysteme wie das Quick Clean oder Bore Snake arbeitet schnell. Ideal sind sie für Selbstladewaffen, die sich nicht vom Patronenlager her dem Putzstock reinigen lassen.

Selbstladern vom Auswurffenster her möglich. Jetzt muss nur noch mit kräftigem Zug das ganze System durch den Lauf gezogen werden.
Dabei tritt zunächst ein Spezialgewebe in den Lauf ein, das lose Schmutzpartikel entfernt. Hier diesem etwa sieben Zentimeter langen Abschnitt ist eine Bronzebürste angeordnet, die die eigentliche Reinigungsarbeit übernimmt. Nach der Bürste kommt ein sehr langer Gewebeabschnitt, der den Lauf durchwischt und poliert. Dieser Gewebeteil hat eine etwa 150-mal größere Oberfläche als ein Reinigungsfilz.
Ist das weiße oder grüne Spezialgewebe von Schnellreinigungsschnüren zu stark verschmutzt, kann es einfach gewaschen werden, auch in der Waschmaschine. Um häuslichen Ärger zu vermeiden, sollte man hier aber besser einen Wäschesack benutzen.

PATRONENLAGER UND „FALSCHES SCHLOSS"

Das Patronenlager wird mit einer speziellen Bürste gesäubert, die einen entsprechenden Durchmesser hat. Öl oder Fett hat im Patronenlager nichts zu suchen. Es ist daher praktisch, eine Putzstockführung, ein sogenanntes „Falsches Schloss" zu benutzen. Es verhindert, dass die Bürste oder das Patch Kontakt zum Patronenlager bekommt und führt den Putzstock zentriert.
Für Kipplaufwaffen lässt sich eine Putzstockführung einfach selbst herstellen, in dem eine leere Patronenhülse des entsprechenden Kalibers mit einer Bohrung im Boden versehen wird, durch die der Putzstock passt.
Für Repetierer sind solche Putzstockführungen im Handel erhältlich.

REINIGUNG VON FLINTENLÄUFEN

Flintenläufe sind einfacher zu reinigen als ein Büchsenlauf, weil ihre Innenwände glatt sind. Handelt es sich gar um hartverchromte Läufe, wie sie sich heute bei modernen Flinten oft finden, geht es sogar ziemlich mühelos.
Zunächst wird loser Dreck aus den Läufen entfernt. Das geht am einfachsten, indem ein Stück Papier von der Küchenrolle mit dem Putzstock durch die Läufe geschoben wird. Zeitung tut es natürlich auch.

MIT REINIGER, KUNSTSTOFFBÜRSTE UND PAPIER

Anschließend wird das Laufinnere mit einem bleilösenden Laufreiniger eingesprüht. Hier ist darauf zu achten, dass auch Bleirückstände

Damit kein Öl ins Patronenlager kommt, wird bei Repetierern ein falsches Schloss als Putzstockführung benutzt.

Die Reinigung von Schrotläufen ist weniger aufwendig als die von Kugelläufen. Messing- und Drahtbürste kommen nur bei hartnäckigen Verschmutzungen zum Einsatz.

gelöst werden. Die meisten Waffenreiniger lösen aber Blei und Tombak, sodass man hier mit einem einzigen Reiniger sowohl für Kugel- als auch Flintenläufe auskommt.
Nach der notwendigen Einwirkzeit wird ein Filzpfropfen oder eine Kunststoffbürste durchgezogen, zur abschließenden Endreinigung noch ein Stück Papier hindurchgedrückt, und schon ist der Lauf sauber.
Bei ganz hartnäckigen Ablagerungen, die hauptsächlich im Chokebereich der Laufmündung und direkt hinter dem Patronenlager auftreten, kann es notwendig sein, zu einer Bronzebürste zu greifen, in der Regel kann man darauf aber verzichten. Kunststoffrückstände von Schrotbechern lassen sich übrigens auf die gleiche Weise entfernen.

FLINTENPUTZSTOCK

Der Flintenputzstock muss stabil sein und eine glatte Oberfläche haben, in der sich kein Dreck festsetzen kann. Zu weiche Holzstöcke entwickeln sich nach einigem Gebrauch regelrecht zu einer Feile: Schnell verkratzen sie dann die glatten Innenwände des Flintenlaufs. Einteilige Stöcke sind den zerlegbaren vorzuziehen, weil sie stabiler sind.
Für die Patronenlager der Flinten gibt es spezielle Reinigungsbürsten, mit denen sich leicht Ablagerungen entfernen lassen.

WAFFENHALTER UND „MUZZLE MATE"

Hilfreich bei der Waffenreinigung ist eine Haltevorrichtung für das Gewehr. Spannt man die Waffe darin ein, hat man beide Hände frei für die Reinigungsarbeit. Im Handel gibt es spezielle Waffenhalter, aber Filzbacken für den Schraubstock tun es auch. Praktisch ist auch ein aufsteckbarer Plastikbehälter, der auf die Mündung kommt und verhindert, das Öl und Schmutz in der Gegend verteilt werden. Solche Behälter, unter der Bezeichnung „Muzzle Mate" vertrieben, passen für Büchsen und Flinten. Ausgestoßene Patches werden im Behälter aufgefangen und können nach dem Reinigen einfach entsorgt werden.

Der Aufsatz „Muzzle Mate" verhindert, dass Ölnebel den Fußboden verunreinigen, und fängt auch schmutzige Patches auf.

ÖLSCHAFTPFLEGE

Einfach ist die Schaftpflege bei Waffen mit Kunststoffschäften und Lackschäften. Verschmutzungen werden ganz einfach durch das Abwischen mit einem Lappen reicht. Mehr als 90 % der in Europa verkauften Jagdgewehre sind jedoch mit einem Ölschaft ausgestattet. Ein Ölschaft lässt die Holzmaserung auch deutlich besser zur Geltung kommen als ein Lackschaft.

NÄSSE UND FEUCHTIGKEIT

Genau genommen, sind Ölschäfte im heutigen Sinne „Firnisschäfte". Unter „Ölschäften" verstand man früher nämlich Gewehrschäfte, die mit Schellack behandelt waren. Heute werden Ölschäfte aber vom Hersteller mit Schaftöl behandelt und so ausgeliefert.

Im praktischen Jagdbetrieb hat ein Ölschaft viele Vorteile, aber auch einen großen Nachteil: Er ist nicht wasserfest! Nimmt ein Ölschaft zu viel Wasser auf, kann er sich beim Austrocknen verziehen oder sogar reißen. Ist so ein Schaft also nass geworden, darf er nur langsam getrocknet und daher keinesfalls zum Trocknen neben den aufgedrehten Heizkörper gestellt werden.

Hat sich ein Ölschaft einmal verzogen, kann das bei Kipplaufwaffen sogar deren Funktion nachteilig beeinflussen. Unter Umständen können Schlossteile wie die Laufumschaltung oder die Sicherung nicht mehr einwandfrei arbeiten. Ein verzogener Schaft muss daher unbedingt vom Fachmann nachgearbeitet werden.

Damit das gar nicht erst passieren kann, muss das Schaftholz also ausreichend und regelmäßig vor Nässe geschützt werden. Die Grundbehandlung mit Schaftöl im Auslieferungszustand ist nämlich nicht beständig, sondern muss von Zeit zu Zeit erneuert werden. Hierzu wird der Schaft mit geeigneten Ölen behandelt.

Für den Schutz im ständigen Jagdbetrieb, in dem der Schaft Wind und Wetter ausgesetzt und ständigen Temperaturschwankungen unterworfen ist, hat die Qualität des Schaftöls ausschlaggebende Bedeutung.

Kein Schaftpflegemittel ist aber wirklich in der Lage, Holz dauerhaft vor dem Eindringen von Wasser zu schützen. Gute Öle bewahren lediglich das Holz für einen kurzen Zeitraum

HOLZQUALITÄT UND STEHVERMÖGEN

Über das Stehvermögen eines Ölschaftes entscheidet nicht zuletzt dessen Holzqualität. In diesem Zusammenhang ist darunter nicht eine möglichst elegante Maserung zu verstehen, sondern die richtige und vollständige Trocknung des Schaftholzes vor der Verarbeitung: Ein Schaft aus einem Holz, auf dem im Frühjahr „noch die Vögel gezwitschert haben", wird nie so beständig sein wie ein Schaftholz, das jahrelang bei richtiger Temperatur abgelagert wurde. Holz arbeitet und zwar umso mehr, je frischer es ist. Für den Laien ist dies allerdings schwer nachzuprüfen, hier muss er sich schon auf die Aussage und den Namen des Herstellers verlassen. Gute Schäfte sind zwar nicht preiswert, doch sollte man dabei nicht in erster Linie aufs Geld schauen.

KEIN FALL FÜRS EXTREME

Wer eine Waffe mit Ölschaft führt, muss sich über die Grenzen seiner Möglichkeiten klar sein. An einer Waffe für Extremtouren, mit der Flüsse durchquert oder in den Tropen bei hoher Luftfeuchtigkeit gejagt wird, ist er alles andere als optimal. Für solche Zwecke ist ein Lackschaft, der kein Wasser aufnehmen kann, eindeutig überlegen. Noch besser sind allerdings Kunststoff- oder Schichtholzschäfte, die man bei unseren normalen Jagdwaffen, wenn auch häufiger, so doch immer noch oft findet.

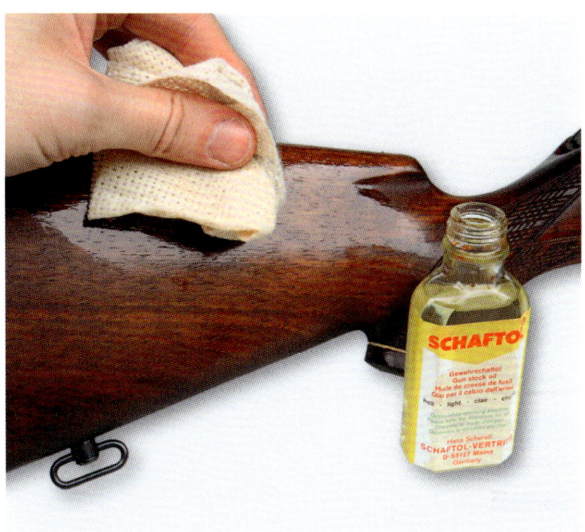

Immer nur wenig Schaftöl auftragen und es gut einziehen lassen

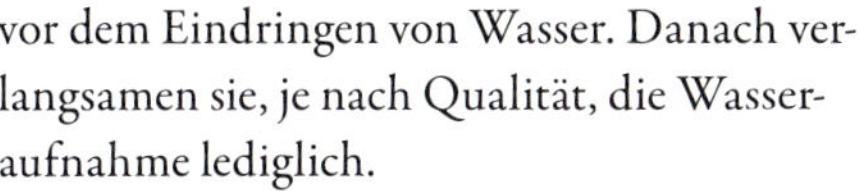

vor dem Eindringen von Wasser. Danach verlangsamen sie, je nach Qualität, die Wasseraufnahme lediglich.

Entscheidend ist also eine regelmäßig wiederholte Behandlung des Schaftes mit gutem Öl. Von Zeit zu Zeit einige Tropfen mit dem Handballen ins Holz einzumassieren, genügt da schon: Eine sparsame, aber regelmäßige Anwendung ist weitaus besser, als den Schaft in Öl zu baden. Ein gut gepflegter Schaft übersteht dann auch einen mehrstündigen Regenschauer ohne Probleme.

Der Ölschaft wird mit speziellem Schaftöl oder Wachs gepflegt.

JAGDOPTIK

Zielfernrohre, Ferngläser und Spektive lassen sich relativ einfach pflegen, denn an das „Innenleben" von optischen Geräten kommt der Jäger nicht heran. Abgesehen von Ausziehspektiven sind gute Jagdoptiken wasserdicht und bedürfen der Pflege nur von außen.

LINSEN

Die Frontseiten der Objektiv- und Okularlinse müssen sauber gehalten werden, damit ein ungetrübter Blick möglich ist. Hier dürfen aber keine Fehler gemacht werden, denn allzu schnell wird bei unsachgemäßer Pflege die empfindliche Vergütungsschicht auf den Linsen beschädigt. Feine Staubpartikel oder Sandkörner können durchaus so hart sein, dass sie beim trockenen Abreiben den hauchdünn aufgedampften Vergütungsbelag verkratzen. Daher sollten die Linsen zunächst mit einem feinen Pinsel gesäubert oder besser gleich mit sauberem Wasser abgespült werden.

Staub und Sandkörner müssen vorsichtig von den Linsen der Jagdoptik entfernt werden. Einfach mit Wasser abspülen geht auch. Keine Sorge – eine gute Optik verträgt das problemlos.

Pflege brauchen auch Drehaugenmuscheln an Ferngläsern: Staub und Dreck müssen regelmäßig entfernt werden.

Zum Nachreinigen wird dann ein fusselfreies, weiches Optiktuch, bevorzugt aus Mikrofaser oder ein Brillenreinigungstuch aus Papier benutzt. Es gibt Tücher, die einzeln verpackt und mit Trockenreingungsmitteln imprägniert sind. Sie sind ideal für die schnelle und wirkungsvolle Reinigung der Jagdoptik im Revier. Regentropfen hinterlassen beim Trocknen Ränder. Diese Rückstände lassen sich noch ganz gut durch Anhauchen und Nachpolieren mit dem Optiktuch entfernen. Fingerabdrücke, Fette und Öle müssen dagegen gründlich und so schnell wie möglich entfernt werden – Wasser oder Atemhauch reichen hier nicht mehr aus. Hierzu wird Wasser mit Spülmittel oder auch Alkohol verwendet, am besten ist aber ein spezielles Reinigungsmittel für Brillen und Optiken.

GEHÄUSE

Das Gehäuse von Ferngläsern und Zielfernrohren kann einfach abgewaschen und mit einem Stück Küchentuch trockengerieben werden. Bei Ausziehspektiven geht das allerdings so nicht: Sie sind konstruktionsbedingt nicht wasserdicht. Hier wird Schmutz mit einem feuchten Tuch entfernt.

DREHAUGENMUSCHELN

Etwas Aufmerksamkeit bedürfen auch die Drehaugenmuscheln moderner Ferngläser. Setzen sich Dreck und Sand in den Mechanismus, knirscht es irgendwann fürchterlich. Praktisch ist, wenn sich die Augenmuscheln ganz entfernen lassen. Dann sind sie leicht auszuwaschen. Sonst hilft nur ein kräftiger Wasserstrahl, um den Dreck herauszuspülen. Keine Angst, ein gutes Fernglas hält das problemlos aus.

NANOBESCHICHTUNG

Moderne und hochwertige Optiken haben heute eine Nanobeschichtung, die uns das Leben wesentlich leichter macht. Regen perlt einfach ab und die Optiken sind selbst bei ungünstigen Witterungsbedingungen und hoher Luftfeuchtigkeit optimal einsetzbar. Zudem lassen sich die Linsen durch die spezielle Beschichtung noch leichter und schneller reinigen.

DER WEG ZUR SCHARFEN KLINGE

Ein außerordentlich oft benutzter Ausrüstungsgegenstand des Jägers ist zweifellos das Jagdmesser. Hochwertige Messerklingen aus modernen Stählen haben eine erstaunliche Schnitthaltigkeit, doch irgendwann wird jede Klinge einmal stumpf und damit zunächst unbrauchbar.

An eine stumpfe Messerklinge und auch an viele neue Klingen – im Auslieferungszustand ist deren Schärfe oft unzureichend – muss erst einmal eine Schneide geschliffen werden, die sich dann durch gelegentliches Abziehen leicht scharf halten lässt.

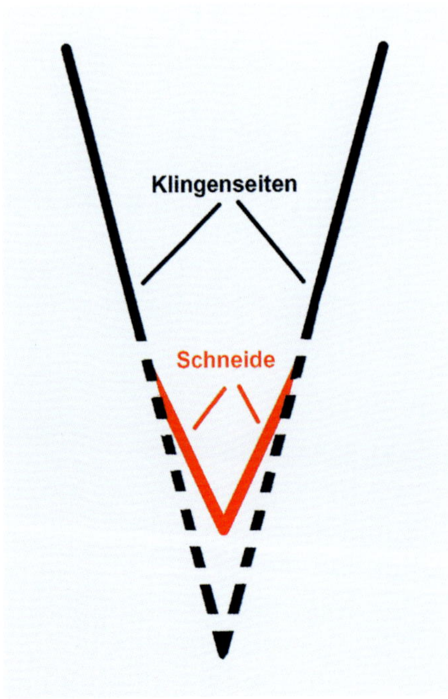

Die eigentliche Messerschneide muss einen größeren Winkel aufweisen als die fiktiv verlängerten Klingenseiten.

SCHLEIFWINKEL

Die beiden Seiten einer Messerklinge stehen an der Schneide in einem bestimmten Winkel zueinander. Dieser Winkel wird durch die Stärke der Klinge und ihre Breite bestimmt. Je spitzer der Winkel ist, in dem die Klingenseiten zueinander stehen, desto schärfer ist das Messer. Würde die Klinge so geschliffen, dass im Schnittpunkt der beiden Messerseiten die Schneide entstünde, hätten wir zwar ein wirklich scharfes Messer, allerdings bräche die Schneide aus, sobald sie bei härterem Material als Fleisch eingesetzt würde. Wird dagegen die Klinge an den Seiten in einem Winkel von 10 bis 25 Grad zueinander angeschliffen, bildet sich beidseitig eine neue Schneidfläche, deren Winkel jetzt größer ist als der, den die Seiten der Klinge einschließen. Eine so geschliffene Klinge ist zwar nicht mehr ganz rasiermesserscharf, aber dafür bedeutend schnitthaltiger und unempfindlicher.

20 GRAD SIND IDEAL

Der Schleifwinkel ist also beim Schärfen von großer Bedeutung und wichtig für den späteren Verwendungszweck des Messers. Ein Zehn-Grad-Winkel sollte den Filetiermessern und der speziellen Aufbruchklinge des Klappmessers vorbehalten sein. Für ein

Messerklingen lassen sich auf vielfältige Weise schärfen.

universell einsetzbares Jagdmesser hat sich ein Winkel von etwa 20 Grad als bester Kompromiss aus Schärfe und Schnitthaltigkeit erwiesen. Ein 20-Grad-Winkel ergibt eine relativ unempfindliche Schneide, die auch bei härterem Schnittgut lange standhält, und eine für alle im Revier anfallenden Arbeiten brauchbare Schärfe.

SCHÄRFEN

WERKZEUGE

Um ein Messer zu schärfen, reichen im Prinzip zwei Abziehsteine. Mit einem rauen und einem feinkörnigen Stein kommen wir aus. Die Steine sollten etwas länger sein als die Messerklinge und werden nie trocken benutzt. Für den rauen Stein ist Wasser am besten, während der feinkörnige mit Schleiföl benetzt wird. Geschliffen wird in dem gewünschten Schleifwinkel zwischen 10 und 20 Grad.

Die Schleifrichtung hängt ab vom Schleifmittel. Bei Benutzung harter, fest gebundener Schleifmittelträger, wie z. B. Abziehsteinen, zieht man gegen die Schneide, Experten können hier auch mit kreisenden Bewegungen arbeiten. Beim Einsatz von weichen Schleifmittelträgern, wie Leder, Filz oder losem Schleifpapier, wird dagegen immer von der Schneide weggezogen.

NACHSCHÄRFEN UND SCHLEIFWINKEL

Die präzise Einhaltung des Schleifwinkels ist die große Kunst und das eigentliche „Geheimnis" des Messerschärfens. Der einmal gewählte Winkel muss immer über die gesamte Länge der Klinge und auf beiden Klingenseiten gleichmäßig beibehalten werden. Wird der Abziehwinkel nicht präzise gewahrt

Geübte brauchen nur einen flachen Stein. Der Laie ist mit speziellen Schärfgeräten besser beraten.

und die Klinge mal flacher und mal steiler gehalten, kann es durchaus passieren, dass das Messer nach kurzer Zeit stumpfer ist als vor dem Schleifen.
Die Industrie bietet allerdings auch Hilfsmittel zur genauen Einhaltung des Schleifwinkels. Manche dieser Geräte arbeiten mit einer Abstandshalterung, die am Rücken der Messerklinge befestigt wird und an der der gewünschte Schleifwinkel eingestellt werden kann. Bei anderen Geräten wird die Klinge über Schleifstäbe gezogen, die V-förmig im

V-förmige Halter für die Schleifstäbe machen es sehr leicht, den richtigen Winkel einzuhalten.

gewünschten Winkel in einer Halterung stecken. Durch die schräge Stellung wird automatisch der richtige Schleifwinkel eingehalten. Zum Nachschärfen sind diese Geräte sehr komfortabel, ein komplett neuer Grundschliff ist damit aber eine langwierige Angelegenheit.
Zum Schärfen extrem harter Messerklingen, etwa aus pulvermetallurgischem Stahl, bedarf es besonderer Werkzeuge. Der Handel bietet dafür Diamantschleifwerkzeug an.

REGELMÄSSIGKEIT EMPFOHLEN

Es ist empfehlenswert, die Messerklinge nach jedem größeren Einsatz kurz abzuziehen und damit die angeschliffene Schneidfläche zu erhalten. Das ist viel müheloser, als einem stumpfen Messer eine völlig neue Schneidfläche anzuschleifen. Perfektionisten ziehen die Klinge zum Abschluss noch über ein Leder, wie es zum Abziehen von Rasiermessern gebraucht wird.

WERKZEUGPFLEGE

Nicht nur die Messerklinge bedarf ein Mindestmaß an Pflege, um einsatzbereit zu sein, sondern auch die Schärfwerkzeuge. Ein Schleif- oder Abziehstein muss nach Gebrauch immer abgewaschen, getrocknet und staubsicher aufbewahrt werden. Außerdem sollte auch die Messerklinge vor dem Schärfen gereinigt und vor allem von Fetten und Ölen befreit werden, da diese Rückstände sonst in den Stein eingerieben werden, sodass sich dessen Poren zusetzen.
Für den Schleifstein darf nur besonderes Schleiföl verwandt werden – niemals etwas anderes, auch kein Waffenöl.

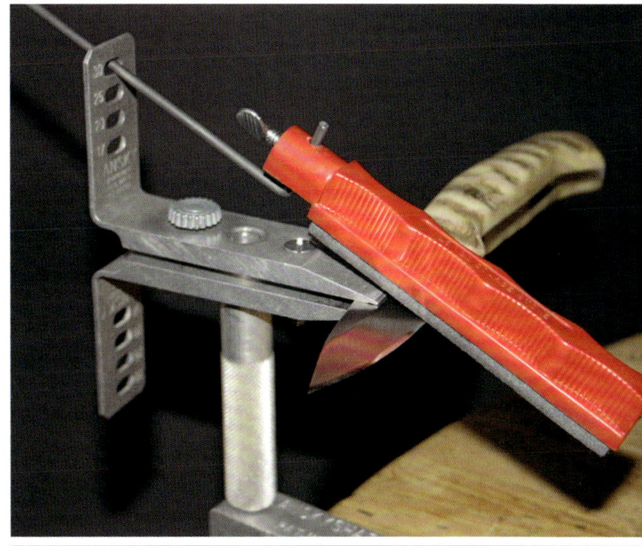

Bei manchen Geräten wie z. B. dem Lansky-Schärfset wird die Klinge fest eingespannt und dann der Abziehstein darüber gezogen. Auch hier ist ein immer gleicher Winkel vorgegeben.

„REISE-SCHÄRFSET"

Sind ein schwerer Abziehstein oder ein Schärfset unter bestimmten Umständen zu sperrig und lästig – auf einer Jagdreise etwa –, reichen einige Blätter Siliziumkarbid-Nassschleifpapier von etwa acht auf zwölf Zentimeter Größe und ein Stück hartes, mit Diamantschleifpaste eingeriebenes Leder völlig aus. Das Schleifpapier wird in Wasser getaucht, am besten einige Minuten darin liegen gelassen, dann auf eine glatte Oberfläche gelegt und sauber ausgedrückt. Die Unterlage kann ein geeigneter Stein, eine Proviantkiste oder auch der Hinterschaft der Büchse sein. Wer mit einem Schleifstein umgehen kann, kann auch damit ein Messer schärfen.

DIE AUTOREN

Norbert Klups, geboren 1960 in Herne, ist seit fast 40 Jahren als freier Autor für große Jagd- und Waffenzeitschriften wie „Jagen weltweit", „Deutsche Jagdzeitung", „Rheinisch-Westfälischer Jäger", „unsere Jagd" und „Das Deutsche Waffen-Journal" tätig und veröffentlicht regelmäßig Testberichte über Waffen, Munition und Jagdoptik. Zahlreiche Fachbücher des leidenschaftlichen Jägers wurden verlegt – darunter das seit Jahren erfolgreiche KOSMOS-Buch „Jagdwaffenkunde". Bei seinen regelmäßigen jagdlichen Aktivitäten im In- und Ausland bringt Norbert Klups Testwaffen, neue Kaliber, verschiedene Geschosskonstruktionen und das ganze Spektrum der Jagdoptik zum Einsatz, sodass er für sein Spezialgebiet auf reichhaltige Praxiserfahrung verfügt. Als Kreisjagdberater und Mitglied des Jägerprüfungsausschusses weiß er genau, welche Kenntnisse der Jäger über Jagdwaffen, Munition, Optik und jagdliches Zubehör besitzen muss.

Roland Zeitler, Jahrgang 1957, ist seit 35 Jahren Jäger. Neben intensivem Waidwerk in Deutschland – mit Revierpacht seit 30 Jahren – und in Europa, insbesondere Mitteleuropa, hat er oft in Afrika und Nordamerika gejagt, außerdem mehrfach in der kanadischen Arktis. Roland Zeitler ist seit seinem 15. Lebensjahr aktiver Sportschütze. Er begann mit Luft- und Kleinkalibergewehren, spezialisierte sich dann vor allem auf Zentralfeuerbüchsen bis 300 Meter Distanz sowie auf Kurzwaffen. Bis heute ist Roland Zeitler aktiver Schütze. Seit über 30 Jahren erscheinen zahlreiche Artikel von ihm in namhaften Waffen- und Jagdmagazinen Deutschlands, Österreichs, der Schweiz und der USA, Übersetzungen unter anderem auch in Ungarn, Frankreich und Russland. Roland Zeitler hat ebenfalls zahlreiche Fachbücher zu Thema verfasst und war überdies als Koautor und Fachexperte an einigen anderen Büchern beteiligt.

REGISTER

KOSMOS-BÜCHER ZUM WEITERLESEN UND VERSCHENKEN

Carsten Bothe
Messer schärfen wie die Profis
Einmal stumpf geworden, nutzt das beste Messer nichts mehr. Messer wollen regelmäßig gepflegt und sachkundig geschärft werden – doch wer weiß schon, wie das wirklich funktioniert? Das Erfolgsbuch von Carsten Bothe informiert über die Besonderheiten von Messerklingen, stellt geeignete Schleifwerkzeuge vor und erläutert die richtigen Schärftechniken. Außerdem wird das sachkundige Schleifen von Äxten, Scheren und Werkzeugen behandelt. Schärfen wie ein Profi – mit diesen Tipps kann es wirklich jeder!
104 S., 120 Farbfotos, 22 Schwarzweißzeichnungen

Ekkehard Ophoven
Kosmos Wildtierkunde (mit Tierstimmen)
Die „KOSMOS Wildtierkunde", seit Jahren ein überaus beliebter Begleiter des Jägers und anderer Naturinteressierter, liegt jetzt in völlig neuer Gestaltung vor. In mehr als 300 Abbildungen und kompakten Texten informiert das Buch über Erkennungsmerkmale, Vorkommen und Verhalten von mehr als 130 wild lebenden Tierarten sowie wichtige Aspekte ihrer Bejagung. Das Extra für alle, die neben der Jagd die Wildbahn auch mit den Ohren erkunden möchten: Laute von über 80 im Buch behandelten und weiteren Arten sind über die KOSMOS-PLUS-APP abrufbar.
192 S., 225 Farbfotos, 80 Farbzeichnungen

Stefan Mayer, Hubert Kapp
Schuss und Anschuss
Im deutschsprachigen Raum werden jährlich etwa 3,7 Millionen Schüsse auf Schalenwild abgegeben. Werden Tiere mitunter verfehlt oder gar verletzt, kommt es auf die Jägerin und den Jäger an: Nur ihr korrektes Verhalten am sogenannten Anschuss und die richtigen Entscheidungen können unnötige Leiden des Tieres verhindern und wertvolles Wildbret vor dem Verderben bewahren. Wie dabei vorzugehen und welche Fehler zu vermeiden sind, erläutern versierte Profis in diesem Buch. Vermittelt werden praxisorientiert außerdem Schießtechniken jagdlichen Sondersituation, mit denen das Risiko von Nachsuchen von vornherein minimiert wird. Der unverzichtbare Praxisratgeber für den Jagdalltag, für waid- und tierschutzgerechte Jagd!
160 S., 154 Farbfotos, 8 Zeichnungen

Deutscher Jagdverband (Hrsg.)
Jagdtagebuch
Streckenlisten, Jagderinnerungen, ein Dank an den Revier- und Jagdhütteninhaber – in einem gepflegten Revier sind viele Dinge es wert, festgehalten zu werden. Dieses edel ausgestattete Jagdtagebuch bietet einen würdigen Rahmen dafür: Tabellen zur Dokumentation der Jahres- und Gesamtstrecken, ein Revier- und ein Reisetagebuch, ein Gästebuch sowie die Möglichkeit, eine Revier- und Jagdhüttenordnung niederzulegen. Wer ein geschmackvolles Geschenk sucht, hat es mit diesem Jagdtagebuch gefunden
232 S., 180 Zeichnungen

Rolf D. Baldus, Werner Schmitz
Auf Safari
Neben klangvollen Namen wie Ernest Hemingway zählten zu den Pionieren der Afrikajagd auch bekannte deutschsprachige Persönlichkeiten. Von den Anfängen bis in die Gegenwart stellt dieses Buch über 200 Afrikajäger aus Deutschland, Österreich und der Schweiz mit ihren Lebensgeschichten und ihrer Leidenschaft für Afrika vor. „Auf Safari" wurde im Jahr seines Erscheinens mit dem CIC-Literaturpreis gewürdigt.

IMPRESSUM

BILDNACHWEIS

Mit 391 Farbfotos der Verfasser Norbert Klups und Roland Zeitler (346); sowie von Eberhard Eisenbarth: S. 70; Frankonia Handels GmbH & Co. KG (2): S. 36 u., 177 o.; Helmut Hofmann GmbH: S. 190; Ekkehard Ophoven (30): S. 25 o. l., 39 o., 39 M., 42 u., 50 o., 50 u., 55 r., 84 u., 90, 103, 104 u., 139 o., 150 u., 153 u., 165, 171, 178 u. l., 178 u. r., 187, 193, 199, 204 o., 215, 218, 233, 246, 261 u., 267, 270 o., 271; Heinz Oppermann (2): S. 9 u., 10; Siegfried Seibt (3): S. 111, 117, 237; Karl-Heinz Volkmar (3): S. 232, 234, 240; Archiv (3): S. 36 o., 51 o. l., 184
Mit 13 Zeichnungen der Verfasser Norbert Klups und Roland Zeitler (8); sowie von Ekkehard Ophoven (3): S. 170 r., 192, 268; Wilfried Sloman: S. 10; Archiv: S. 173 r.

IMPRESSUM

Umschlaggestaltung von Büro Jorge Schmidt, München, unter Verwendung von drei Farbfotos der Verfasser. Die Fotos zeigen verschiedene Jagdgewehre.

Mit 391 Farbfotos, 11 Farb- und 2 Schwarzweißzeichnungen

Gedruckt auf chlorfrei gebleichtem Papier

ISBN 978-3-440-15415-1
Redaktion: Ekkehard Ophoven
Gestaltungskonzept: Peter Schmidt Group GmbH, Hamburg
Gestaltung und Satz: typopoint GbR, Ostfildern
Produktion: Angela List
Druck und Bindung: Westermann Druck Zwickau GmbH
Printed in Germany / Imprimé en Allemagne